建筑设计的分析与表达图式

THE SCHEMA OF ANALYSIS AND EXPRESSION IN ARCHITECTURAL DESIGN

周忠凯 赵继龙 著

江苏凤凰科学技术出版社
南　京

图书在版编目（CIP）数据

建筑设计的分析与表达图式 / 周忠凯，赵继龙著
. -- 南京 ： 江苏凤凰科学技术出版社，2018.2（2021.8重印）
ISBN 978-7-5537-8875-3

Ⅰ. ①建… Ⅱ. ①周… ②赵… Ⅲ. ①建筑设计
Ⅳ. ①TU2

中国版本图书馆CIP数据核字(2017)第329339号

建筑设计的分析与表达图式

著　　者　周忠凯　赵继龙
项目策划　凤凰空间 / 曹　蕾
责任编辑　刘屹立　赵　研
特约编辑　石慧勤

出版发行　江苏凤凰科学技术出版社
出版社地址　南京市湖南路1号A楼　邮编：210009
出版社网址　http://www.pspress.cn
总　经　销　天津凤凰空间文化传媒有限公司
总经销网址　http://www.ifengspace.cn
印　　刷　北京博海升彩色印刷有限公司

开　　本　787mm×1092mm　1/12
印　　张　15.5
字　　数　346 000
版　　次　2018年2月第1版
印　　次　2021年8月第4次印刷

标准书号　ISBN 978-7-5537-8875-3
定　　价　98.00元

FOREWORD

自序

图式是一个令人费解的概念。通常我们将建筑设计思考过程和成果表达的图形称为“图解”（Diagram），但我们在着手撰写书稿时渐渐发现，“图解”这个词含义过于宽泛，呈现出来的具体形式也相当主观和个性，它并不能准确表述我们想要传达给读者的东西，即，建筑设计过程有可能通过一系列结构稳定、可复制、可传承的图形定式来规范自身的信息传达，并进一步发展成为可以帮助打开脑洞、驱动设计思维的图形工具。当一系列有着特定图形结构和信息传达功能的图式与建筑设计不同阶段、不同问题关联起来的时候，一个复杂的建筑设计过程或许可以被拆解、转化为一个长长的制图任务清单，你只需按照清单一个问题一个问题的去思考和表达，一个完整的、正确的设计过程就会自然形成。

但设计从来都是一种高度复杂的脑力劳动，其决策机制和推进过程相当复杂，很难得到科学解释和准确复盘，成为神秘的“黑箱”。把循环往复、推而敲之的复杂设计过程简化为一个个基于图式的问题解答环节，需要冒机械主义的风险。但当我们看到柱状图、雷达图、桑基图这些被广泛传承和应用了多年的科学图式，以及 BIG、UNstudio 等建筑事务所逐渐把早期高深晦涩的图解改造为清新易懂、便于传承、形式稳定的图解时，便重新燃起信心。从建筑领域内外纷繁浩杂的图形和图解中遴选一些得到反复应用、结构稳定和功能清晰的图解，作为建筑设计表达图形的规范化语言，亦即“图式”，为建筑设计教学和实践提供一个另类的参考视角，仍然是一个值得一试的工作。

当然，目前而言这主要还是一个美好的愿望，但却是我们写这本书的初衷。考虑到初心往往会在过程中淡去，有必要在内容展开之前做个回望，算是对自己的提醒，也算是对读者的解释。限于作者水平有限，本书难免会存在一些内容的失误，在图式的收集、解释及其与设计过程的关联上，也尚未能给出最优解，但只要能够给读者多少一些带来助益和启发，就算我们劳有所得。

是为序！

赵继龙

PREFACE 前言

培养图式思维模式，构建图式分析逻辑

伴随着当今社会发展的多元化及信息交流的复合化，建筑设计的思考和表达方式已经由过去“简单”的技术图纸的模式化输出，逐渐发展为对于城市空间中各种物质要素和人文环境的系统性、全方位解答。与此同时，在当今的建筑学教育和设计实践中，建筑设计信息的传达（包括思考的过程与结果）已经从传统的语言文字中逐步解脱出来，并与系统性的图像图形表达紧密相连。而设计的表达方式与表现形式，已然从传统的平面化、工程化范畴，急速迈向数字化、抽象化的多维时代。基于此，从设计学通用的操作方式和表达形式出发，建筑设计的表达图式——作为在视觉传达和专业交流方面上具有直观、形象特性的可视化语言，可以跨越文化的障碍，并摆脱对文字的依赖，因而成为建筑设计师之间及设计师与业主之间交流沟通最为重要的手段，使得设计理念的传达更加清晰，更易达成方案构思的共识，并取得设计推进的动力。

值得注意的是，国内相当数量的设计机构或院校课程设计所生成的设计方案，其内容表达表现仍是以传统的平立剖面图、透视图等工程类图式为主，其他衍生图式的（如基于平面或剖面的流线分析、功能分析图等）类型及使用范围较为有限，且多数未能以简明美观、直观高效的方式传递设计理念和逻辑构思过程。究其原因，一方面是由于很多设计专业学生或从业者过分看重图形表面的视觉效果，未能将理性的设计信息与匹配的表达图式进行合理嫁接。另一方面，对设计表达图式的类型掌握有限，且未能了解不同类型表达图式的适用范围，及其在建筑设计不同阶段的应用特点。

因此，笔者结合多年的教学体会及设计实践经验，针对设建筑计专业学生及相关从业者，本书着重从以下几个方面对“建筑设计的图式分析和表达”进行梳理。首先，强调了设计表达图式的重要性及其适用的方式、方法，通过合理的归纳分类，着重阐释了图式如何作为有效的思考手段，在建筑设计的各个阶段（尤其是前期的设计调研和数据分析阶段），协助方案推敲及最终成果表达。其次，从包括图形美学、色彩、平面设计等多个角度出发，讲解绘制优秀的分析表达图式所要遵循的一般原则和注意事项，强调了设计图式表达和表现的综合运用特征。再次，对表达图式进行分类讲解和剖析的同时，试图构建一种 “研究性设计”框架，将研究性的思考方式和思维模式，通过恰当的表达图式进行系统而全面的阐述。最后，结合归纳总结的图式表达和表现经验，选取设计实例进行分析解读，在实践中检验设计图式对于设计过程推动及思维构建的作用。

同时，本书对于国内建筑院校的专业硕士培养具有一定的借鉴和参考意义。鉴于国内各建筑院校对建筑学专业类硕士培养的要求和目标不断提升，专业硕士的毕业成果又多以项目设计为内容主体进行衡量和评判，而且其项目设计模式应该有别于一般的工程设计：需要包含更多的研究性内容，具备较好的设计分析和思维逻辑构建能力。因此，书中所列举的大量分类表达图式范例及辅助性文字解析，在某种程度上能够帮助建筑类专业硕士开拓思路、提升设计表达和表现能力。

本着“依图叙事，见微知著”的原则，期望能够为广大设计爱好者打开一个黑箱，提升对于建筑设计表达图式的分析理解和运用能力。也希望各位秉持理性的设计观念，在学习使用本书中图式案例的同时，能够通过不断地实践练习，逐步形成适合于自身设计方法的图式表达技巧，并灵活运用于不同的设计操作之中。

周忠凯

CONTENTS

目 录

1 概 述

建筑设计的图式分析与表达

建筑设计的表达图式是建筑设计最为主要的表达与表现方式，也是每位建筑设计师在设计学习和实践过程中必然接触的内容。然而，在笔者多年的设计实践及教学过程中，不断遇到有学生或年轻建筑师询问：为何要画分析图？设计分析图到底要画什么？绘制设计分析图的思路步骤是什么？

本部分从建筑设计表达图式的概念、建筑设计表达面临的挑战、发展演化过程及特点等方面对设计分析图进行剖析阐述，使读者在初步了解本书内容的同时，便于进一步理解建筑设计表达图式的应用方式及与设计过程的结合形式。

1.1 建筑设计表达图式的现状问题

对于建筑设计而言，其设计目标地确立、构思概念地提出、研究过程地推进及最终成果地表达，其复杂的结构性对整个设计系统地表达和组织有着较高的要求。然而，在国内传统的以欧洲近代教育为模板建立的建筑教育体系下，重表现而轻分析表达，年轻的学生及设计师更多是在一种“可意会难言传”的氛围下，去被动地吸收和模仿所接触的各类设计信息。而现在大多数的设计案例也多是运用传统的技术性图纸（如平面图、剖面图、透视图、空间意向图等），对于建筑设计的过程和结论进行技术性地绘制和表现，难以清晰全面、直观有序地传递设计思想和内容。

1）图式表达——重形式而轻逻辑

在跟同学们的沟通过程中，经常遇到学生疑惑地询问：“老师，我不知道分析图该画什么！这个现象如此明确，有什么好分析的？”这其实反映了当前建筑教育和实践普遍存在的一个问题，即设计者更多地关注美学范畴下的空间形态设计，忽略了对于理性设计方法地推导和逻辑思维地构建，而设计思维地直接体现就是通过分析图式来展现。尤其是设计师很多情况下将设计等同于考试，在完成设计初始阶段的相关工作（调研、背景分析等）后，习惯性地从总体布局和功能形态入手，如同操练预先设定好的各项“规定动作”般地推进设计，最后再简单地借助平立剖面图式制作出各种“圆圈和箭头”式的成果示意图。看似丰富完整的设计成果，更多的是对于已知设计结果的图形化展现，缺少分析和思考问题的能力，更缺乏运用多样、恰当的分析图式对设计过程进行表达阐释的能力，让读者难以了解设计的结构骨架和来龙去脉，“只看见树木，看不见树林”。

2）图像表现而非图式表达

计算机技术地发展和工业化生产地介入，带来了标准化的设计和制造规范，流水线式的生产模式削弱了建筑设计表达过程中“创作”的分量。设计人员对于设计地表达更多的是“程式化”输出，未能将设计过程借助图式语言进行合理、直观地展示。设计思维地产生与表达内容无关，设计者往往关注于图纸版面的视觉效果，通过逼真的效果图、精确的平立剖面图等营造出令人兴奋的三维空间图景。“花拳绣腿”的图形样式掩盖了设计的实质内涵，设计内容地表达变成了流于形式的表面游戏，而非源于对设计表达图式的正确理解及合理选用。

3）图式运用类型单一

结合个人的设计实践和教学经验，大部分建筑设计师和学生面对不同的设计项目，都在基于某几类相似的模板制作各种色块和线条的功能分析、人流分析、交通分析等内容。很多时候，整个设计看下来，发现几乎所有的分析图都是基于一到两种底图进行操作，最后呈现的效果就是不同设计阶段、不同类型的分析图，除了颜色不同、线条粗细有变化外，其他都一样。整个设计分析的过程，只是在借助有限的几种图式类型反复呈现设计成果，并没有进一步把图形背后的设计思考通过不同图式表达出来。

4）图式内部逻辑联系不强

在整个设计方案的叙述过程中，不同的表达图式是阐述逻辑、串联整个设计逻辑的主线。但大多数设计师还是为了画图而画图，并不了解具体每一种图式在不同设计阶段和逻辑中承担何种职责，这也就直接导致了不只是单个图式难以清晰地表述设计内涵，甚至图与图之间的关系混乱，经常前言不搭后语。而造成这种现象的原因是设计师在完成一大堆设计表达图式之后，最后的排版构图变成选择哪一张图放在这个位置更好看。

1.2 设计图解与表达图式

1.2.1 设计图解

一般来说，图解是借助某些可视化技术手段，通过简化的二维或三维图形图像，对信息进行符号化（或象征式）地表现，并描述其主题内容。图解是图像化的、抽象的信息表达方式，如同“解释图”一样，地图、照片、饼状图、电子模型及手绘草图等都是图解的重要表现方式。

图解最重要的特征是“抽象性”，即对于所要表达事物的抽象化图进行形式描绘。因此，合理有效的图解对于概念构想、设计推进及交流沟通起着至关重要的作用，除了建筑设计外，还被广泛应用于机械工程设计领域、平面设计领域，甚至数字信息等领域。

建筑图解（Diagram Architecture）最早是由建筑师伊东丰雄在描述妹岛和世的设计作品时提出的，他描述妹岛的作品时说到：“她的作品在设计上是明确、清晰，而且非常易读，无论是平面还是完成后的图纸，都彰显出图解（Diagram）的特质……一座建筑最终是等同于空间的图解（Diagram），用来抽象地描述在结构前提下发生的日常性的活动。妹岛建筑的力量来源于她做的极端削减，来产生一种空间图解，用来描述这个建筑有意要从形式中抽离出来的日常活动。”

著名建筑理论家、建筑设计师斯坦·艾伦（Stan Allen）亦对建筑图解做过如此定义：“与简单的形式、直接的功能设定及干涩的文字描述不同，建筑图解不仅作为感性表达的一部分，而且能够批判性地传达设计意图及思考。图解建筑不仅仅是通过图形生成建筑或者表现其特殊的实现意义，而是通过图解的方式去表达和阐释。图解建筑将功能与形式进行柔性结合，提供一个用于展示多重行为活动及空间意义的平台。”

因此，对于建筑设计而言，图解并非只是一种用于视觉表现的媒介，还是连接设计构思和表达分析过程的重要组成部分。它不仅是设计者之间、非专业人士之间的沟通平台，也是利用简化的抽象语言，对设计中存在的物质结构关系及设计者思考过程的重构、再生和传达。在利用图解推动设计的过程中，分析理解与设计生成达到一种相辅相成、互动推进的内在一致性。然而，需要承认的是，贴有“抽象”标签的图解，因为很多时候承载了源于主观意识的大量物质空间之外的信息，总给设计学习者以深奥、晦涩之感。因而，更多的学习者是在模仿图解的“形”，而非深入探究理解其“意”。

1.2.2 从图解到图式

图式（Graphic Paradigm）不同于图示（Graphic）或图解（Diagram），它是图形的基本范式，是某种具有特定表达功能的相对固定的图形表达样式，或称其为定式。每一种图式都是基于某种特殊目的而人为设计出来的图形，作为图形表达载体，图式承载的关系往往是确定的，而其承载的要素是可变的。图式因其无可替代的功能适应性和比较到位的表现力而得到传承、应用和发展，遂形成图式原型及其各种衍生模式。

对建筑设计而言，平面、立面、剖面、轴测和透视等图及其衍生图（如平面衍生的总平面图、剖面衍生的节点详图等）既是最固定、最普适，也是最规范、最常用的工程图式，广泛应用于方案设计和施工设计阶段的图纸表达中。现代建筑诞生以来的百年间，上述图式组成的经典图式表达系统（此处我们称之为“平立剖图式系统”），几乎也包揽和胜任了绝大部分建筑设计成果的表达任务。

然而，经典的平立剖图式系统并非万能，它至少在承担以下几方面的重要任务时明显暴露出力不从心的窘迫。一是建筑设计前期对设计条件的定性或定量化解析，以及进入设计之前对观点、理念或策略地表达；二是对于功能和形式动态地表达；三是对于复杂多变形体（如非线性）的设计生成过程和成果地表达。

事实上，建筑师在平立剖图式系统难以完美地进行表达之时，自始至终都在努力探索恰当的图形表达形式。由于建筑师思想观念和表达习惯的不同，因此这些图形充满了个性色彩，总体上构成了现当代建筑设计表达的丰富图景。我们可以沿用学界惯常的说法，把经典的平立剖图式系统之外林林总总的图形表达形式称为“图解”。图解的存在有效补充了经典图式表达能力的不足，成为广受欢迎的建筑设计表达形式。

林林总总的图解中，相当一部分因思想深奥或过于个性化，难以被广泛理解和模仿，但也确有相当一部分图解由于良好的表现力和适应性，被传承下来得以频繁使用并不断发展，成为广为传播的设计表达图形定式，也就是前文所谓的“图式”。而那些没有得到一定传承、未被大量模仿使用的图形表达形式，仍然只是“图解”。

以当前科学研究领域的热点问题“信息可视化”来看，建筑图解其实也是一种信息可视化，只不过受到建筑学界普遍追捧的图解，主要是在设计思想可视化这部分带有明显的主观色彩，由此可以称之为感性图解。整个建筑设计过程，尤其是设计前期的分析阶段，尚有大量的客观信息需要借助理性图解加以整理后直观呈现。对于这一部分，惯常视野中的建筑图解并不能提供足够的养分，需要向其他更广阔的领域寻求帮助。实际上，图解或图式并非只是设计领域的独有武器，科学领域也一直致力于把枯燥繁琐的客观信息，以更加简明、高效、直观和友好的可视化方式呈现出来，并发展出大量有效和规范的图式，饼图、折线图等图表即其中的经典图式。随着设计学的介入和信息可视化、专业化的发展，这些理性图式越来越漂亮，越来越具备建筑学所期望，甚至艳羡的美学品质。

当源自建筑学领域的感性图式及思想可视化，和源自科学领域的理性图式及信息可视化交汇一处时，就有望构建出有效支持建筑设计全过程表达的图式系统。

图形也好，图解也好，图式也好，大而论之，都不出建筑图学的范畴。今天人类已然步入数字化时代，甚至敲开了 3D 时代的大门，包括建筑设计在内的各行各业都面临着颠覆性的技术变革。但是，建筑图学作为一种有着悠久历史和高度发达的学问，会一直存在和进化下去，这种学术发展的内在规律让图式研究获得了立足之地。功利性地讲，在虚拟现实技术全面替换当前的设计和表达手段之前，平面媒体，包括二维数字媒体仍然是建筑师传播设计思想和与人沟通的主要媒介，那么图形和图式无疑还是建筑的主要设计手段和表达形式，我们也就依然有足够的理由来讨论这种似乎属于平面纸媒时代的旧话题。

1.2.3 从图式到设计

值得注意的是，由于建筑设计的思考过程和结果总是要借助各种图形予以表达，图形与设计思维及方法长期形成了水乳交融的一体化关系，设计思维影响了图形表达，图形表达反过来也会对设计思维产生强烈地诱导和驱动。

必须承认，平立剖图式系统与我们的建筑设计实践和教学之间，多年来建立起了一种相生相克、相辅相成的微妙关系。一方面，设计受益于平立剖图式系统地构建，使得我们能够把错综复杂的设计问题拆解为以完成各种图式制图为主要线索的、易于掌握的简单劳动，从而有效推进设计进程；另一方面，设计又受限于这一图式系统的简单机械和分而治之，阻碍了许多建筑整体设计思维，甚至误导了设计过程。但是，正反两方面的结果都充分说明，设计的表达图式与设计思维之间存在着极其重要的关系，进一步讲，把图式当作建筑设计思维方法的一种有效驱动力和设计研究入手点，是一个可供选择的视角，更何况图式还能够直接指向设计表达，而表达与设计又存在着一体化的关系。

与建筑设计相似，设计的表达图式也是理性推断与感性创造结合的产物，绝大多数优秀的设计作品都会囊括这两个基本要素，可以通过图式对作品进行解读分析和表达再现（除了高迪那种具备极高个人创作感的作品）。因此，借助图式对建筑设计进行表达与表现，充满了未知和探索，过程中夹杂了各种因素。同时，理性的图式表达操作与经验主义引导下的感性创造始终是一对矛盾体，因而表达的过程难以实现绝对的连续和理性，总是充满反复和某些主观判断。所以，从图式表达到建筑实现的过程，可以理解为是一个基于合理的设计构架、结合主观感知判断、借助图式进行阐释分析、构建理性设计逻辑的过程。而这并非是要建立一个新的体系或突破常规设计方法，而是针对建筑设计不同阶段的内容特点，在充分了解各类型表达图式的基础上，将设计内容转化为恰当的图形图式语言进行表现和表达的过程（图 1-1）。

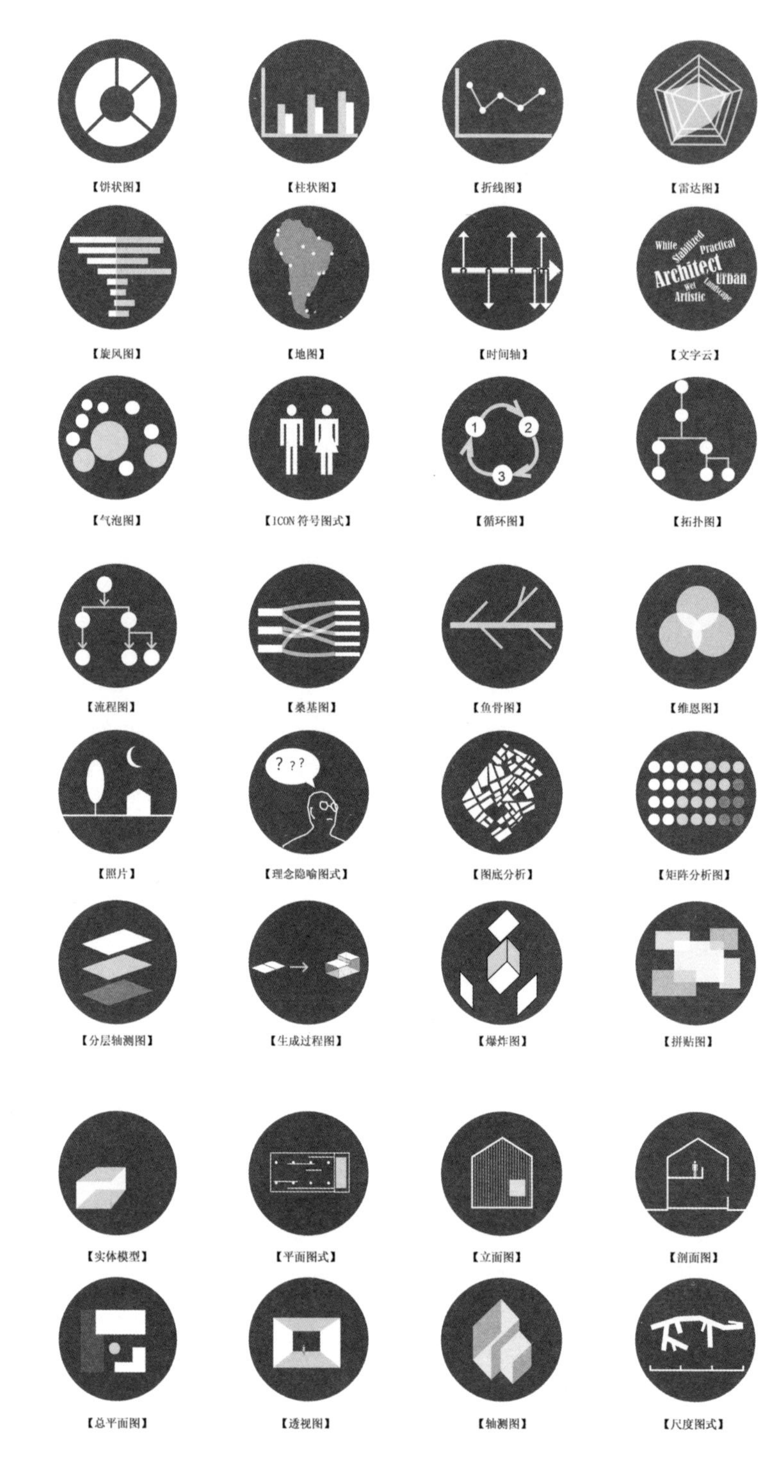

图 1-1 设计图式的类型举例

设计图式的类型简图，与图解或设计图形相比，建筑设计图式是当下建筑设计表达及表现中，专业从业者（设计师）所常用的图形范式，即针对特定表达内容所具有相对固定的样式——如立面图表达建筑的外部竖向界面，泡泡图表达建筑空间功能的联系关系等。

表 1-1 典型图式的定义、应用及结构特征

图式名	基本信息	简图	表达内容	表达要素	举例
柱状图	一种以矩形的长度为变量的表达图式或柱状图是由一系列高度不等的纵向矩形表示数据分布的情况，常结合时间显示某类信息随时间变化的关系，或用来比较两个或以上的数值		常用于表达影响设计对象的某一类因素或者条件在时间维度中的变化关系（通常是经济增长、人口变化等）	量化比较	
饼状图	饼状图表示一个数据系列中各项的大小与各项总和的比例		建筑功能比例、场地使用方式或使用人群类型等	比例关系	
折线图	折线图一般用来表示连续时间的变化趋势。一般在X轴上表示时间，Y轴则表示一个随时间变化的定量值。折线图可以方便的分析一个固定值在不同时间点的变化		常用于展示与设计对象密切相关的背景信息，如环境污染、碳排放上升、城市土地紧张、机动车过快增长等	变化趋势	
雷达图	不同的轴向代表不同的变量，均由中心点开始沿轴向呈放射状发散。放射外点距离中心的距离表示该变量在该方面的数值大小或变化趋势。所有放射点连接形成的封闭几何图形即为该变量的整体状态		雷达图常用于表示某一地区的风向状况（如风玫瑰图），设计对象不同功能空间的使用强度、人流密度，或某地块的交通可达性等内容	比较关系	
旋风图	旋风图式学名叫作背离式条形图、成对条形图，用于一对内容间的对比，其中用于人口最常见，著名的人口金字塔，其原型即是旋风图		旋风图常用于不同性别在不同年龄段的人口对比或者不同国家或地区的人口年龄差异等	对比差异	
气泡图	作为简洁直观的表现方式，气泡图式表示不同事物之间建立联系的可能性，同时，通过尺寸大小及颜色不同亦可以直观表示不同元素的比例关系及层级属性		气泡图主要在两个方面表达数据信息：第一是通过气泡的大小表达设计对象的影响因素强弱，即气泡越大，比例数值越大或重要性越强；第二是气泡的位置，表达气泡间的相对位置关系或进行空间的定位，如功能关系和位置示意	功能关系	
文字云	文字云将不同的文字组整合为集合簇团形状，并将设计中出现频率较高或传达重要内容信息的"关键词"，通过放大尺寸或变更字体颜色的方式予以突出		文字云有多种表现形式：水平线性，柱状或某地区地图形状。文字云常结合设计前期实地调研或问卷调查，将与设计相关的各类数据信息文字以某种特定的逻辑进行编排组合	功能关系	
循环图	循环图是由节点和圆形（或弧形）边界构成，将相互关联的不同要素或同一要素的不同方面串联在一个闭合环形系统中的图式		在建筑设计（尤其是绿色建筑设计）的前期策划阶段，常用循环图式表达项目达到预期目的的效果，所需具备的若干条件和要素	物质能量	
时间轴	时间轴图是一种将一系列事件或要素按照时间序列进行排列战士的图式。它通常以线性形式呈现，结合文字、数字、图片及符号简图等其他图式，反映设计对象在时间这一纵向维度上的发展变化状况		用以研究设计对象的历史发展背景、人文信息演化、物质空间演变等	时空关系	
地图	以二维或三维形式在平面或球面上表示地形环境、建筑、道路等内容的图形或图像		依据所要表达的概念，将各要素组合或单独提取，进而在地理空间层面上，表达各要素之间或整体与要素之间的相互制约关系	肌理要素	
流程图	流程图是流经一个系统的信息流、观点流或物质流的图式。主要用来说明某一过程，这种过程既可以是工艺流程，也可以是完成一项任务必须的管理过程		流程图可以阐释各个部分之间的空间关系及联结网络	功能分区	
桑基图	它是一种特定类型的流程图，图中延伸的分支的宽度对应数据流量的大小，通常应用于能源、材料成分、金融等数据的可视化分析		桑基图常用于前期的设计结构组织、功能布局、设计理念阐述宏观局面，整体概念的表达。	能量流动	

续表 1-1

图式名	基本信息	简图	表达内容	表达要素	举例
维恩图	维恩图是在两个或多个信息集合之间，展示所有可能性的逻辑关系的图式，通常以圆圈或圆环的形式出现		维恩图可以帮助设计者将各种关联信息利用圆圈集合的方式进行归纳、并置和交叉，使得无形的概念转化为愈加清晰地视觉的信息，易于理解	信息关系	
拼贴图	是一种综合性的图像处理技术，通过重构、叠层整合黏贴不同的素材以形成复合图像。源于现代派画家突破传统绘画艺术的表现形式，以一种抽象的方式表现绘画作品主题		相比于传统的渲染图，拼贴图更多的是通过模拟真实环境的方式，表达设计师对于现实场景的未来愿景，是一种建议式的空间再现	图像拼接	
图底分析	图底分析图作为一种有效的场地分析方式，通过强烈的对比效应和直观的辨识图案，能相对准确的传达设计理念，尤其是建筑与场所关系		图底分析图式可以帮助设计师更好的理解城市空间密度，交通网络，建筑轮廓，布局方式甚至场地建筑功能等	肌理要素	
过程演进图	过程演进图是从最初的基地或环境条件出发，在充分理解和分析建筑产生的条件的基础上，由外而内或自内而外的将建筑的设计过程拆解为彼此关联的场景片段，并最终以简明流畅的线性过程予以展示		过程演进图式需要设计方案的构思，由简单清晰的逻辑进行支撑，每一个变化或者推进步骤都需要抽象为简洁的几何形式进行表述，即每一步方案深化的过程，便是凝练和优化设计概念的过程	演变过程	
矩阵图	利用视觉习惯特点设计的阵列图表，适合说明每个单体之间的细微比较		利用每个单体间变化的逻辑关系来展示设计过程、分析空间多样性、区分来分析空间构成	差异比较	
爆炸图	将建筑或者场地环境等按照设定的逻辑，从横向及竖向两个维度上将目标对象的外部及内部各个元素进行扩散式拆解，其表达效果如同"爆破"。最早在工业产品设计中运用		爆炸图能够直观的表达设计对象的拆分步骤及空间、功能等层次结构	空间结构	
叠层图	它提供了一种有效的视角，使得本身复杂看似无序混沌的场地和建筑，借助不同层级图形在统一维度和角度进行展示，变得理性。叠层图暗示了复杂的项目是由多个相对简单的单体合成的效果		分析场地、结构、建筑空间、景观、构筑物等任何元素	空间元素	
轴测图	轴测图是一种能同时表达物体多个面的单视点三维视图，传递着一种精准的立体感		相较于透视图，轴测图没有灭点，可以打破静态空间的单一表现形式，以其客观、精准的图形特征展示动态的建筑空间	形态空间	
平面图	平面图，作为建筑设计最主要的技术表达图之一，在方案设计及工程施工阶段有着广泛使用。按比例绘制的平面图，主要用于表达建筑内部功能组织及室内外空间布局，可以说是最为基本的设计内容表达及表现图式		展示设计理念、平面空间关系、基本功能布局及建筑与场地环境关系	平面布局	
立面图	立面图主要是用于描述建筑或空间的外部垂直界面，或者场所内部的竖向界面		主要表达建筑外部竖向界面的各种构件元素（如柱廊、阳台等）、色彩和材质以及形态的凹凸变化所产生的光影效果	立面要素	
剖面图	剖面图是假想用一个剖切平面将物体剖开，移去介于观察者和剖切平面之间的部分，对于剩余的部分向投影面所做的正投影图		剖面图可以帮助我们在水平及竖向两个层面上理解建筑材质、结构、构造和建造逻辑	结构要素	
透视图	透视是一种绘画活动中的观察方法，通过这种方法可以归纳出视觉空间的变化规律。用笔准确地将三度空间的景物描绘到二度空间的平面上，就是透视图		用于建筑效果表现，建筑空间分析	效果展示	

1.3 设计图式的发展

建筑图式与建筑本身存在的历史一样悠久。在英国的巨石阵和古代印第安人的岩石上，都存在雕刻图式。图式的发展历史是一项复杂的工作，并且图式的功能、使用的不尽相同导致了图式的不同定义。图式的表达方式也存在很明显的差异。它们的存在既是主观事物本身的形成过程，亦是材料表达的寄托。现如今，很多新的研究着手涉入与图式相关的设计，并使它与哲学、实践、美学等层面结合。他们认为建筑空间设计将涉及很多学科领域，在对现有的图式进行深入反思，对未来图式可能性进行展望之前，很有必要清楚地认识建筑图式的历史。

1）建筑图式的首次出现：《建筑十书》

人类采用图形和符号的方式来思考记录远比采用文字书写方式出现的时间早。远古的书写文字，如埃及象形文字，是从具体的形象演变而成的高度专门化的符号，不仅可以表形还可表意。从这点来讲，象形文字可以被认为是人类使用的最早的图式。然而，与建筑相关的图解直到维特鲁威的著作——西方建筑理论史的奠基之作《建筑十书》的出现才得以体现，这本书包含了 9 到 10 个基本的建筑学几何图式。

维特鲁威的观点对于建筑学图式来说十分重要，这本书包含了天文学、解剖学、光学、透视学、色彩学、声学、雕塑学、几何学等。其中“维特鲁威人”是《建筑十书》提出的一个标准模型，这个模型可谓他所建立的建筑形式标准的图解。一个人伸开双臂双腿，其手指脚趾刚好落在以肚脐为圆心的一个圆上，从脚底到头顶的高度，正与其两直臂的两侧手指端间的距离相等，由此可形成正方形。这个图解是古典时期，人们对人体与世界之间几何关系的表达（图 1-2）。

2）文艺复兴的建筑设计技术与绘画艺术

文艺复兴带来文化、艺术、思想的解放，同时建筑设计也得到了空前的发展。从透视法到画法几何，再到轴测法投影理论的发展，使得西方“图式再现”的方法达到前所未有的高度。在投影理论的发展过程中，图解扮演了至关重要的角色。正是完全依靠建立在科学方法上的计算和精确的几何图解，才产生出简洁的制图方法和符合视觉规律的建筑图。于是，在建筑制图与绘画越来越紧密结合并获得建筑设计“再现”方法主流地位的同时，图解首次开始了与科学计算和几何学的联系，体现出图式的理性与科学性的倾向。

3）迪朗的建筑类型图式

19 世纪法国建筑师掀起了一场“建筑革命”，其中最具有代表性的是让·尼古拉斯·路易·迪朗(Jean-Nicolas-Louis Durand) 。他从古典建筑训练中汲取经验和教训，将建筑的平面、立面和剖面形式系统化，并将建筑设计转化为模数化类型学，通过理性的图式表达基本的建筑要素构成，并建立起一套建筑组织方面的系统理论：一个由建筑的水平部分和立体部分组成的网络系统（图 1-3）。基于这个系统，迪朗将一系列建筑平立剖面汇集，“按照它们的种类和特性进行分类，按照相似程度的秩序进行排列，并用同样尺度来绘制”。某种程度上，他所形成的具体或经过抽象化的建筑元素普通类型学图式，其表达和表现方式已经形成了“矩阵图式”的雏形。

图 1-2 人体几何关系图式（维特鲁威，《建筑十书》）

4）现代主义运动与包豪斯的“分析”教学法

从 19 世纪末到 20 世纪初欧洲展开新建筑的探索，到 20 世纪 20 年代现代主义运动走向高潮，新技术、新材料、新的空间观念、新的艺术形式，对建筑创作带来了冲击。以二维图式再现为基础的建筑设计局限性逐渐暴露。建筑师开始尝试用模型、轴测等方式表达建筑设计。

不同于巴黎美术学院专业的建筑快图 + 渲染的课程要求，“包豪斯”学院的首任校长瓦尔特·格罗皮乌斯（Walter Gropius）发展了一种从平面功能分析入手，再到立面造型的教学流程。这种教学法高度重视功能的布局和排布，形成了以感知能力训练和材料工艺制作为特色的课程，加深了学生对于抽象艺术以及空间变化的理解，同时要求将模型制作作为表达形式的作业方式，通过制作模型来推敲方案。对比之前的图纸表达形式，其高度重视功能的布局和排布，通过模型制作的课程作业，模型制作更容易直观地观察空间变化，生成空间造型。

该时期的教学法也存在一些问题，例如现代主义的功能关系泡泡图，是该时期典型的抽象分析图解。基于“形式服从功能”的信条，建筑设计首先要分析功能组成及其关系的图解，它简单化地表达了功能及流线关系，并作为建筑形式发展的抽象基础。然而，在泡泡图中，人的动态活动要求被片面地表示为静止的功能体块，建筑中各种活动之间的复杂联系被表示为简单的流线，其结果导致现代建筑僵化、生硬、缺乏人性。

5）德州骑警的“设计分析式”教学法

20 世纪 50 年代美国德克萨斯大学奥斯汀分校建筑学院的一批具有先锋思想的年轻教员被称为德州骑警，包括勃那德·赫伊斯利、柯林·罗、约翰·海杜克和鲍勃·斯卢斯基等人。他们将现代建筑创立为可以传授的知识和方法体系。德州骑警将设计分析作为教学的一项基本策略方法，把现代建筑的各个层类肢解开来给他们的学员看，突破表象层面，挖掘出现代建筑内在的经典。重点表现现代建筑的空间透明性、功能组织泡泡图、组织的层级等设计策略。大师作品分析是其设计教学的一个重要环节。教师为学生设置的分析练习的主题包括空间的连续性、结构系统、平面、体积、视觉连续性、空间与结构的关联性等。通过这种训练，学员不仅学会如何观察和抽象大师作品，也能够在自已的设计中尝试运用这些分析成果。

德州骑警的设计教学法创新了教学方法，改变了以往巴黎美术学院或包豪斯的教学方法，从空间的建构出发，操作空间生成，以形成具象空间造型为目的，注重空间的体验效果；同时，创新了实训场所，德州骑警的教学场所，既不是图房也不是设计事务所，而是设计实验室，学生的作业并非是做实际项目，而是通过对模型的直接观察和建构来体验空间变化。

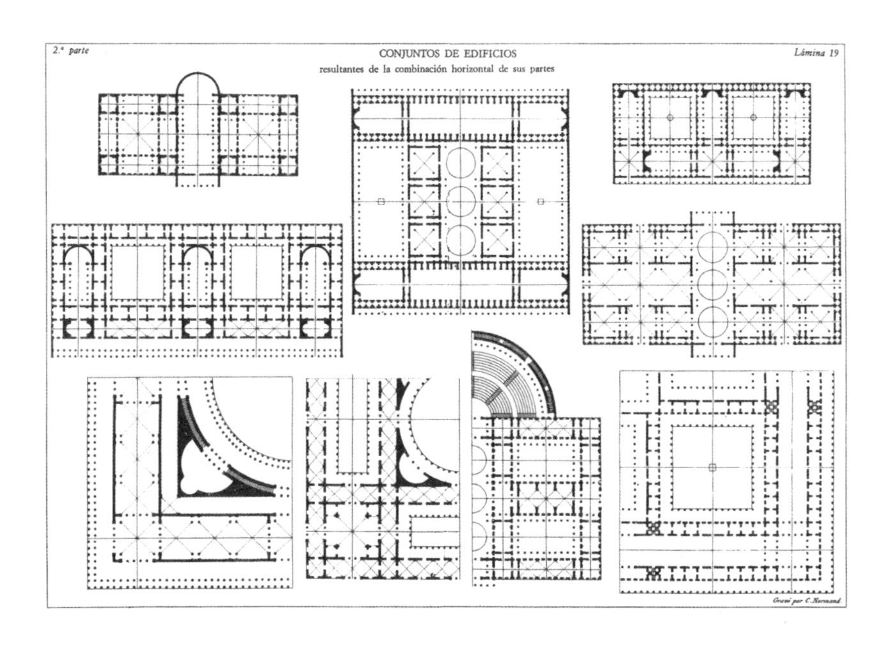

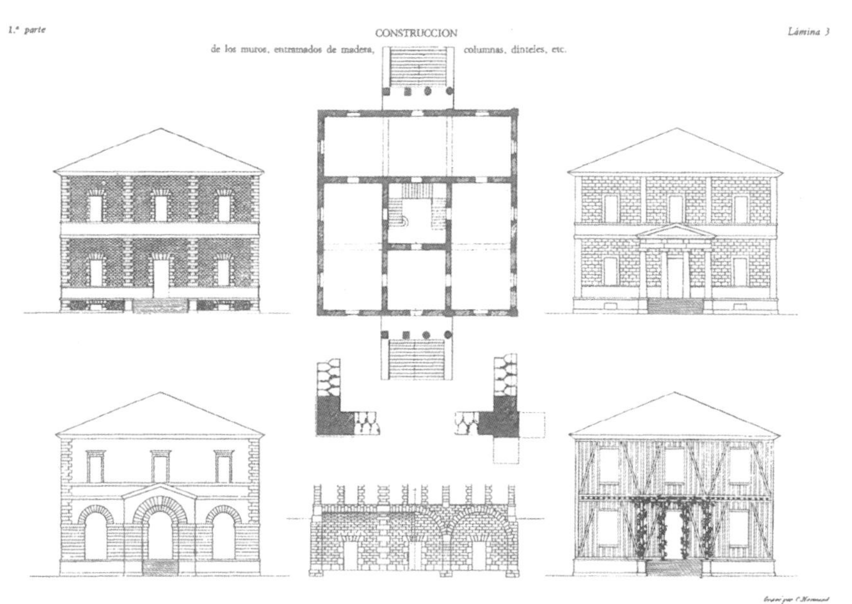

图 1-3 迪朗《建筑简明教程》中的建筑类型图式

6）其他学科对建筑设计图式的影响

建筑设计图式在其漫长的发展过程中，并非孤立生长，而是随着社会、文化和科技的进步，不断受到其他学科的影响，由外而内地吸收了大量信息，并在潜移默化之中结合自身的表达和应用需要，逐渐转化为为己所用的图式类型。这其中，除了显而易见的绘画、雕塑、工业设计等相近学科，近年来，应用数学、计算机以及商业领域常用的数字可视化、信息化图式也对建筑设计图式的发展和更新产生了积极的影响。

（1）绘画和雕塑

绘画作为建筑设计的基础学科，对设计图式发展的贡献和推动不言而喻，设计图式的表达和表现形式已然被绘画烙下了深深的美学痕迹。文艺复兴时期的知名建筑师，亦是技艺高超的绘画家，技术与艺术的完美结合产生了建筑平立剖面图和透视图的雏形。即便是后来应用于建筑表现的拼贴图式，作为一种通过重构、叠层、整合粘贴不同的素材以形成复合图像的图像处理技术，也是来源于以毕加索为代表的西方现代派画家，突破传统绘画艺术的桎梏，将真实的日常材料作为素材进行叠加而产生的一种抽象的绘画表现形式（图 1–4）。

雕塑的产生和发展，影响了建筑设计借助实体模型进行推敲和表现的设计方法，这在欧洲文艺复兴时期是一种非常流行的操作手段，并且经常作为确定最终方案的唯一方式。尤其到了现当代，建筑师再次意识到实体模型的价值，并将其作为方案推敲和成果表现的重要图式表现手段。

（2）工业设计

工业设计中，对于工业产品的展示常从横向和竖向两个维度上，将目标对象的外部及内部各个元素进行扩散式拆解，其表达效果如同“爆破”。最早在工业产品设计中，用以表现产品的内部系统结构及各个部件间的衔接构架方式，被引入建筑设计分析图中，爆炸图能够直观地表达设计对象的拆分步骤、空间及功能等层次结构（图 1–5）。

（3）商业领域

商业领域对信息传递（尤其是数据信息）有多方面需求，用“数据说话”成为其信息沟通的核心。尤其是近年来，用于展示形形色色业务数据图表的数据类型图式，因其代替了枯燥晦涩的表格，并将简单重复的文字和数字编码转化为形象生动的图形图像而被广泛使用（图 1–6）。

一般而言，数据图式具有以下特点：迅速传达信息，直接关注重点，更明确地显示不同类型数据的相互关系，使信息表达鲜明生动。随着建筑设计研究由定性分析向定量分析转化，对各类信息数据有更高更广的需求，此类数据图式逐步引入到建筑设计和规划设计领域，用于表达与设计主体相关的各类数据内容。虽然数据图式很多时候无法直接用于形成设计理念或设计策略，但是其所包含的数据类型往往与后期建筑设计的功能定位、规模尺度、使用者类型、使用方式及公共空间比例密切相关。总的来说，这类数据图式按照其表现形式和适用范围，主要分为饼状图、柱状图、折线图等基本图式，以及后来衍生出的雷达图和旋风图等类型。

图 1-4 毕加索的拼贴画《吉他》

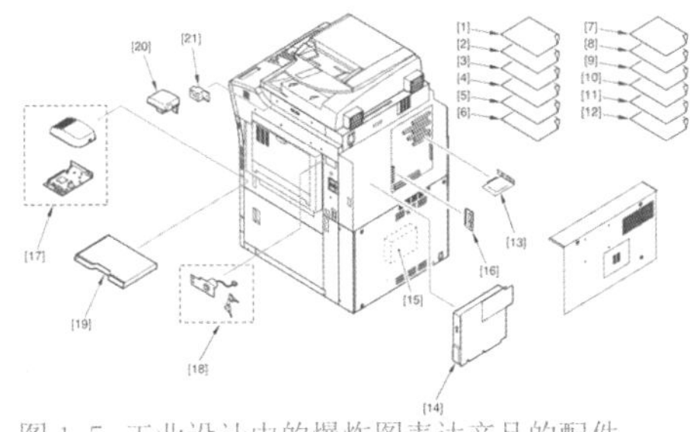

图 1-5 工业设计中的爆炸图表达产品的配件组合关系

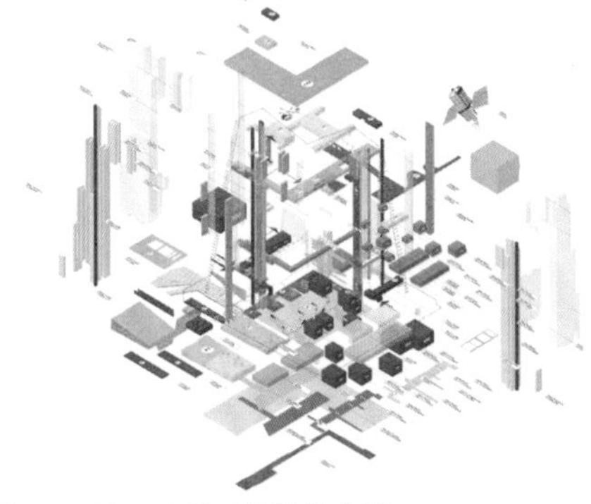

图 1-6 CCTV 主楼功能体块分析（OMA 大都会建筑事务所）

（4）计算机技术

复杂科学的思想和计算机技术对新一代建筑师有很大帮助，使他们得以将图解技术与计算机技术及应用数学融合，形成了“数字图解”设计手段。在他们的设计中应用的数字图解有拓扑形、模拟软件和遗传算法。这些不同形式的图解蕴含着形态发生的可能，对指导建筑设计形态和场地环境要素的生成具有重要意义。尤其是以 20 世纪 70 年代英国伦敦大学学院（UCL）的比尔·希列尔（Bill Hiller）教授发明的空间句法（Space Syntax）为代表，在建筑设计的各个层面，量化分析工具和软件飞速发展一并被广泛应用于城市形态分析和建筑设计之中，所形成的各类拓扑学和类型学图式从不同角度，以更为精确的方式介入建筑设计的分析和表达之中（图 1-7）。

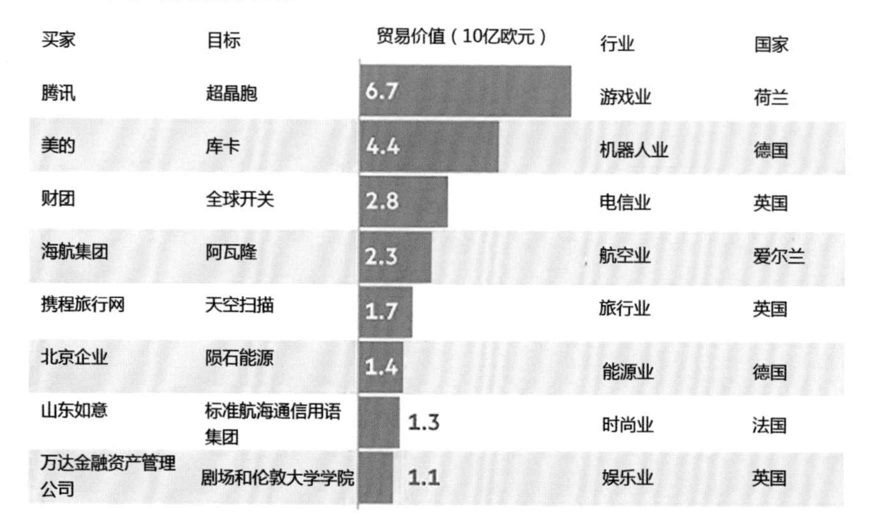

2016年中欧贸易排行榜

买家	目标	贸易价值（10亿欧元）	行业	国家
腾讯	超晶胞	6.7	游戏业	荷兰
美的	库卡	4.4	机器人业	德国
财团	全球开关	2.8	电信业	英国
海航集团	阿瓦隆	2.3	航空业	爱尔兰
携程旅行网	天空扫描	1.7	旅行业	英国
北京企业	陨石能源	1.4	能源业	德国
山东如意	标准航海通信用语集团	1.3	时尚业	法国
万达金融资产管理公司	剧场和伦敦大学学院	1.1	娱乐业	英国

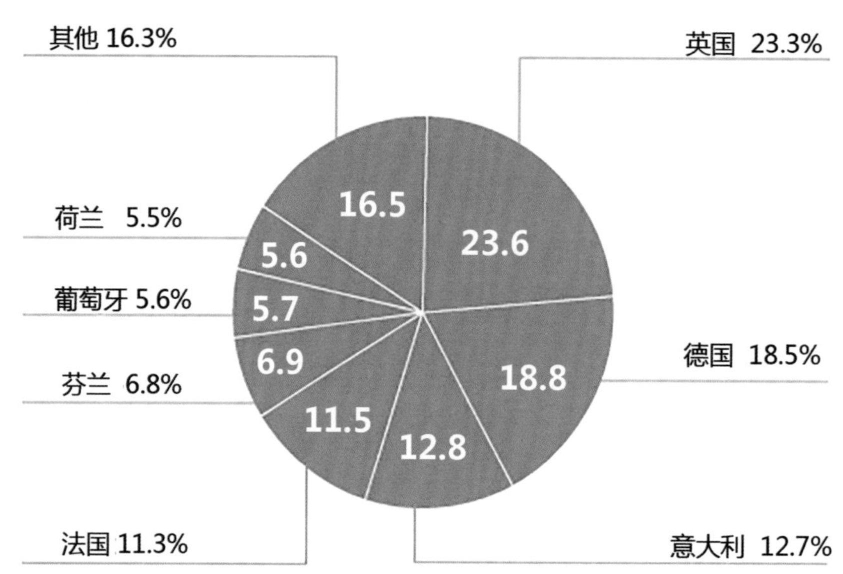

图 1-7 信息图式表达经济数据

1.4 建筑师的图式

如今建筑师及建筑界谈论更多的是“建筑图解”，而对习以为常的“建筑设计图式”并未给予太多关注和研究。

然而，从时间维度观察，建筑图式的演化与建筑师的设计密不可分。随着时代的发展和社会的进步，人们对于建筑空间的需求不断扩大，近现代涌现了大量代表性建筑师，这些建筑师往往在自己的设计中采用逐步发展形成具有独特内涵和风格的设计图式，造就了多元化的设计。如勒·柯布西耶、伯纳德·屈米、彼得·艾森曼、瑞姆·库哈斯及其合伙人、范·伯克尔和卡罗琳·博斯、妹岛和世等，他们的设计思想和实践在推动了设计风格的多元化的同时，对如今建筑设计表达表现及设计构思亦产生了深远影响(图 1-8)，本节是对他们的设计图式思想以及代表作品的简述。

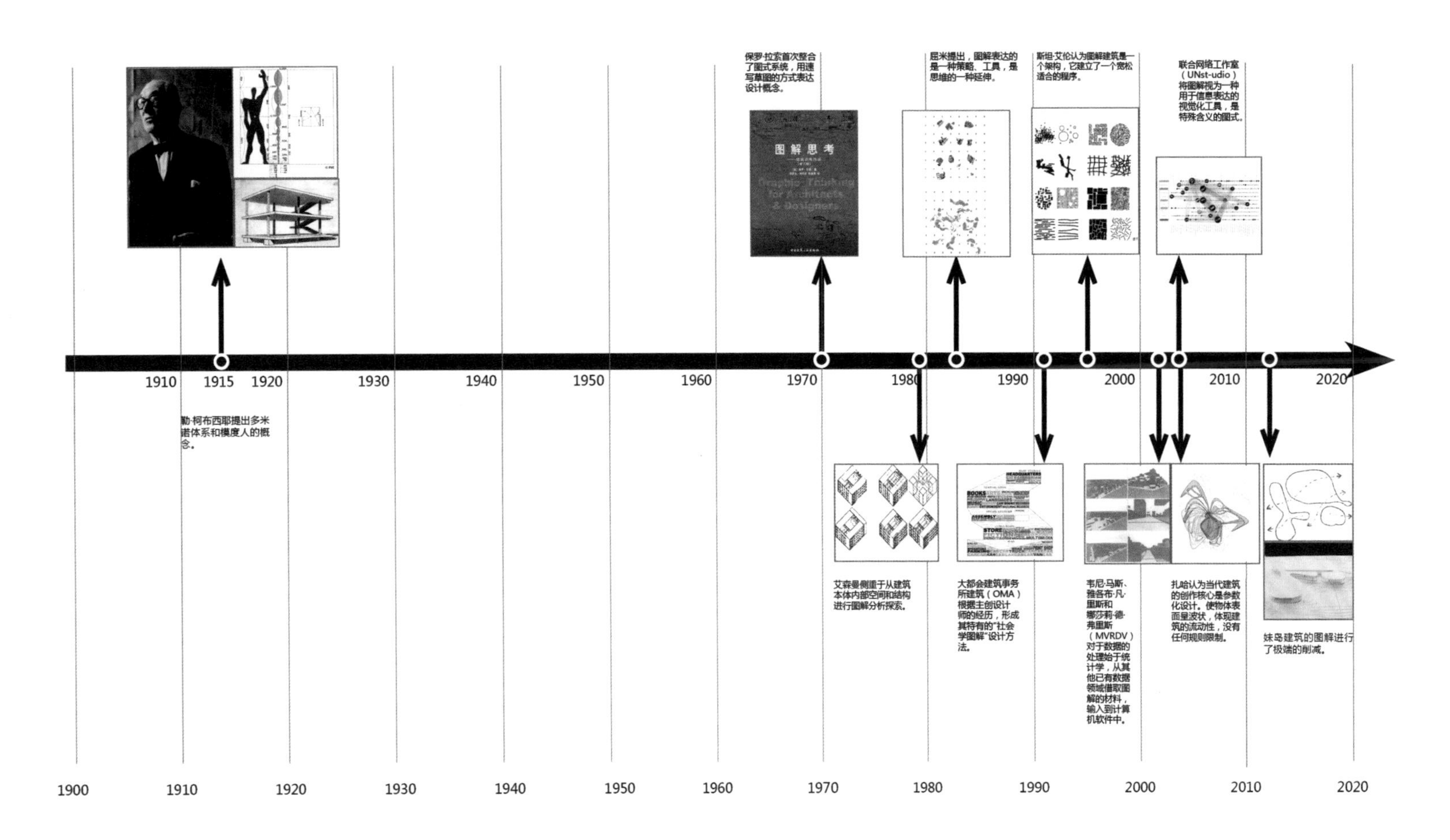

图 1-8 时间轴图式表达建筑师与图式发展关系

1）勒·柯布西耶与“真实性图式”

法国建筑大师勒·柯布西耶在 1915 年绘制的“多米诺住宅”是建筑图解历史上一个具有划时代意义的案例。他运用透视图式，将建筑抽象还原到梁、柱、板、垂直交通组成的基本结构，同时阐释这样的结构（即建筑的支撑体）是可以批量生产的，形式随着建筑类型的需要可以进行修改，具有标准化的特点（图 1-9）。

柯布西耶还创造并广泛运用“比例人”图形，借助“尺度图式”，通过比例人和建筑的结合，可以直观看出建筑空间体量与人的关系（图 1-10）。

2）保罗·拉索的《图解思考》

保罗·拉索首次整合了图式系统，用速写草图的方式表达设计概念，并开始用图式的语言思考解决建筑学的问题。他提出了图解思考的概念，即用来表示速写草图以帮助思考的一个术语。这类思考通常与设计构思阶段相联系，在这个阶段中，思考与设计草图的密切交织促进了设想和拓宽了思路。他关注于图解思考的表现和构思方面的基本技能，包括绘图、惯例、抽象和表现等，提醒设计者们注意到很多图形工具有助于提高工作能力，为思维活动带来乐趣，并且在交流中共享思维（图 1-11）。

3）彼得·艾森曼与“九宫格图解”

艾森曼较早的方案主要侧重于从建筑本体内部空间和结构进行图解分析探索，如其 1 楼到 10 楼住宅系列等。从 20 世纪 70 年代末，艾森曼开始尝试使用一系列图解来指导其设计，作为对福柯、德勒兹等人的非经典图解概念的回应，他提出：“通过图解的手段，使这些（经济的、政治的、文化的、本土的与全球的等）新的事件以及它们的多种均衡系统和多样性得以显现和发生联系。”

艾森曼认为“九宫格”（nine-square grid）是当代建筑设计图解的开端，它提供了一套用以讨论建筑空间与结构本质逻辑问题的建筑学“语言”。这种“语言”通过简单的几何图形表达出来，包括了各种逻辑关系，诸如建筑的内部与外部、虚体与实体、水平与垂直、中心与四周等。同时，它并不存在风格问题，将建筑学还原抽象到最基本的几何逻辑问题上。“九宫格”成为了一个建筑学本质问题的抽象综合体，而不再仅是对建筑个体的逻辑再现。

艾森曼对于建筑图式的重要贡献在于强调了三维轴测图的使用，将设计表达的重心由二维图式发展到三维图式。轴测技术能克服透视法向灭点消失所产生的变形，又可同时表达出平、立、剖面等内容特点，使得设计生成过程中的分析图式具有与实体建筑相接近的三维图形，使建筑设计及表达图式具有了可度量的客观信息（图 1-12）。

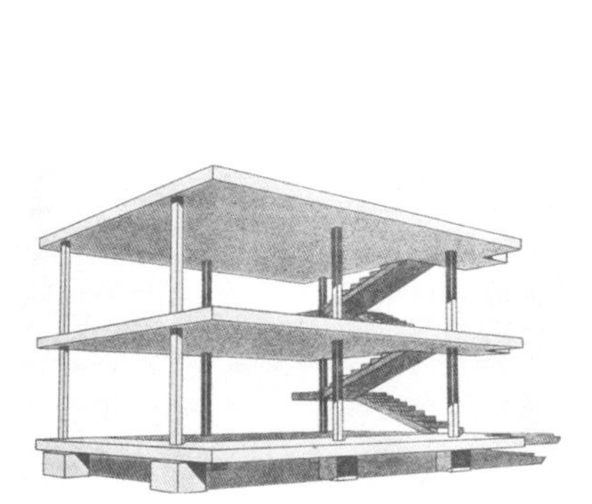

图 1-9 “多米诺住宅”体系图式

图 1-10 “比例人”人体尺度图式

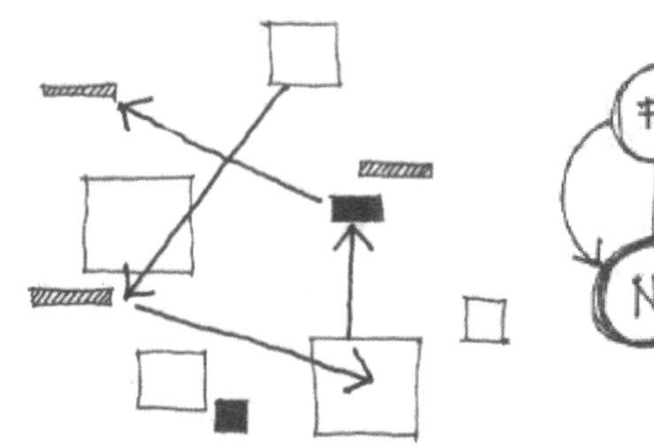

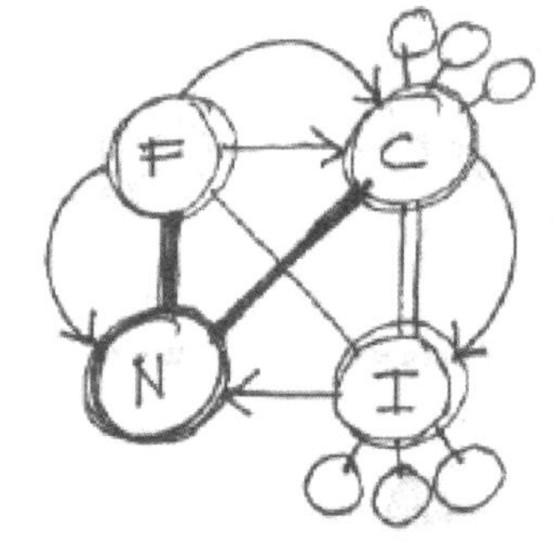

图 1-11 保罗·拉索的《图解思考》

图 1-12 艾森曼运用轴测图式对设计作品进行解析

4）伯纳德·屈米——图解可视性

屈米的作品，例如巴黎拉维莱特公园、雅典卫城博物馆等被世界认可的项目中，图解表达了其解构主义、图解可视性的特点。

在屈米的新论述中，他描述了近十年的建筑图解研究的基本成就。主要受赛奇·艾森斯坦和雅克·德里达的曼哈顿中转站的形式感的影响，屈米在不同项目中深入研究图解；他认为建筑学与其他学科规律中的不同是对于图解的能动研究。

对于屈米来说，图解无论是借助数字工具还是草图，表达的只是一种策略、工具，是思维的一种延伸。当今社会，建筑已经不再是构图和功能的体现，而是一整套变量生成的过程，是空间、事件、游戏、隐喻以及它们之间的重构。

屈米在其代表作拉维莱特公园设计中，通过垂直分离、竖向叠加的分层轴测图式，为其公园设计提出一个强有力的概念框架，充分而形象地表达出其方案的空间性、场所性、连接性和结构性特点（图 1–13）。

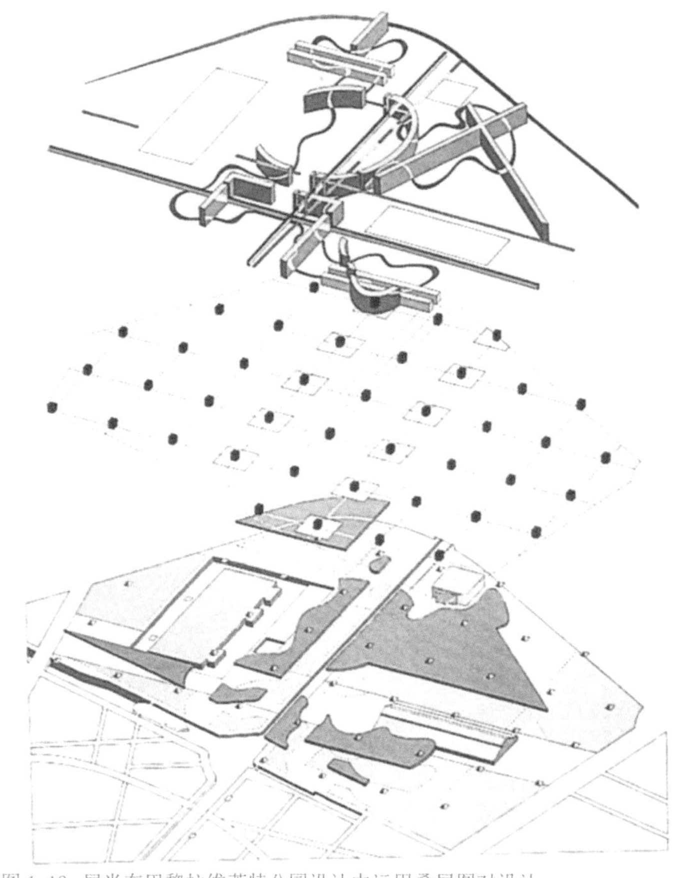

图 1-13 屈米在巴黎拉维莱特公园设计中运用叠层图对设计的空间结构及系统要素进行展示

5）大都会建筑事务所（OMA）与“社会学图解”

大都会建筑事务所(Office for Metropolitan Architecture)是瑞姆·库哈斯及其合伙人共同创办的建筑设计事务所。在投身设计行业之前，瑞姆·库哈斯曾经做过报纸专栏记者及电影剧本编剧，对社会现状与社会问题有足够的关注和敏感度，并且对当今社会人们所面对的各种社会问题进行了深刻思考。正是记者与建筑师的双重身份，促成了其特有的“社会学图解”设计方法的形成，并广泛应用于其城市设计和建筑设计方案的调研分析和概念生成之中。

大都会建筑事务所在将人文社会学信息与设计结合的过程中，主要借助“拼贴图”这一图式类型，解读设计学背后作为驱动力的人文社会层面信息。通过叠加真实图像的方式，拼贴入建筑形态或者空间表现图中，借以表达设计所承载的社会心理及人群行为等方面信息。“拼贴图”这一最初在城市设计及景观设计学科常用的表现图式，如今在建筑设计领域也得到了广泛运用（图 1–14）。

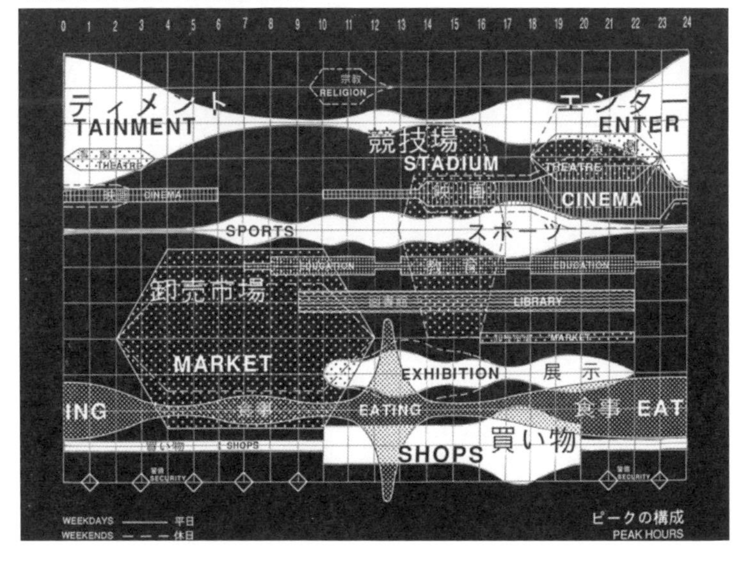

图 1-14 大都会建筑事务所（OMA）在横滨城市总体设计项目中，对不同时间段的人群行为活动类型进行图式化表达

6）斯坦·艾伦

斯坦·艾伦认为，建筑图式是缺乏生产意义且富有敏感性特点的，是直接的、简单的形式，这一属性使它具有直接调节的作用和文字表达的作用。图解建筑不是一个由图解所产生的建筑空间体系结构，与之相反，它是一类图表的建筑。图解建筑是一个架构，它建立了一个宽松的适合的程序和形式，一个有向领域内多个活动展开的渠道，但不受建筑围护结构的约束（图 1–15）。

7）韦尼·马斯、雅各布·凡·里斯、娜莎莉·德·韦里斯（MVRDV）与“数据图式”

作为当今具有影响力的荷兰建筑师事务所之一，其为数不多的实践作品是利用数字技术与建筑设计结合，并借助“数据图式”对设计过程和成果进行表达，在国际建筑界受到广泛关注。他们对于数据的处理始于统计学，同时辅助运用 Function Mixer 和 Region Maker 等设计软件，将从其他已有数据领域借取图解的材料，输入到计算机软件中，比如数学图解、电路图、乐谱等，从不同方面与建筑设计有机整合。在进行建筑设计时，根据项目的具体情况，如场地、功能、流线等选择合适的图解素材，并以项目具体的条件作为触发点，促进图解运动并产生变形，从而获得建筑设计的形体。如噪声城市的研究，通过对横纵向的噪声分贝限度分析，综合受干扰程度的功能统计，电脑在图解处理阶段选择最利于建筑的一种形体，直接生成了三维图解，即虚拟的建筑形体。

8）范·伯克尔和卡罗琳·博斯

联合网络工作室（Uniteal Networl）studio，简称 UNstudio 的两位创始人本·范·伯克尔和卡罗琳·博斯，研究项目之一就是设计图解的实践及其对设计构思表达的推动作用。他们通过大量的建筑内部空间设计、城市规划、景观设计发展，应用建筑设计图解，将其当作一个创造革新、提高效率的信息工具。

他们将图解视为一种用于信息表达的视觉化工具，有特殊含义的图式就可以包含与好几页纸一样多的信息，且能以最直观的视觉方法呈现。

9）扎哈·哈迪德与“参数化图解”

现代主义建筑所推崇的“形式追随功能”思想，已经在某种程度上变成“形式唤醒功能”。从扎哈事务所的工作方法中可以看出当代建筑中形式与功能的二元论经典矛盾已趋于消解。

当今社会参数化设计在建筑应用领域已经十分普遍。扎哈认为当代建筑的创作核心和重点应该放在建筑空间的塑造与创新上，空间表现出交织、模糊和流动等特征。参数化设计能够使物体表面呈波状，圆形的物体更能体现出建筑的流动性，没有任何规则限制（图 1–16）。

10）妹岛和世的“图解建筑”

伊东丰雄曾在描述妹岛和世的案例时最先提出“图解建筑”（diagram architecture）这个概念。妹岛的作品被他描述为：在设计上明确、清晰，非常易读，是一种图解式的建筑，通过一种同样极简的“空间术语”将这一关系转化为真实的结构。

“建筑即图式”是妹岛建筑的表达特征，她的设计作品常以简单几何体的集合形式呈现（如金泽美术馆中圆形与矩形的组合）。而其对设计的表达方式，也是直接将真实的建筑形态和空间结构转化为相应的几何图形，产生一种与真实建筑空间吻合度极高的空间图式，让读者能迅速捕捉其空间和结构特点。通过简单朴素的二维平面图式或三维实体模型直接反映建筑物的体量特征（图 1–17）。

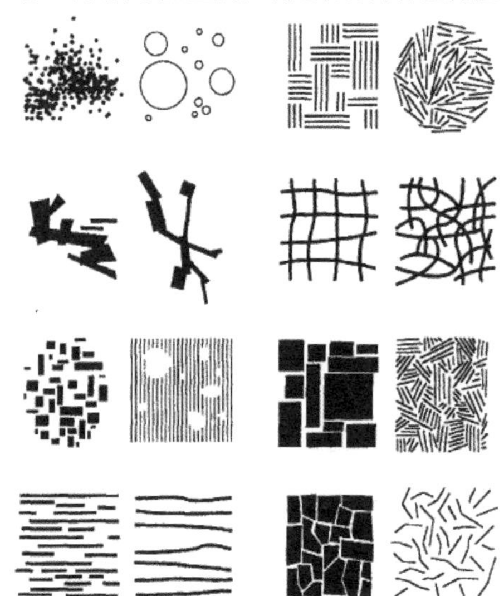

图 1-15 斯坦·艾伦借助点和线绘制的空间场域图解

图 1-16 扎哈·哈迪德对设计形态的抽象化图解

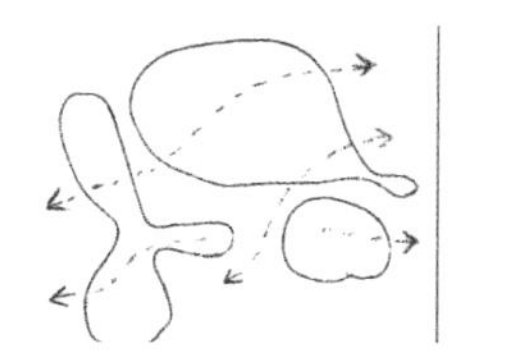

图 1-17 妹岛和世的图解化建筑解读

1.5 图式的表达特点

图式，尤其是建筑设计图式，作为一种图形语言，由包含点、线、面形成的二维、三维各种图元构建而成：通常包括数据、文字和图形。图式在建筑空间、场地、环境等方面以及在传递设计师构想的时候不仅与建筑学科密切相关，且与艺术学、社会学、心理学等学科广泛关联。归纳起来，可以总结为以下特点：抽象性、整合性、关联性、衍生性、意识性 。

1）抽象性（Abstraction）

“抽象”是图式区别于图形 (Graphic) 的最基本特征。设计图式是抽象的，包含了很多存在于设计中的可能性和解决措施。从建筑设计的学科特性来说，图式为设计提供了发展的角度，并进一步启发设计思考。很多情况下，图式的操作和实施过程，更多的是通过“潜移默化”的方式进行，没有具体方向，而是伴随着设计推进和构思深化，逐步使设计成果明确和清晰。

2）整合性 (Synthesis or Reduction)

整合性是图式的重要功能之一，是指将与设计相关的有效信息压缩、合成，整合性也是设计师在交流中需要优先考虑的因素。

20 世纪 40 年代早期，格罗皮乌斯在哈佛提出了“气泡图”的概念，在为当时的教育环境提供了一个处理拓扑功能及几何分布设计方法的同时，打破了以法国波尔的国立美术学院（Ecde des beaux-art de Bordeaux）为代表的传统手绘绘制设计图式的方式。气泡图着重于表现对象中不同要素的关联性，需要对建筑的功能及其相互关系深入理解，将相对复杂的建筑本体凝练整合为多个简洁明了的几何简图关系。

格罗皮乌斯开始使用“气泡图”表达建筑空间的整合关系，妹岛将图式的整合性升华为极致，凯文・林奇提出了城市意象元素又在中观、宏观层面对复杂的城市要素进行整合性解读。总而言之，设计图式是对设计对象复杂要素进行提炼整合的结果。

3）关联性（Relation）

图式另一个显著特点，是对设计对象各类要素之间的组织关系进行表达阐述，即关联性表达。在很多类设计图式中，我们不仅可以看到物体及其相关配置的比较关系，而且可以看到如层级关系或包含关系等内容表达。如果说图式的整合性是使得图式能够处理具有复杂性的设计对象，是处理建筑设计的前提条件，那么，图式的关联性使得图式真正成为了思考的机器。

4）衍生性（Proliferation）

图式作为一个生成系统，拥有产生新事物和其他相关事物的可能性，即衍生性。图式可以表达大量的潜在关联特征，即便不是最终结果。具备衍生性的图式不断推动设计，产生启发。

5）意识性（Ideology）

建筑图式在不同的设计阶段扮演了不同的角色，且更多的是借助直观的图形元素，转化并传递设计者的意识理念。例如，屈米运用了图解概念设计拉维莱特公园项目，采用了当时新派的解构主义艺术思潮，将不同对象拆解后，运用分层轴测图进行表达，将既定的设计规则加以颠倒，反对形式、功能、结构、经济彼此之间的有机联系，提倡分解、片段、不完整、无中心、持续地变化等，认为设计可以不考虑周围的环境或文脉等，给人一种新奇、不安全的感觉，他改进了建筑图式的表现形式并提升了趣味性。对屈米而言，设计图式除了表现设计对象的空间形态要素外，还要承托对其头脑中既有的、来自社会人文等不同层面的意识形态构思的传达。

2 表达图式分类

按照设计图式的表达内容、表现形式差异及所适用的不同设计阶段，普遍认为其有三种主要类型：

表现性图式：一般出现在方案完成后，用于设计成果的表现，如模拟真实场景的三维渲染图、结合实景照片的拼贴图等。

解析性图式：在方案设计前期及中期，用以体现设计意图，引导并推动方案生成。

生成性图式：常见于设计过程中后期，将设计概念、方案形体等内容重新梳理后，通过一种线性图式使其形成逻辑及变化过程并进行分步展示。如 BIG 风格的分析图式，通过连续的演进式图形，一步一步地展现设计的动态变化过程，直至出现最终的设计成果（往往是简化版的抽象成果）。所以，很多表面看起来简洁清晰，自然易懂的设计图式表达，其实在前期包含了大量的研究及策划内容，而最终的成果图式仅仅是将背后庞大的设计信息重新梳理整合后，以最简单易懂的图式方式予以展示罢了。

在本书中，为了便于读者理解当今设计实践及教学过程中所常用的主要图式特点及其具体的运用方式和方法，将建筑设计表达（表现）图式可以按照设计过程及表达类型（内容）的不同分为两大类别，进行详细的分析解读。

一方面，依据当前大多数设计机构通常使用的线性设计流程，也按照设计阶段的时间先后顺序，可以分为：

设计前期——根据场地、现状条件及其他因素而表现的某些特质进行的资料收集整理、理解消化阶段。

设计中期——利用图式来逐步梳理出设计思路并明确设计方向，以此推动设计进行。

设计后期——对于设计结果的表现，通过更加直观清晰的图形图式来重现设计思路及展示最终设计成果。

在设计前期和中期阶段，是一个把头脑中思路用图像图形整合的过程，因为在进行图式绘制的时候，往往会推动下一步的设计，并能够整合非建筑体系内的语汇（比如行为心理，文化和意识形态因素）。在设计后期阶段，比较典型的例子是 BIG 的图式风格，这更像是一种设计过程的再现和直观陈述，即运用简单明确的变化图形完整呈现设计的构思过程。

另一方面，对于一般的建筑或者城市设计项目而言，某些内容往往是设计表达的必要组成部分，例如交通流线、功能布局、景观视线分析，以及绿色设计所需要阐释的通风采光、能量利用、水体组织等内容信息。而且表达内容时，往往可以借助多种类型的图式，比如表达交通流线时，轴测图、平面图或爆炸图都可以被运用。

因此，第二种分类依据设计的不同表达内容，将那些反复出现于不同设计阶段的图式类型进行再次分类，更便于使用者依据具体项目中的特定表达（表现）内容进行有针对性地选择和学习。

2.1 图式按照设计阶段分类

传统的设计流程：系统前期调研分析、中期方案推进、最终成果表达，更多地关注于方案成果的表现，对于方案理念的阐释及思考过程的理性构架缺乏足够的展示。然而，对于研究性的设计方案，必然要构建合理的逻辑框架以支撑整体的设计过程及成果（过程并非单向线性模式，实际设计过程往往出现步骤上的叠加反复）。基于此，与设计相关的数据信息搜集消化，各种关联因子之间的相互关系梳理，建立抽象的空间或逻辑模型，确立设计理念策略及推导最终的设计成果，成为整体设计逻辑表达的核心，而非传统意义上的单一设计表现和成果展现。

因此，基于研究性设计的步骤框架进行分类，归纳不同类型的图式内容，可以有效地指导设计图式筛选，并且能够系统地培养设计者依托设计本身研究问题和解决问题的思维模式。在这一部分中，依托不同设计阶段，结合各阶段设计特点，从前期研究、中期推进、后期表达三个层面对各种类型图式的运用方式及特点进行归类阐释说明。

2.1.1 设计前期——分析研究阶段

作为一般设计过程的起始阶段，尤其是研究性的建筑设计（有别于工程实践生产和一般的方案展示过程），更强调与设计相关的原始信息数据及资料收集和整理。通过对相关客观信息数据的搜集，结合必要的实践调查（现场调研、访谈及拍照等），通过必要的分析并提取对于设计的有效信息，逐步消化吸收，定位设计所需解决的主要问题。设计原本就是一个找出问题并解决问题的过程，而当代建筑设计所面临的状况愈加复杂（尤其是绿色建筑和生态城市设计），初期阶段对于矛盾提炼、问题定位、策略推导，往往基于大量基础资料，尤其是数据信息的分析整理。通过多方面的量化整合，最终提出合理的概念，并进一步形成设计方向。

因此，在设计研究前期，将与设计相关的内容（如人口组成、经济结构、地理环境、气候状况等信息）进行视觉化、图式化处理显得尤为重要（图 2-1）。尤其是对于数据信息的表达，更需要借助图式图形提升其内容可读性。这一阶段，最重要的图式为图表图式（又叫数据图式 infographic）、问题图式、概念策略图式等，多种图式可以单独或者综合运用，其具有以下特点。

第一，客观性

信息图式，包含物质的数据信息、时空地理信息、历史时间信息及物质空间的相关信息及关系。在这个信息爆炸的时代，借助图式手段，数据的可视化可以使得原本枯燥单调的量化信息高效和清晰。过去，数据信息在图形上的表现只是停留在饼图、柱状图和直方图等简单的视觉表现图式上。信息可视化提供了一种高效的信息传达途径，表现形式从平面到三维，更加有效地传达数据信息。

第二，直观性

虽然语言文字相对而言更具有普遍适配性，但作为图形语言的信息图式传播速度比较快，而且范围广，传统模式下的语言文字模式无法与之相比。借助图形，抽象枯燥的数据可以变得真实可触摸，并得以生动再现，甚至有时候，可视化的数据图式更可揭示设计概念的核心和本质。选择、简化、提取等过程作为数据表达图式的动态形成机制，往往可以作为设计的起点和阐释设计原理的关键，并为后续的设计推导过程提供合理有力的论据支持。

有一点需要注意，对于相对复杂的可视化数据图表，必须要针对专业和非专业人群进行有区别的绘制展示，才能便于理解和沟通。静态的数据信息，主要根据其视觉样式和主体表达内容进行分类。

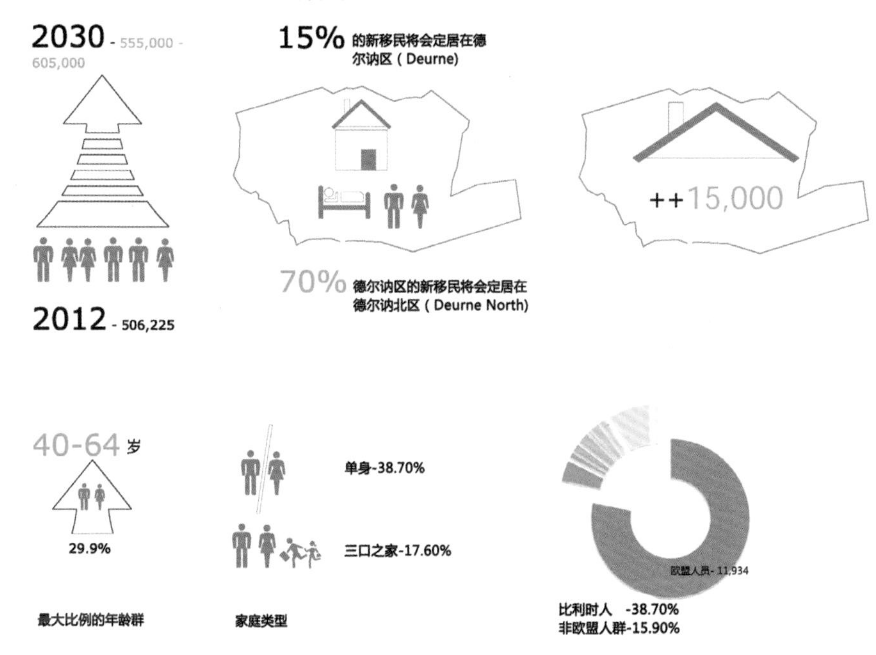

图 2-1 城市设计前期调研运用多种信息图式将调研的数据成果进行表达

1) 数据（信息）图式

最初数据类图式多见于商业领域，用于展示形形色色的业务数据图表，可以将简单重复的文字和数字编码转化为形象生动的图形，代替枯燥晦涩的表格。这类数据图式具有以下特点：迅速传达信息，直接关注重点，更明确地显示不同类型数据的相互关系，使信息表达鲜明生动。后来逐步引入到建筑设计和规划设计领域，用于表达与设计主体相关的各类数据内容。虽然数据图式很多时候无法直接用于形成设计理念或设计策略，但是其所包含的数据类型往往与后期建筑设计的功能定位、规模尺度、使用者类型、使用方式及公共空间比例密切相关。总的来说，这类数据图式按照其表现形式和适用范围，主要分为饼状图、柱状图、折线图等基本图式，以及后来衍生出的雷达图和旋风图等类型（图 2-2）。

不同类型的数据图式各具特点，需要设计者结合设计对象选择合适的图式种类。首先，了解各数据图式的表达特点和适用对象，需要根据相关数据明确所要表达的设计主题，这是选择表达图式的关键。其次，明确表达主题中所要表述的对比关系种类：类别、成分要素、时间序列、频率或密度分布。最终，根据对比关系选择适合的数据图式，形成的数据图式使得枯燥冗长的数据文字能够变得活泼易读。

线状图（折线图）

饼状图

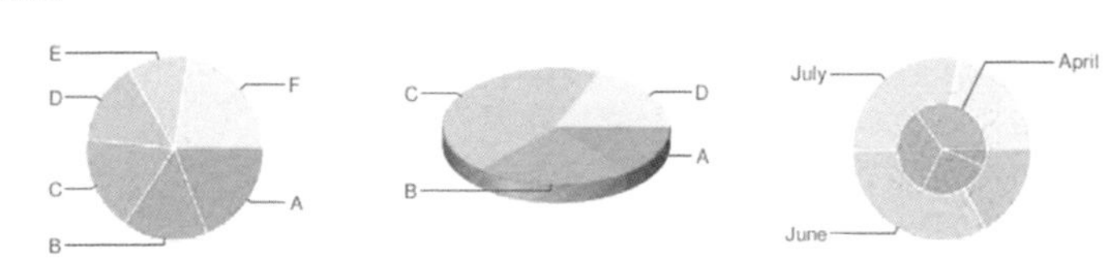

点状图

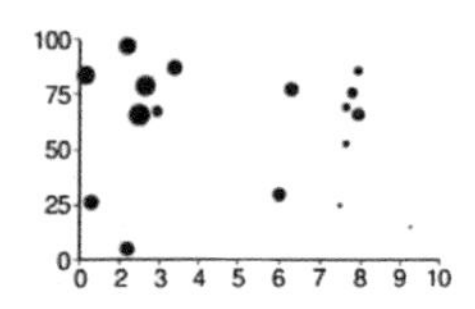

雷达图

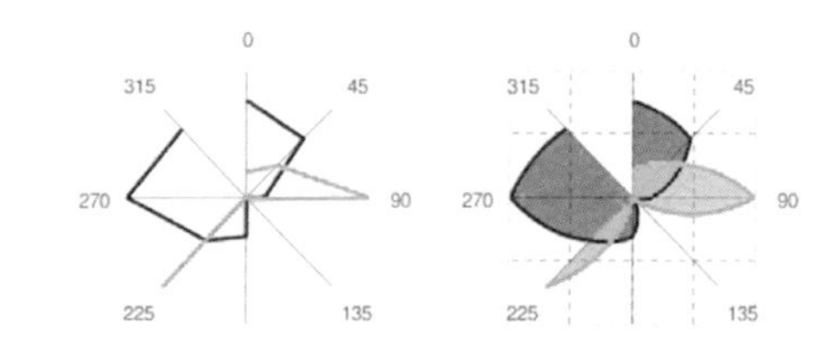

柱状图（条形图）

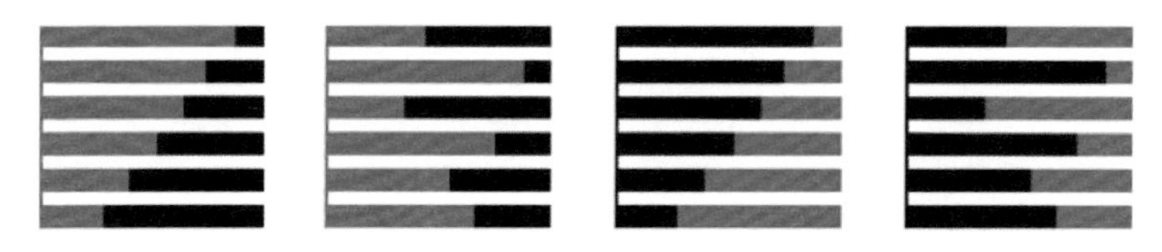

符号图式表达数量关系

图 2-2 典型信息图式及表现形式举例

（1）表达数据组成的图式

①饼状图

饼状图，常用于显示一个数据系列中各项的大小与各项总和的比例（图 2–3）。在前期设计调研中，常会遇到影响建筑功能比例或场地使用方式或人群结构类型等方面的表达，有时候侧重于表现各部分在整体中的比例关系，有时则突出强调某一类型信息。在运用饼状图式进行数据表达的时候需要注意以下几点：

首先，表述内容的类型不宜过多（一般为 3~6 种），否则会影响各类信息的读取和辨识；

其次，将需要重点表现的部分尽量置于饼状图上部的正中位置，并且用明确的颜色突出显示，其他信息则用中性色彩弱化处理；

再次，饼状图的优势在于能够在一个整体的框架内清晰展示各部分的量化关系，而一旦需要比较两个或两个以上整体时，建议运用其他图式（如柱状图）。

饼状图常用于表现调研对象各部分之间，或各部分与整体的比例关系。各部分由圆形中心向外辐射，扇面角度即为其所占比例大小，配合文字及各类图式符号，可以使数据信息的读取快捷准确。如图 2–4 示意的意大利某地区不同距离范围内，居民出行主要选择的交通方式调查。3 个饼状图分别代表 30km、10km 和 2km 的交通方式比例，每个饼图都由公共交通、私家车及轻轨构成。通过 3 个图形的并置对比，可以迅速得知不同距离范围内，居民的出行方式和习惯基本相同，且都以私家车出行为主（占比 70% 以上）。

同样，图 2–5 所示的某地区 1985—2012 年人口流动状况调研，打工者照片和“人形”图式符号表明了图式的表达内容，左侧的人口结构饼状图通过红色强调外来人口在不同年份所占比例，且该比例近年来快速上升至总人口的 1/3。

饼状图还有另一种相似的表现形式——环状图，与饼状图式具有相似的绘制方法（图 2–6），同样用于表达研究对象的成分和相互比例。

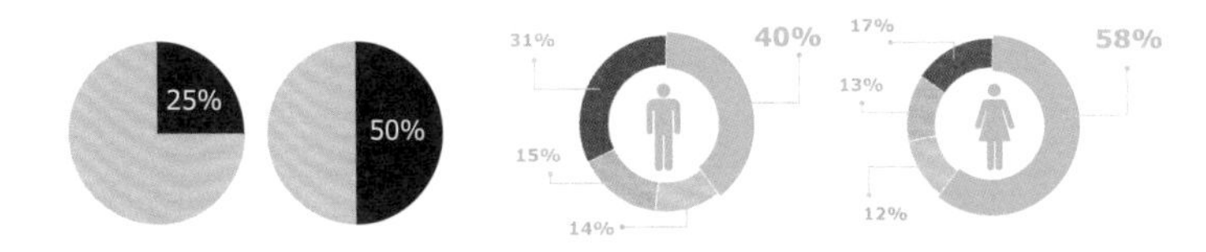

图 2–3 典型饼状图及环状图

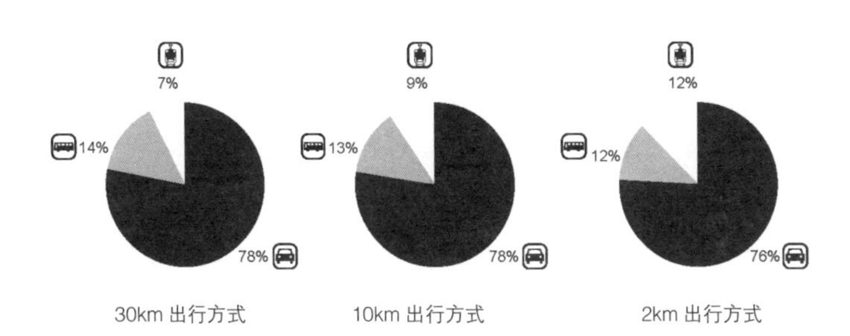

图 2–4 居民交通出行方式的选择比例

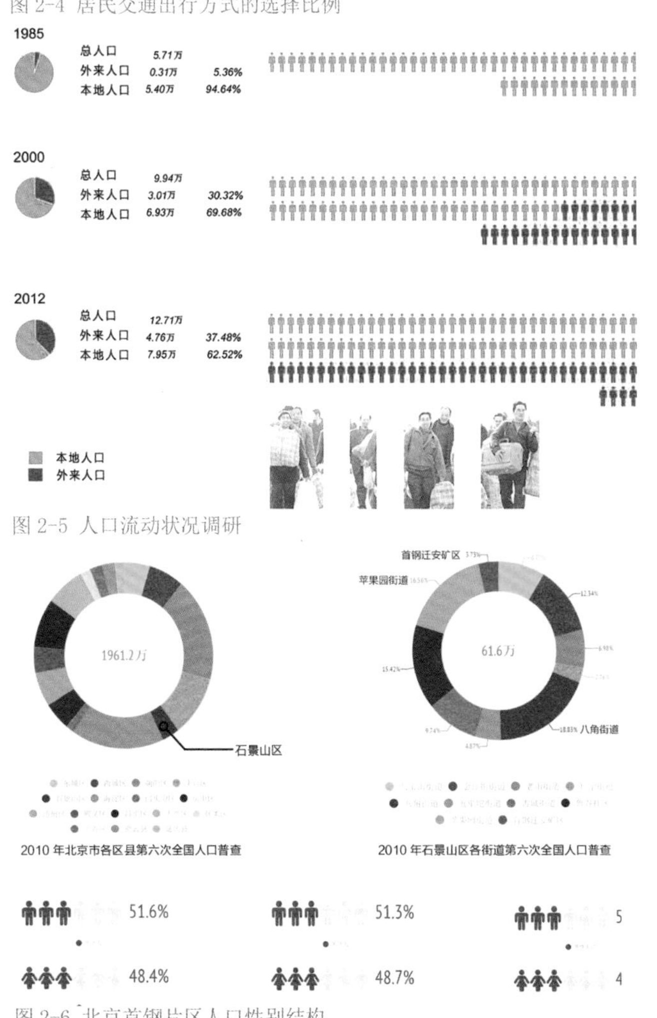

图 2–5 人口流动状况调研

图 2–6 北京首钢片区人口性别结构

②循环图

顾名思义，循环图是由节点和圆形(或弧形)边界构成，将相互关联的不同要素或同一要素的不同方面串联在一个闭合环形系统中的图式。处在循环图中的事物，其每次发展都与下一次的发展联系在一起，沿着因果链追根究底，可以了解事物的全貌。在建筑设计(尤其是生态建筑设计)的项目策划阶段，常用循环图表达设计项目达到预期目的效果，所需要具备的若干条件和要素，如图 2-7 便是借助环状的循环图式表达某生态可持续设计项目中所涉及的几个必备要素。

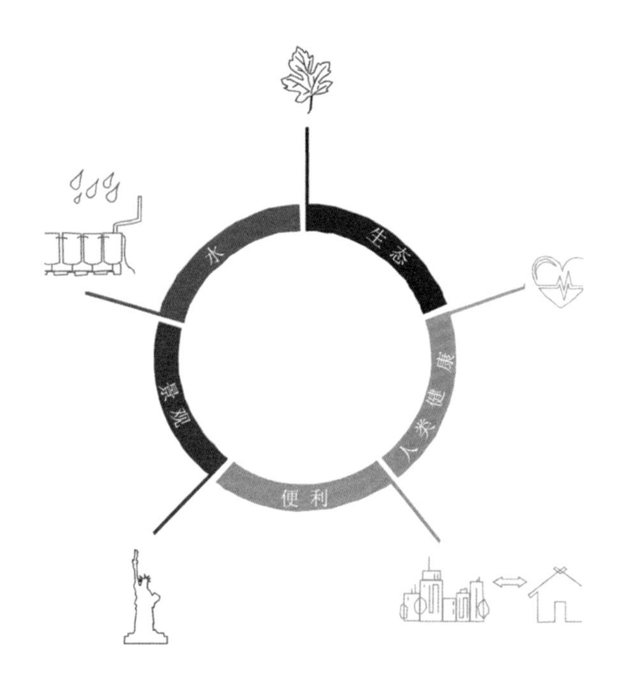

图 2-7 循环图表达设计理念所涵盖的各个方面

③旋风图

旋风图，学名叫作背离式条形图或成对条形图，主要用于两个（一对）对象，不同内容的比较关系。如著名的人口金字塔图，常用于表达某一国家或地区，在某个时间段内，男女的性别人口在不同年龄段的比例关系，其原型是旋风图（图 2-8）。一般而言，旋风图式中仅包含两个成对比关系的对象，左右对称并置，进行对比的各分项类别自上而下线性罗列，通过色彩区分，通过长短不同的条形图块进行比较。

在建筑设计的前期调研分析中，旋风图可以用于人口（性别年龄构成）、产业结构、社会活动等的对比分析。通常旋风图所呈现的图形样式——正金字塔形、陀螺形、倒金字塔形，可以反映表达对象在某一时间段内的发展均衡度或结构优化度。

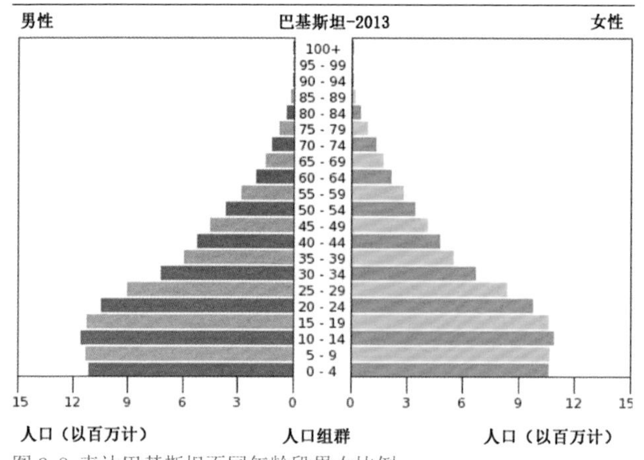

图 2-8 表达巴基斯坦不同年龄段男女比例

（2）表达数据比较和趋势的图式

①柱状图（条形图）

柱状图也称条图、长条图、条状图，是一种以矩形长度为变量的表达图式，常用于建筑设计前期的设计背景分析阶段，对与设计对象相关的因素进行量化表达展示（图2-9）。

大部分柱状图由一系列高度不等的纵向条纹表示数据分布的情况，常结合时间轴显示某类信息随时间变化的关系，或用来比较两个或以上的价值参量（不同时间或者不同条件）。这里需要注意的是，条状图中最好只设定一个变量，避免多个变量信息同时出现在一个图式中造成信息读取混淆。柱状图亦可横向排列为条形图，对所选择的项目进行排序。

具体到建筑设计中，柱状图常用于表达影响设计对象的某一类因素或条件（通常是经济增长、人口变化等），在所选时间区段内的变化状况，以便对该要素的价值和影响力进行价值评估。制作柱状图时为了使表达清晰，要注意条形图之间的距离需小于条形宽度；某一特定信息的强调可使用对比颜色；数字和文字等信息要沿柱状图的横、纵两轴标注。

柱状图所具有的变量表达特征，常用于方案初期对与设计相关的气候条件（如温度、降水等）、人口因素（如人口数量、就业人数）、经济状况（收入状况、经济增长）等内容的图式化表达。且柱状图常与横向或竖向时间轴结合，以反映某一类变量随时间的变化趋势。

柱状图可以单独使用，也可与轴测图或功能业态布局图等灵活结合，提升数据信息表现的生动性。图2-10为某一方案的地上和地下功能面积指标，中部横线作为地平分界线对不同功能面积指标的柱图进行分割，形象地表达了地面上、下的功能及其分布，既进行了量化比较，又明确了其分布位置。

柱状图与反映建筑场所空间形态的三维图式结合，能将抽象的量化数据直接投射于真实的场景之中，强化了数据指标在空间中的存在感。如图2-11中条状图与轴测分层图结合，相同的功能类别以相同的颜色标识，结合文字和数字说明，能够直观展示各功能的比例关系及在空间设计中的位置布局关系。

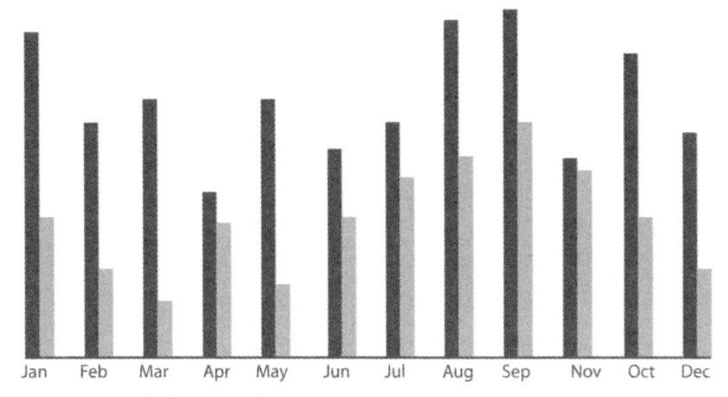

图2-9 不同月份气温示意图

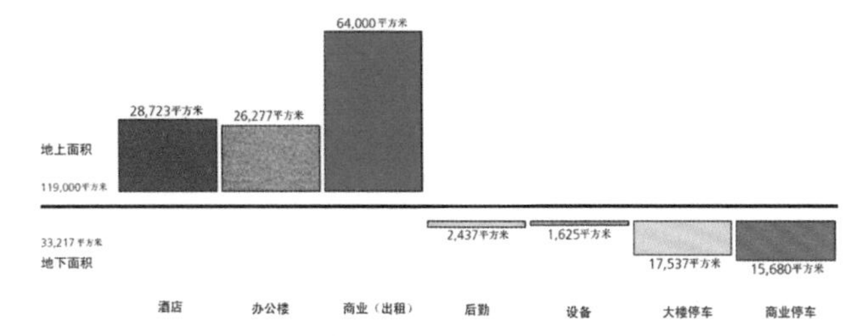

图2-10 商业建筑面积指标（地上和地下）

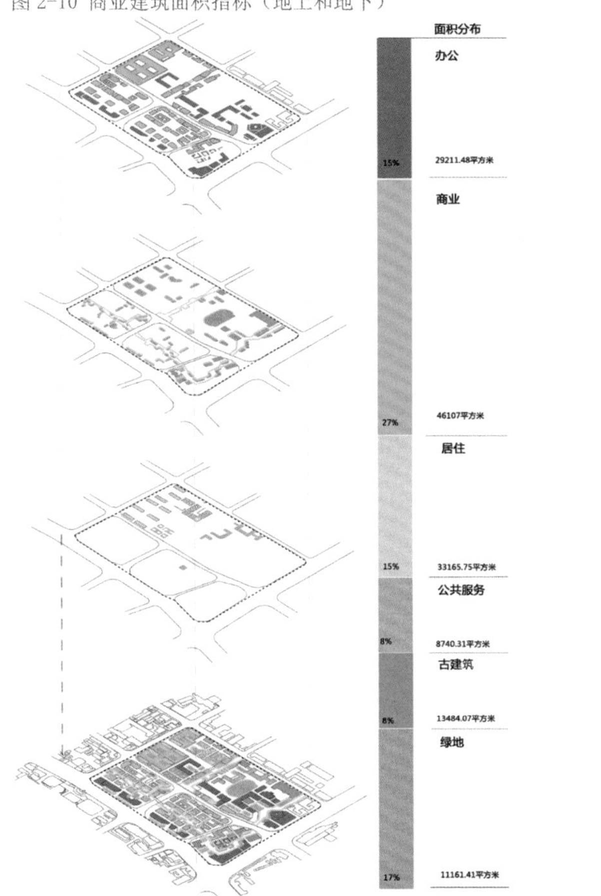

图2-11 地块功能业态分配（济南商埠区城市设计）

②折线图

折线图由一条或多条连接不同属性值的线组成，通常与时间轴结合显示事物随时间的变化情况以及数据的变动，在时间维度上可以是对过去的认知回顾，亦可以对未来趋势进行预测。因为折线图按照一定比例显示随时间而变化的连续数据，因此非常适用于显示在相等时间间隔下数据的趋势（图 2-12）。

在生态建筑设计中，折线图常用于展示与设计对象密切相关的背景信息，如环境污染、CO_2 排放上升、城市土地紧张、机动车快速增长等内容，通过呈现所面临问题的紧迫性，进而强调设计对象的必要性及合理性，以引起读者的共鸣和关注。折线图常作为载体，叠加整合其他图式（如照片，符号图式等），更加全面、形象、准确地展示研究对象随时间的量化变动状况。

图 2-13 表现的是住房建造在 1951—2014 年之间的变化状况，该图是以折线图为主的综合图式。图面整体偏中性色调，由于用黑色标注重要的图式信息，因此可以清晰地辨别代表建造量的折线呈现不断上升的趋势，且 2004 年之后始终稳定保持在高位。折线自身的线型宽度变动，表明了建造的剧烈程度。横向时间轴上，仅将与住宅建造相关的重要历史事件的时间节点通过黑色字体进行标注（如 1951,1978,1980），并通过底部的黑白图片和文字对趋势作进一步的说明阐释。图式在表达对象趋势走向的同时，通过多种素材综合运用，较好地表达了主体内容。

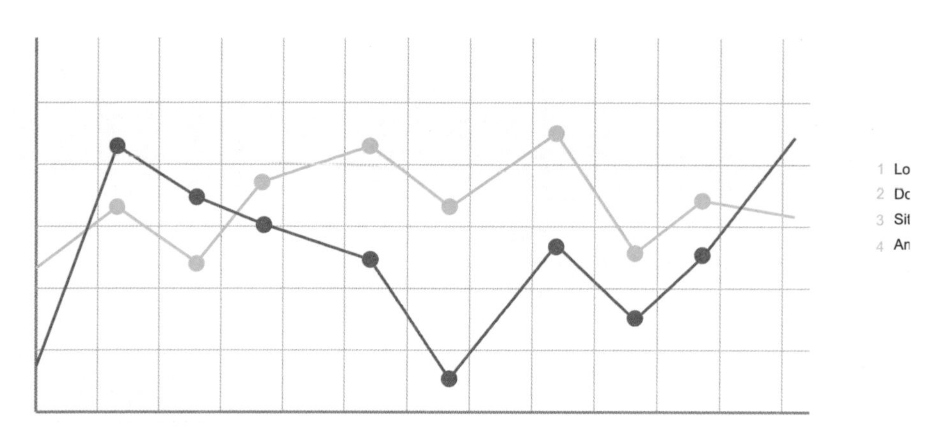

图 2-12 典型折线图表现形式

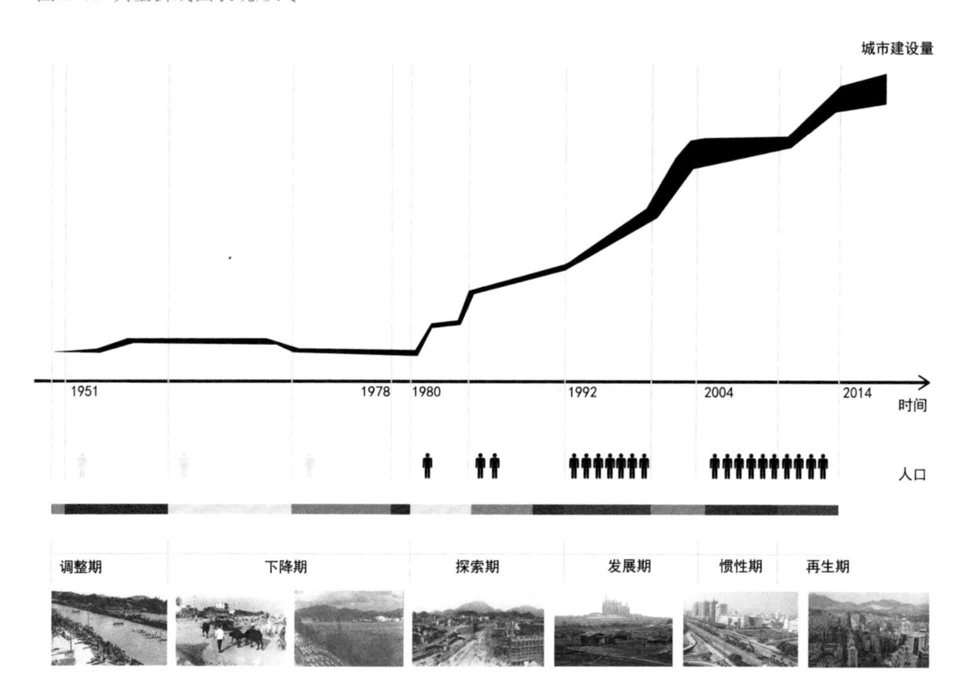

图 2-13 城市建设量与劳动力变化关系

图 2-14 表现了 1700 至 2014 年间，纽约 - 新泽西地区人口增长与湿地面积的相互关系，及基于此现状关系推导出的 2014—2050 年间二者变化趋势的预测。与图 2-13 相似，这也是一个以折线图为主的分析图式，在表达人口增长与湿地面积减少这一主体趋势的同时，将不同的折线与相关的圆形照片叠加，生动地反映了在不同时间阶段与趋势变化有关的历史事件图景。折线图式在表达数据的同时，也以叙事的方式揭示了背后的动因，描绘了完整的历史图谱。

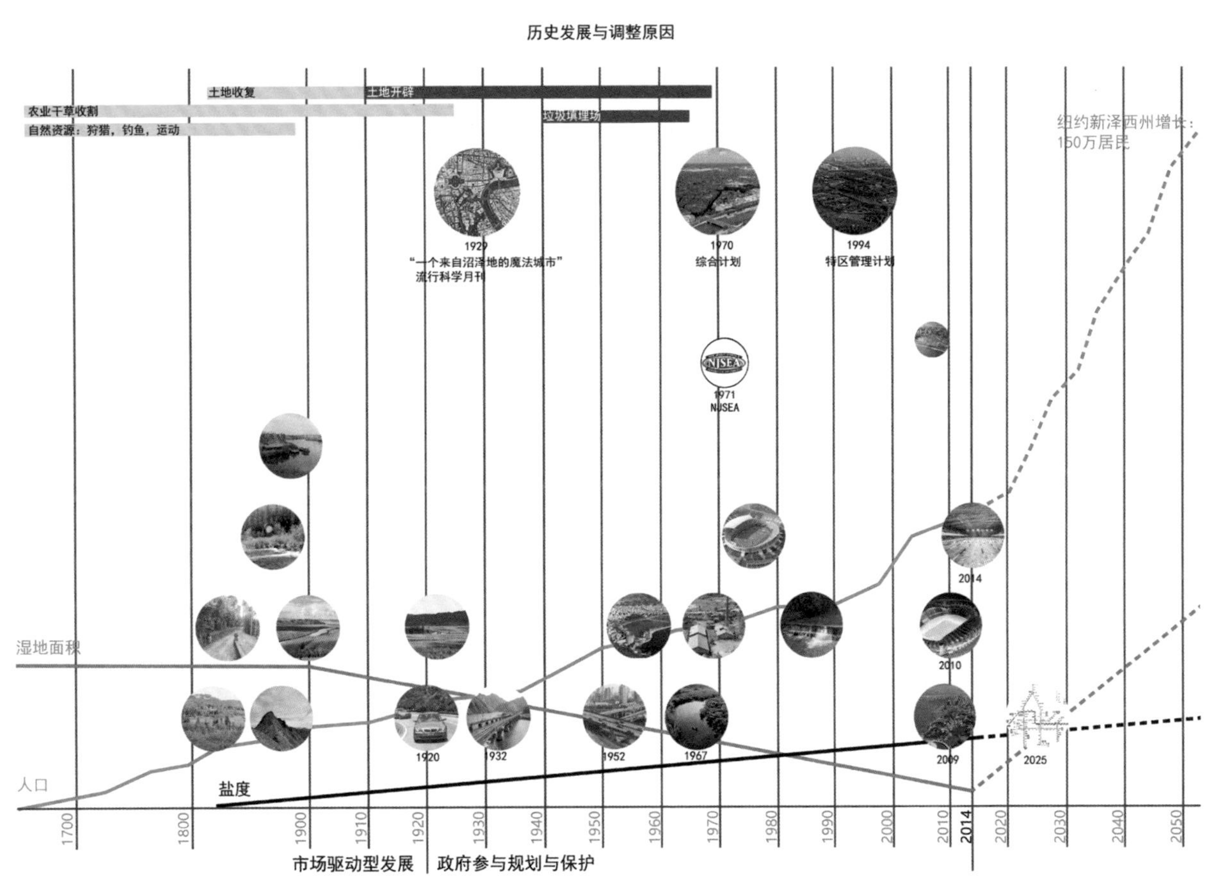

图 2-14 纽约 - 新泽西地区人口增长与湿地面积及土地盐度的相互变化关系及其重要影响事件

③雷达图

雷达图又可称为蜘蛛网图（Spider Chart），是一种用于多个变量元素比较的图式。建筑设计中，雷达图常用于表示某一地区的风环境（如风玫瑰图），或设计对象不同功能空间的使用强度、人流密度，或某地块的交通可达性等内容。

在雷达图式中，不同元素的变量和数据，集中划在一个圆形的图表上，来表现一个对象不同属性的数值大小，或不同对象相同属性元素的变化并进行比较。

在绘制雷达图时，不同的轴向代表不同的元素或变量类型，均由中心点开始沿轴向呈放射状发散。放射外点与中心的距离，表示元素变量在该方面的数值大小或变化趋向。所有放射点连接所形成的封闭几何图形即为该变量的整体状态。在图式具体的操作过程中需要注意的是，由于不同变量元素的相互叠加，因此同一个雷达图中不要放置过多不同类型的变量元素，一般不超过3个，否则难以辨别和读取。

图2-15借助一系列雷达图式，表达了伦敦一年12个月份的风环境状况，这也是其最常见的表现内容和方式——圆形的“蛛网”图形中，灰色填充部分表示不同月份的主要风向及风力大小。

除描述气候因素外，雷达图式也可以进行建筑功能的类比分析。如图2-16，采用了时间表盘的形式，代表不同建筑功能的色块以圆心为中心进行扇形分布，扇面的大小和扇形的长短则表示在不同时间段该功能的使用强度。

图2-17则基于同心圆底图，对上海某设计地块与城市主要功能区的距离长短，及在现状交通方式（地铁或出租车）下抵达各主要功能区的时长等参数进行量化比较分析。很多电脑游戏中（比如FIFA足球），对不同角色的各项参数进行展示和比较，也常采用此类形式。通过查看不同参数指标距离中心点的长度，可以直观而迅速地对其各类属性进行识别和比较。

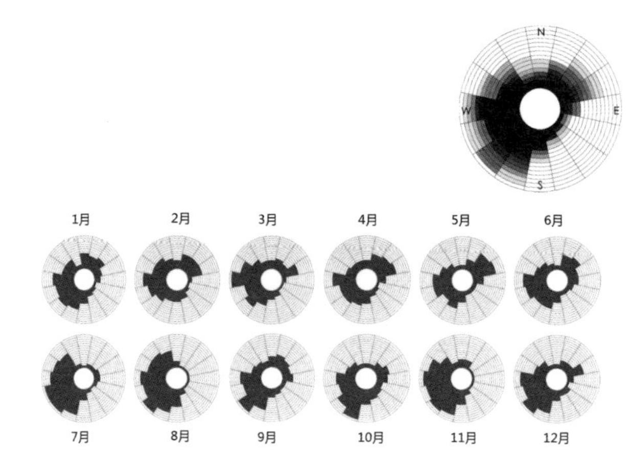

图2-15 伦敦不同月份风环境雷达图

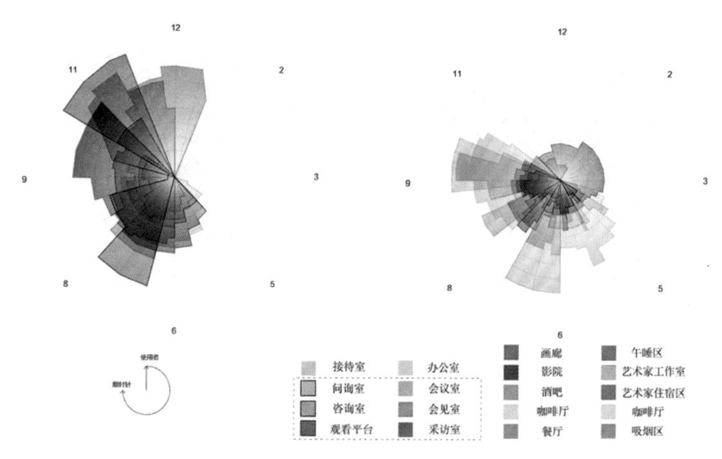

图2-16 功能空间在不同时间段的使用强度

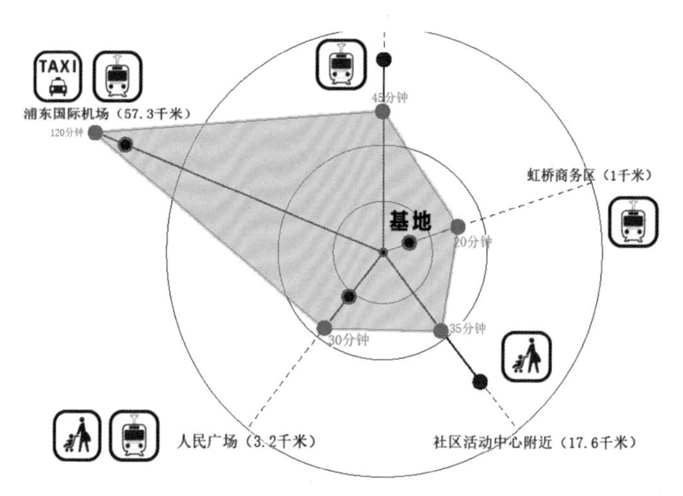

图2-17 城市交通枢纽比较研究

（3）表达数据相互关系的图式

①气泡图

气泡图是很多建筑设计初学者在基础学习阶段，最早接触的一类图式。最早，瓦尔特·格罗皮乌斯（Walter Gropius）在哈佛设计研究生院（GSD）任教时，曾将泡泡分析图纳入到他所主导的设计方法论中，并将其转换为一种表达功能主义的象征图式，同时，气泡图也被他引入并应用于包豪斯设计教学体系中。

在设计实践中，气泡图式常出现于设计初期的概念阶段，用来探索及分析建筑的内部功能、流线或是总平面环境要素的相互关系。一般说来，它将建筑或是场地中的一系列元素，如场所空间、功能、环境、交通等内容抽象为简单的图形元素（常用圆形或椭圆形等几何图形），并通过连接符号联系起来。即将每个气泡当成一个功能分区，并根据流线关系将各个功能分区串在一起，使建筑内部及与外部场地关系清晰直观地表达出来（图 2–18）。作为简洁直观的表现方式，气泡图式表示不同事物之间建立联系的可能性，同时，通过尺寸大小及颜色不同亦可以直观表示不同元素的比例关系及层级属性。

气泡图主要在两个方面表达数据信息：第一是通过气泡的大小表达设计对象的影响程度，即气泡越大，比例数值越大或重要性越强；第二是气泡的位置，表达气泡间的相对位置关系或进行空间的定位，如功能关系和位置示意图式。

首先，表达功能之间的相互关系，是气泡图在建筑设计前期调研分析和初步功能构思中的常见应用方式。图 2–19 为表达某建筑的内部功能气泡图，不同功能通过颜色区分，气泡的大小表现了功能所占空间的面积大小，而彼此间叠加或分离的状态说明了不同功能之间的联系紧密程度。

图 2–20 为某图书馆设计中的功能气泡图，除了气泡大小表现功能使用强度之外，结合横向时间轴（上午，下午所示），亦表达了功能在不同时间段的使用状况。

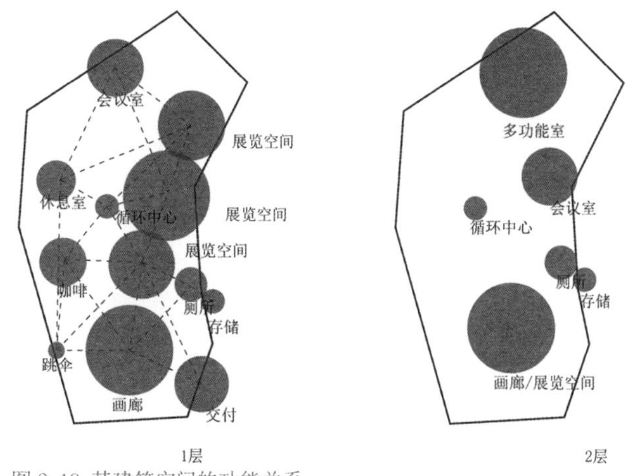

图 2-18 某建筑空间的功能关系

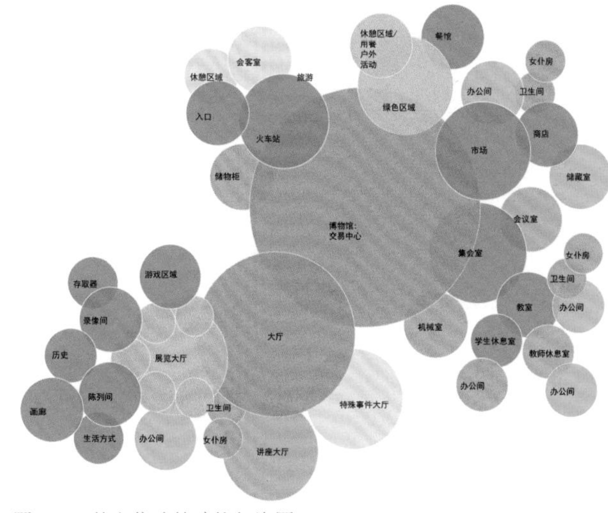

图 2-19 某文化建筑功能气泡图

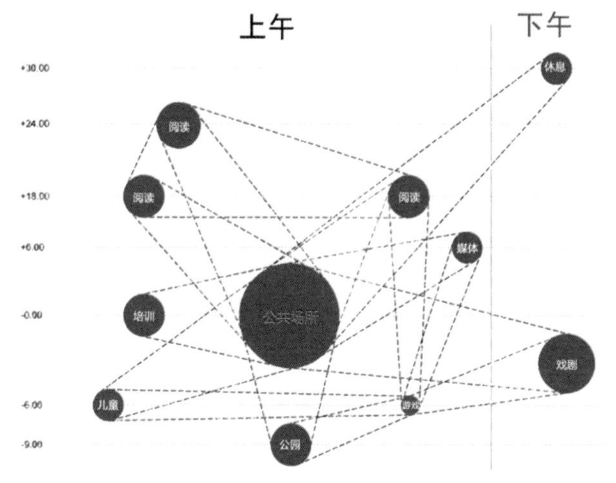

图 2-20 某图书馆设计的功能时间关系

其次，气泡地图，不同于简单的区位图，除了表示地理位置示意，气泡大小代表着某些方面的数值比较状况。如图 2-21 中，在灰色的世界地形简图上，大小不一的红色泡泡表达了不同地区的收入增长速度状况，数值比较结合区位示意，表达风格简洁优雅。但此类图式对于数值的量化表达比较概括，相较于具体的数据而言，难以精确。

再者气泡图中常借助气泡大小，对不同设计对象或设计对象中的不同因素进行量化比较，常见于生态设计中的气候、碳排放等相关内容的表达。图 2-22 中的大大小小的各色气泡图代表不同国家和地区，组成“脚”的形状，暗示“足迹”的理念，示意了各国碳足迹（Carbon Footprint）状况。各色气泡结合关键词，让读者能够根据气泡大小，清晰辨别和比较各国的排放状况。另外，同一大洲的各个国家使用相同颜色的气泡，也便于读者了解不同大洲的碳排放状况。

图 2-21 世界不同地区收入增长比较

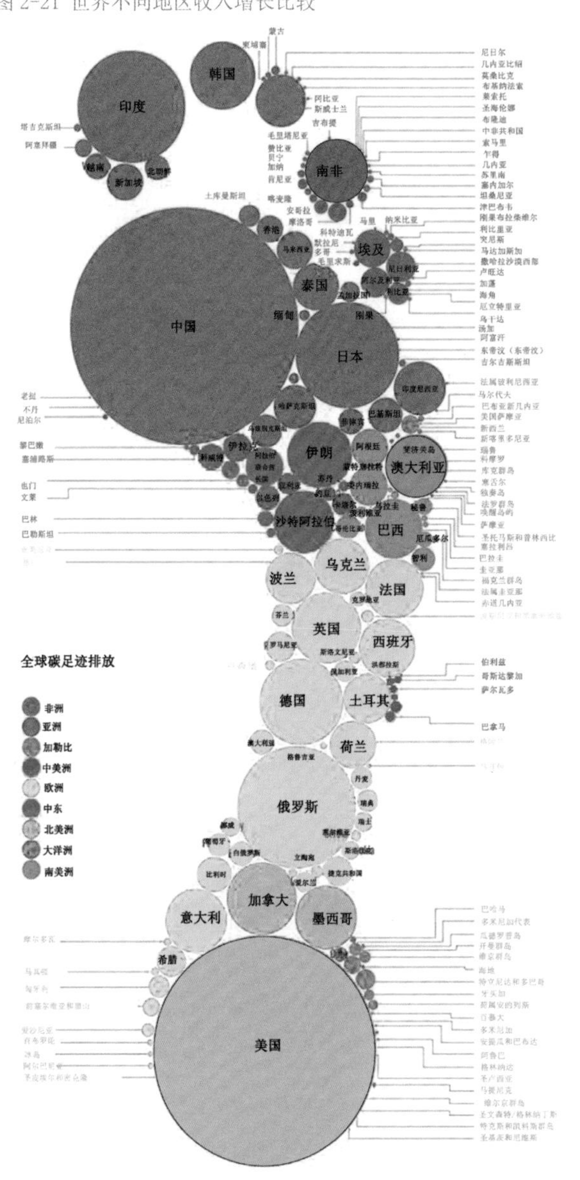

图 2-22 不同国家及地区的碳足迹比较

②流程图

顾名思义，流程图是表达说明某一类过程步骤的图式。这种过程既可以是工艺流程，也可以是完成一项设计任务必需的管理过程。流程图可以直观地描述一个工作过程的具体步骤，对准确了解事情的操作进程，及决定如何改进有积极作用。

在具体的建筑设计操作过程中，流程图常用于设计初期或建设施工的起始阶段，在正式的设计工作开展之前，将各项设计任务按照时间顺序进行层级式的线性排列，便于管理进程、控制质量。

a. 进度流程

设计流程图有助于明确各阶段所要完成的设计任务，并能有效控制设计进度，同时可以对设计进程进行优化及动态调整，有时还可在某种程度上构建设计框架。

图 2-23 为某设计项目前期所制定的总体框架体系流程图。该流程图包括三部分：上部黑底白字部分为每一阶段的设计目标区域特征解读（territory identities understanding），区域动态潜力研究（territory dynamics and potential research）等，中间部分的黑字标题代表了完成每一阶段目标所运用的设计工具和方式，如实地考察（fieldwork），解析性制图（interpretative mapping）等，及代表阶段工作内容的手绘抽象简图。三部分通过箭头连线的方式表达出线性的设计推进方式。

图 2-24 借助波动曲线，生动地描绘了“整合性设计进程”（integrated design process）的完整操作过程。鲜艳的红色划分了不同设计阶段，代表不同参与对象的灰度色条线性贯穿整个设计过程，曲线波动幅度强弱代表不同阶段的工作量及强度大小，色彩的叠加或分离也表明不同参与对象在不同阶段的相互协作关系。

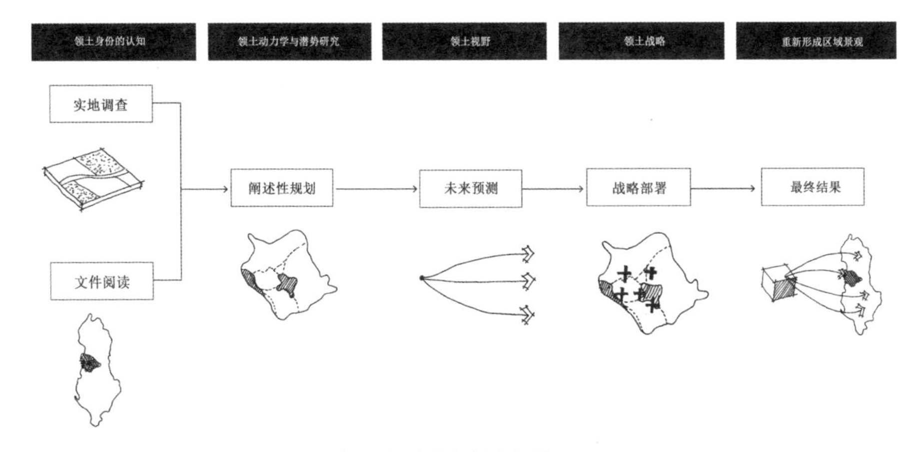

图 2-23 “Albania_100 Lakes”项目设计阶段控制流程图

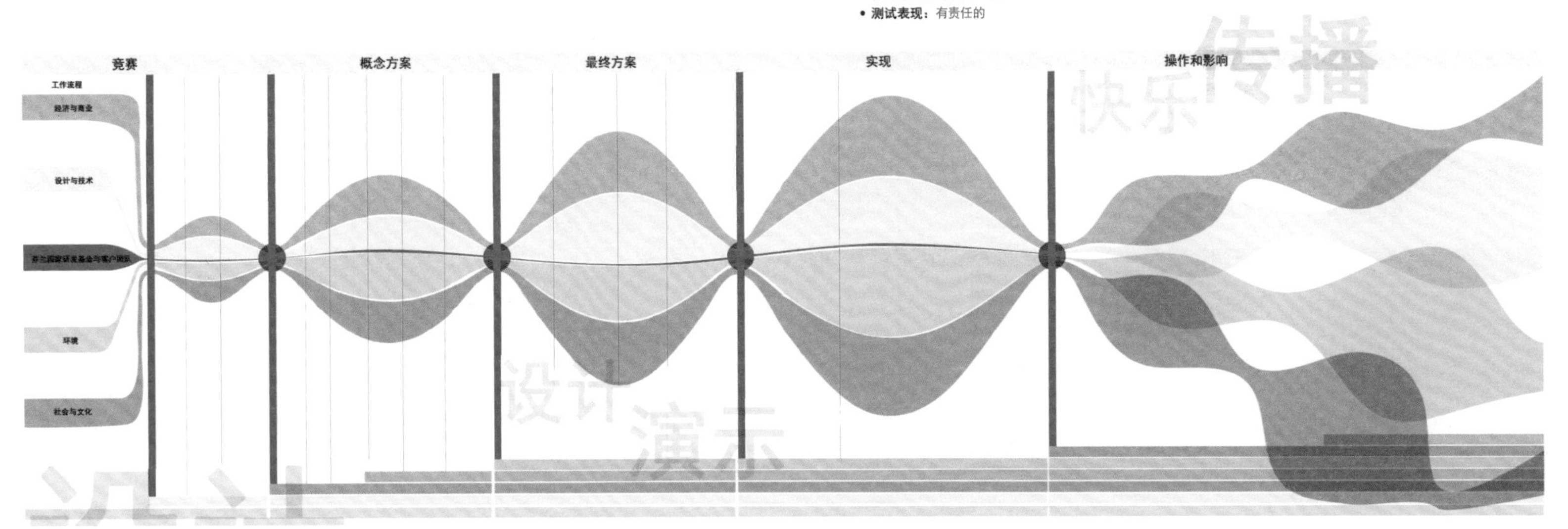

图 2-24 波动曲线绘制的某建筑项目全过程操作流程

b. 空间流程

流程图可以对建筑功能要素在空间中的布局关系进行抽象表达。外国办公室建筑事务所（FOA）在横滨港国际客运码头（Yokohama International Port Terminal）设计竞赛中，借助流程图研究与码头相关的一系列功能节点及其相辅相成的联结关系进行了完整的阐述（图 2–25）。图中代表功能的文字按照“城市—码头”的流程关系，及其彼此间的相对位置关系进行布局，白色连线表达了使用者在不同功能空间的使用方式及使用顺序。看似单调抽象的文字流程图，却将设计师对于空间的布局构思概念，理性准确地进行了阐释。

c. 关系流程

流程图常结合符号和图式，借助不同线性表达设计要素之间的相互关系。图 2–26 表达了某生态循环系统中各参与要素彼此之间的相互联系及协作关系，借助流程图将各类要素以一定的逻辑顺序进行串联，展示了项目的生态技术模式和运行原理。

同样，在某村落设计的前期调研中（图 2–27），运用流程图将村落的基本产业类型以及运行状况进行系统地阐述。

在此强调一点，流程图主要通过抽象的图形图元，表达不同元素的相互关系或某种机制的运行原理，而不是用于精确表现各类要素在空间层面的精确定位关系。

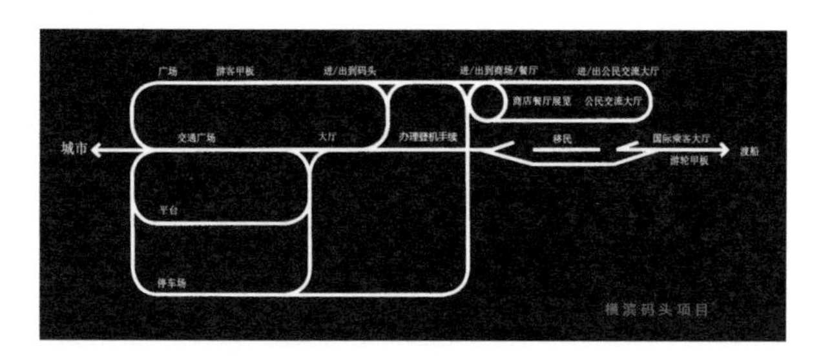

图 2-25 FOA，国际港口码头，横滨，日本 2002

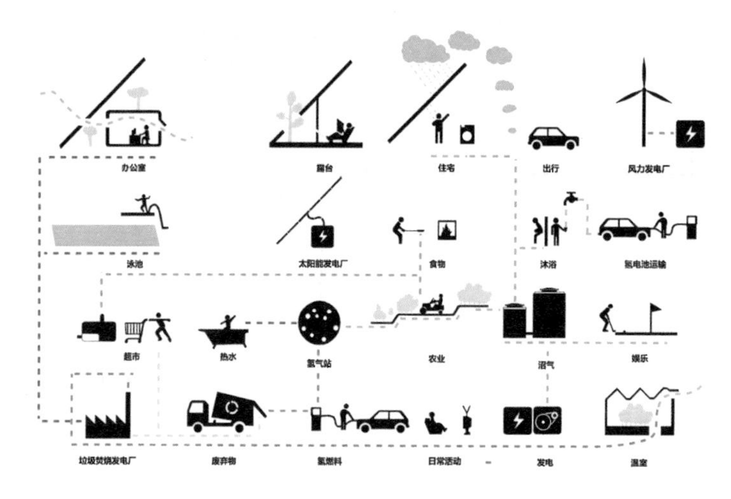

图 2-26 生态要素的物质循环模型

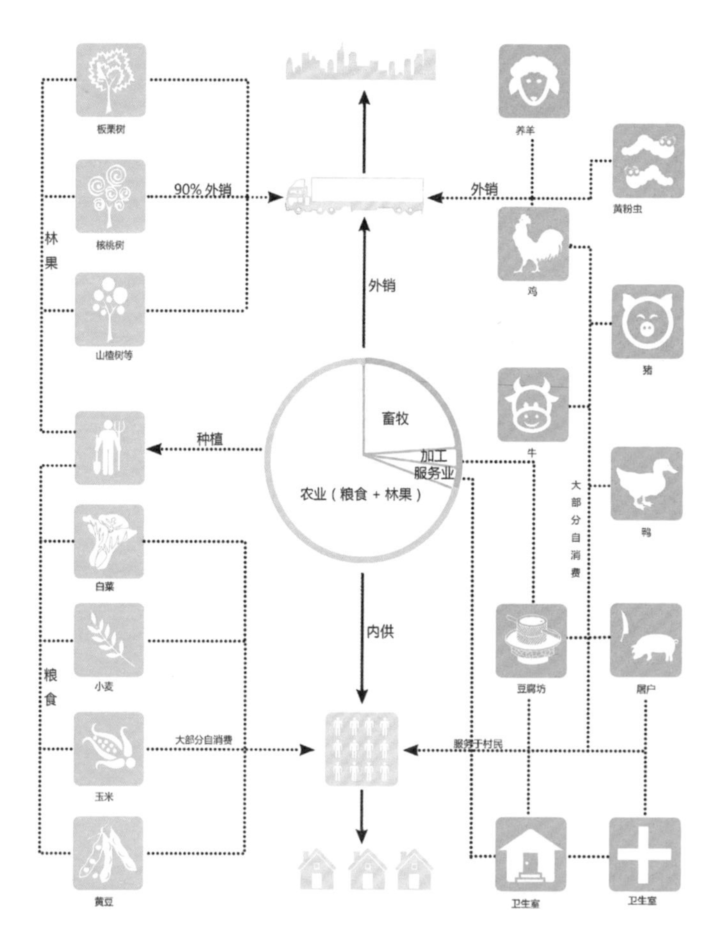

图 2-27 村落产业状况（岳滋村绿色泉水村落研究型设计）

③桑基图

桑基图，即桑基能量分流图，也叫桑基能量平衡图。它是一种特定类型的流程图，图中延伸的分支的宽度对应数据流量的大小，通常应用于能源、材料成分、金融等数据的可视化分析。桑基图最明显的特征就是，始末端的分支宽度总和相等，即所有主支宽度的总和应与所有分出去的分支宽度的总和相等，保持能量的总体平衡。

在建筑设计中，桑基图常用于前期的设计结构组织、功能布局、设计理念阐述等宏观层面、整体概念的表达。由于桑基图多为线性的表达结构，因此通过不同的色彩对各组成部分的内容进行区分和关联，成为最常见的表现形式。绘制此类图式的时候，首先要明确不同部分有联系的各个元素，然后通过同色的直线、曲线、折线等连接关联元素，便于信息的读取和定位。

图 2-28 表达的是不同设计者在不同设计阶段的工作分配情况。在桑基图式中，每位设计者被赋予一种颜色，自左向右伴随着设计的推进，代表不同设计者的色条上下波动，时而叠合、时而分离。叠合或分离的状态表示不同阶段中个人工作的分配状况，色条取代单一的文字描述，更便于了解设计过程进展与个人工作之间的相互关系。

图 2-29 表达了某设计案例中“空间功能、使用方式、使用者”三者间的关系。图式依然是自左向右的线性表达结构，不同功能与其相应的使用方式，及空间使用者三者之间的联系，通过相近或相同的色彩进行标示和关联。

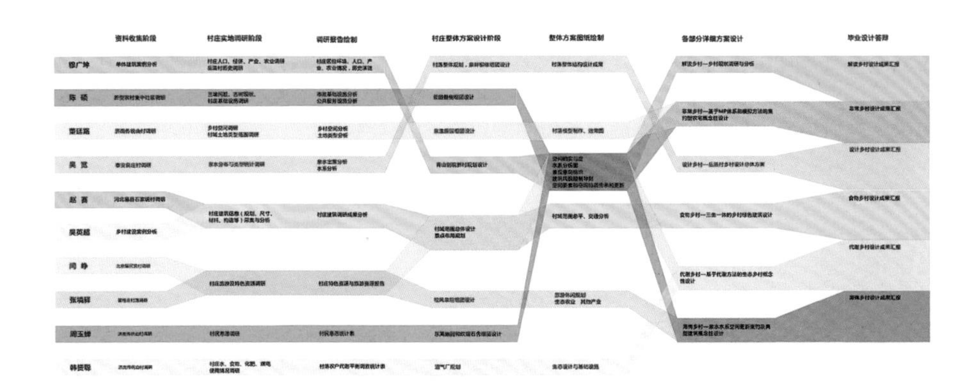

图 2-28 不同设计阶段的工作分配及协作状况

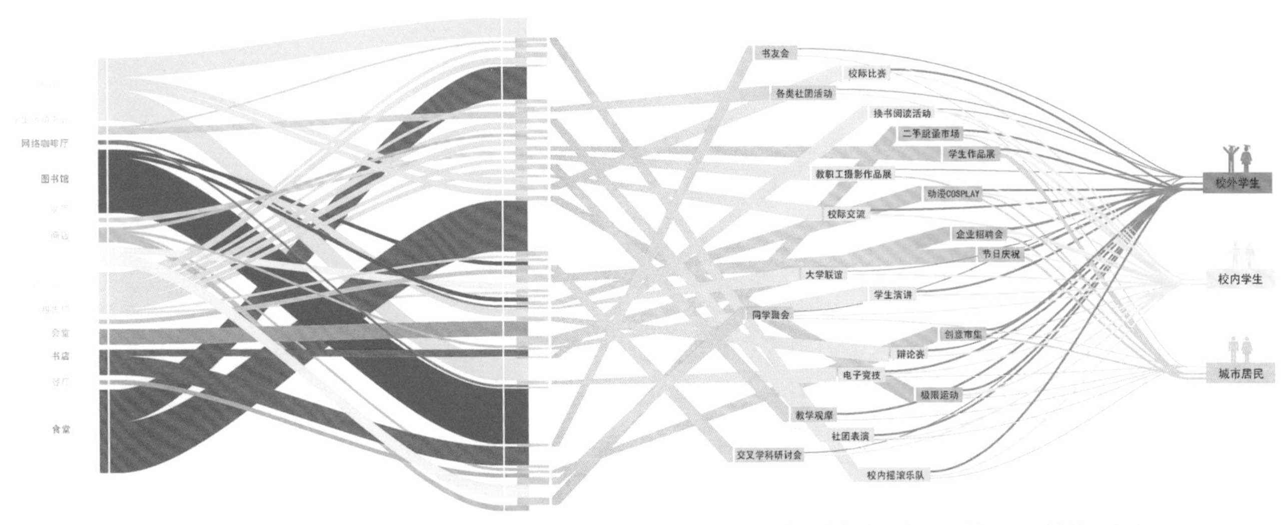

图 2-29 校园功能空间与主要使用者及其使用方式

④维恩图

维恩图最早是在 1880 年，由 19 世纪英国的哲学家和数学家约翰・维恩（John Venn）在《论命题和推理的图表化和机械化表现》一文中首次采用固定位置的交叉环形式，用封闭曲线（内部区域）表示集合及其关系的图形，如图 2-30 和图 2-31。

维恩图常用于设计前期，在提出“设计概念、原则及策略”时，将代表不同设计属性的圆形进行叠加，如图 2-32，将功能（function）、形态（form）、整合性（integrity）进行叠加，以此显示出概念的相似性与差异性。因此维恩图多具有抽象概括的特征，对某类概念进行总体阐述。一般来说，维恩图中代表不同要素的各个圆圈内信息都有相似的成分，这类信息在图中显示在圆圈重叠的部分，作为多个信息集合的“共性部分”而存在。

作为一种系统的方法图式，在设计前期可以帮助设计者梳理和回顾各种可能会影响设计构思的概念想法，头脑风暴式地将各种关联信息利用圆圈集合的方式进行归纳、并置和交叉，使得无形的概念转化为愈加清晰的视觉信息，易于理解。

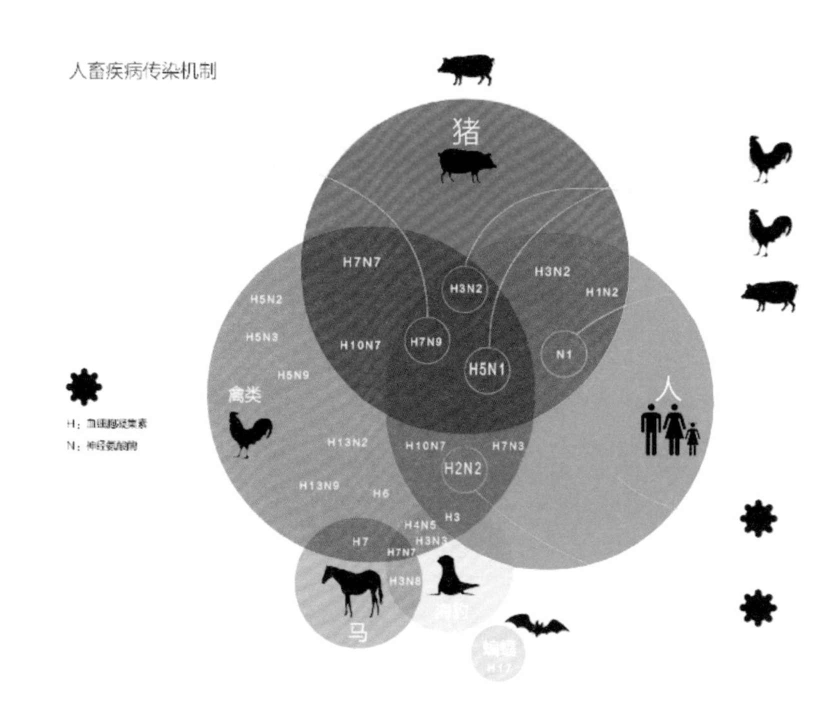

图 2-31 生物间病毒交叉影响关系

路易斯安那州海岸 2050

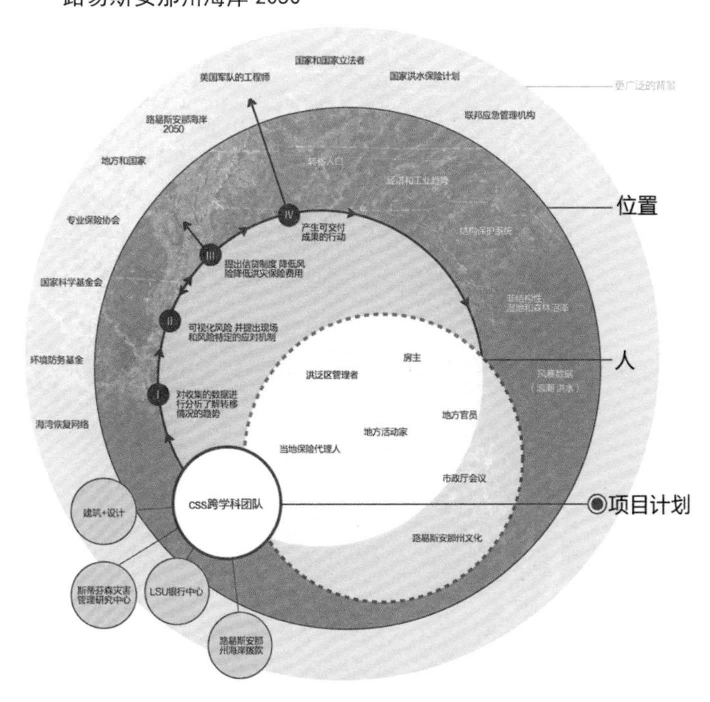

图 2-30 美国机构及学术团体的分工及协作机制

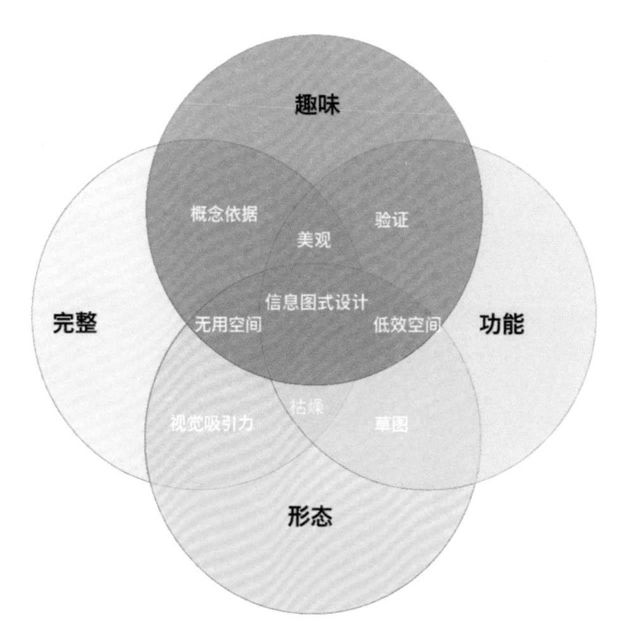

图 2-32 建筑功能、形态、整合性叠加

2）概念、策略及客观描述性图式

（1）文字云

文字云作为一种“语言”图式，将不同的文字组整合为集合簇团形状，并将设计中出现频率较高或传达重要内容信息的“关键词”，通过放大尺寸或变更字体颜色的方式予以突出。文字云有多种表现形式：水平线性，柱状或某地区地图形状。

文字云常结合设计前期实地调研或问卷调查，将与设计相关的各类数据信息、文字以某种特定的逻辑进行编排组合。例如图 2-33，在对比利时安特卫普市某移民社区进行前期调研的基础上，将反映该地区现状、人文及空间特征的重要信息转译为文字，以该地块地图的样式将各类信息整合到一起，文字的大小表示各类信息的重要层级。

文字云的样式简单易读，在运用时需要注意几点：

第一，长单词会比短单词更易引起关注；

第二，词语中包含的复杂字或单词越多，越容易被识别；

第三，作为以语言文字为主的表现载体，文字云具有的美学价值大于信息分析的准确性。

强调一点，各类设计图式的表达，对于文字的定义不仅限于“语言”的范畴，而要将其转化为“形”的概念：即通过对单个或成组的文字进行如字体、色彩、对齐方式等方面的艺术化处理，文字亦可以借助图—底关系，形成被易于识别和认知的、具有美学属性的图形。

大都会建筑事务所（OMA）在其方案中，常将表示建筑功能名称的文字转化为图形感十足的“字块”，结合到剖面之中表达建筑剖面的功能布局，而字块的大小和颜色的差别则用以区分功能的主次。如同图 2-34 所示建筑剖面，剖面被简化为线框图用作图底背景，建筑功能的标注以“文字图块”的方式置于相应的位置，各功能在剖面上的布局关系一目了然。

再如图 2-35，将文字与轴测图式结合，建筑师在高层建筑的不同垂直层面上设定了水体景观、空中花园、城市景观等多样视觉元素。各要素在垂直层面上的分布关系，借助三维空间的文字得以形象表达。

图 2-33 比利时安特卫普某移民社区的前期调研成果文字云

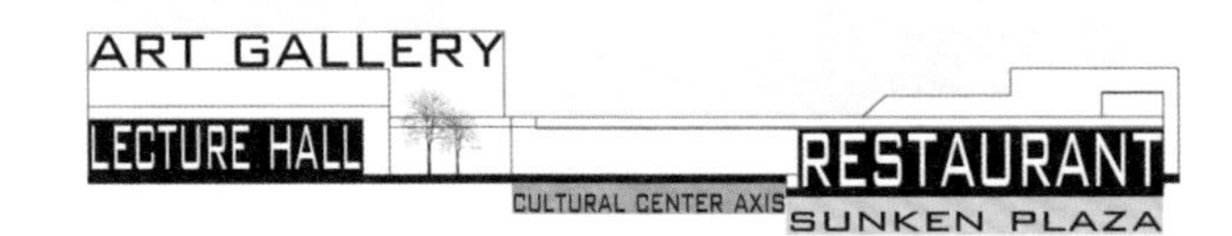

图 2-34 基于剖面绘制并表达功能类型的文字云

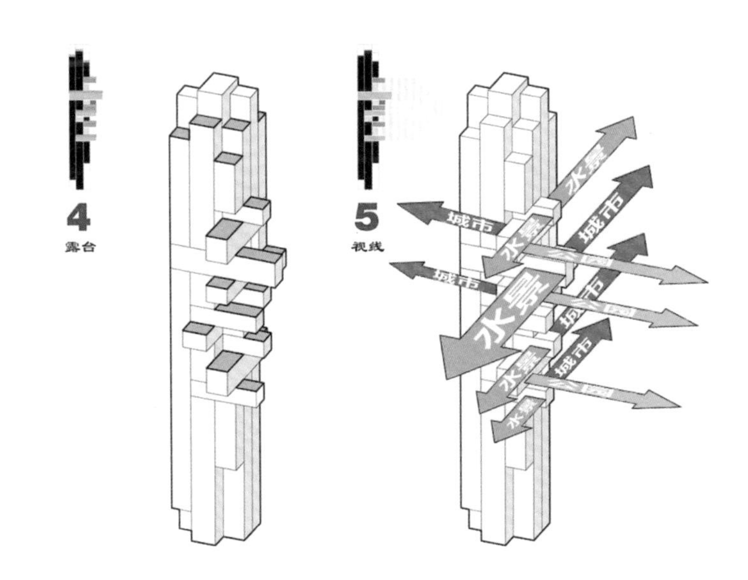

图 2-35 基于轴测分析的文字云

（2）地图图式

基于各类地图素材绘制的图式，是设计表达中最为常用的图式之一，从前期项目理解至最终效果表现，广泛应用于设计各个阶段。

尤其在设计前期，将地图作为载体（如卫星影像图），对设计对象的信息进行分类（如建筑肌理、交通道路、植被及水体），依据表达需求，将各类要素组合或单独提取，进而在地理空间层面上，表达各要素之间或整体与要素之间的相互制约关系。

①影像地图

如今，越来越多的前期分析内容，如区位、交通、环境风貌等，基于以 Google 为代表的影像地形图进行绘制，形成独具风格的地图分析图式。与传统的二维地图相比，影像地图生动直观、真实有效，能够反映建筑形态、空间肌理、道路及绿化场地等内容；色彩丰富，包含更翔实的空间细节，可以为场地分析提供多层次的视觉信息。因此，恰当地使用影像地图，可以表达更多的设计内容，有效地提升图面表现力。

当然，正因为影像地图包含了大量的场地信息，因此在进行分析的时候，一定要通过恰当的绘图手法和技巧，充分地聚焦并表达设计主体。同时注意当利用影像地图作为底图叠加较多的分析元素时，要适当弱化地图的色彩对比度，避免作为分析主体的点、线、面等图形及符号信息被底图所混淆，甚至造成视觉的主次颠倒。

影像地图可以在宏观、中观和微观多个尺度层面进行分析。图 2-36 中，在宏观国家层面，用圆点标示出地块所在区域位置；在中观城市肌理尺度中，标出地块的轮廓范围；而在微观的地块尺度下，框定出基地范围后，便可以清晰看出场地的环境细节内容。

在表达时，注意将影像底图的色彩对比度减弱或转换为偏中性的灰度模式，弱化背景图面，便于突出分析元素和强化表达内容。

图 2-37 中的两图都是对于滨水公共绿地空间的表现，相同范围尺度下对比，可以明显看出影像地图除了能准确定位公共空间的边界轮廓外，还展示了地块周边的环境状况及建筑肌理等方面的细节信息，为读者提供了更全面的观察角度。

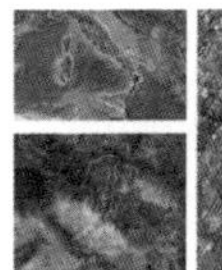

图 2-36 基于卫星影像地图的区位及场地轴测分析

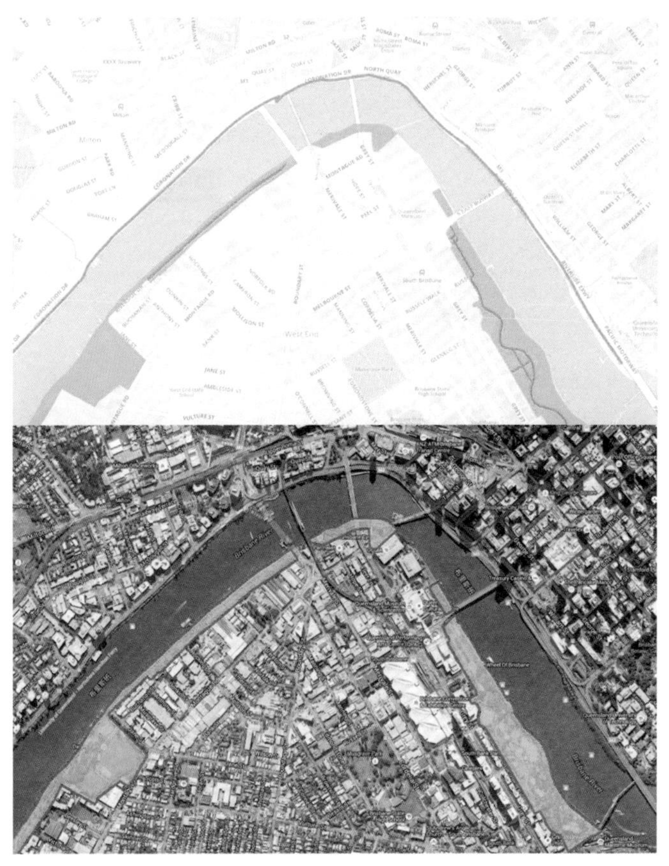

图 2-37 基于二维地图和卫星影像地图的滨水绿化对比分析

②信息地图

建筑设计中，地图作为数据信息的表达载体，表现数据类比关系和不同要素的相互联系。如图 2-38 是三类信息数据地图的示意简图：某类要素分布区位（图形大小表示影响程度高低）的数据分布图；由于某种要素而彼此关联的空间联系图；表现某类要素从一地流向其他区域的空间分配图。这类数据地图，常与图形符号（如表达交通方式的符号）、文字和数字等图式一起出现，说明各类数据在地理空间的存在及运动状态。

图 2-39 描绘的是阿尔巴尼亚集中式的能源生产与输送系统图。该图将地图中的位置示意图式与空间分配图式相结合，利用不同的点、线、面图式表达了能源生产的类型和地理位置，以及其配送的路径方向。底图为经过简化且标明区域范围的白色地理简图，水力和热力发电站分别表示为简单易读的符号（“+”号和黑色圆圈），红色折线为能源输送路径。

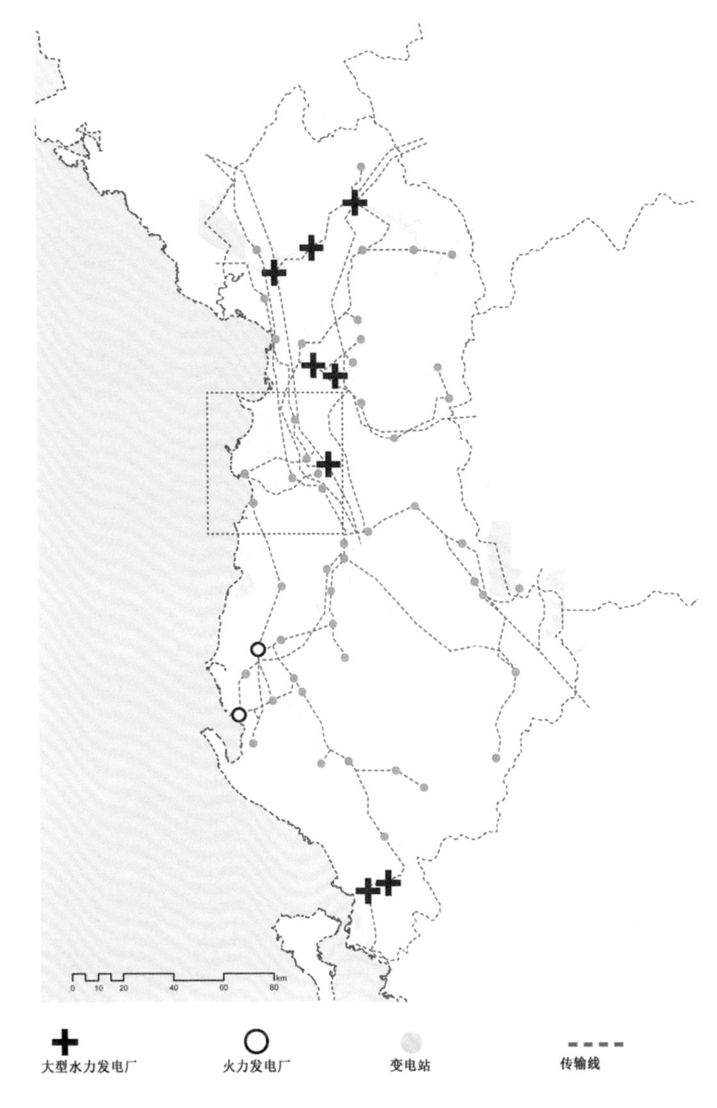

图 2-39 阿尔巴尼亚能源生产与输配网络

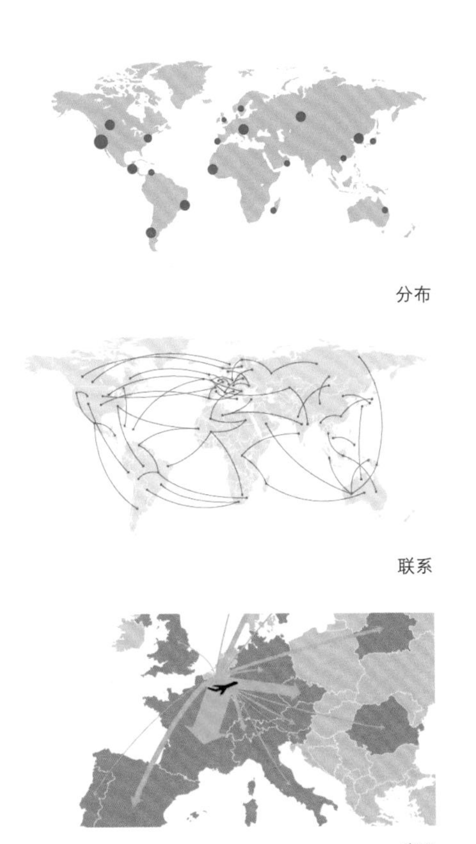

图 2-38 基于地图表达空间分布、区位联系、要素分配等关系的图式

（3）空间肌理图

在城市设计或建筑设计的分析阶段，常会使用“图—底”分析图式，最早由 17 世纪意大利的制图师诺利（Nolli）创造，用以描绘罗马城的空间形态肌理。操作时，建筑被显示为深色的实心图形，城市的开放场地显示为空白或白色区域。“图—底”分析图式可以帮助设计师更好地理解城市空间密度、交通网络、建筑轮廓、布局方式，甚至包括场地建筑功能等。不同类型和属性的平面图形信息可以分开表达，亦可叠加在一起整体表现。一般情况下，虚体（开放空间）为“图”，实体（建筑物和构筑物）为“底”，抽象展现二维的空间结构和秩序（图 2-40）。有时通过虚体和实体的黑白反转，展示城市或区域的规模尺度、空间结构，并深入探讨街区空间在组成形式上的差异性、功能异同等问题。

“图—底”分析图作为一种有效的场地分析方式，能相对准确地传达建筑与场所关系。除了常用的二维图底，影像地图及实体模型等方式所呈现的三维图底，结合时间轴等信息，更加丰富了图底分析图式的表现力。同时，肌理作为一种指标，可以通过色块的稀疏和密集分辨城市密度，根据多数色块的平均大小辨别城市形态（现代都市色块较大，古代城市较小，欧洲传统城镇较小，亚洲尤其是当代中国较大），还可以根据不同区块的大小疏密判断区域功能的变化。

①区域肌理

空间肌理图并非只能表达静态的平面空间结构，也可以与时间轴相结合。通过对比展示同一对象在不同时期图—底关系的“时空演变”过程，总结其变化规律的同时，亦可预测其未来的空间发展模式及状况。

图 2-41 为迈阿密 1855—1991 年的城市空间肌理变化图。从中可以得到的信息是：

建筑密度：早期的均质、低密度的肌理形态经历了建筑高密度聚集的过程后，发展为如今疏密有致、层级丰富的结构形态。

建筑类型：早期建筑类型基本为形态相似的小尺度住宅建筑，随着区域功能的多样性发展，演变为包含了尺度多样、类型混合的公共建筑与住宅建筑（较大的黑色图形多为公共建筑）。

开放空间：早期公共空间的类型和布局都较为单一，后期则显示其开放空间类型多样、分布有序，并能与中、大型公共建筑有机结合。

此外，场地边界，建筑的围合方式等内容也可以从分析的过程中读取。

图 2-40 比利时科特赖克（Kortrijk）中心区空间肌理

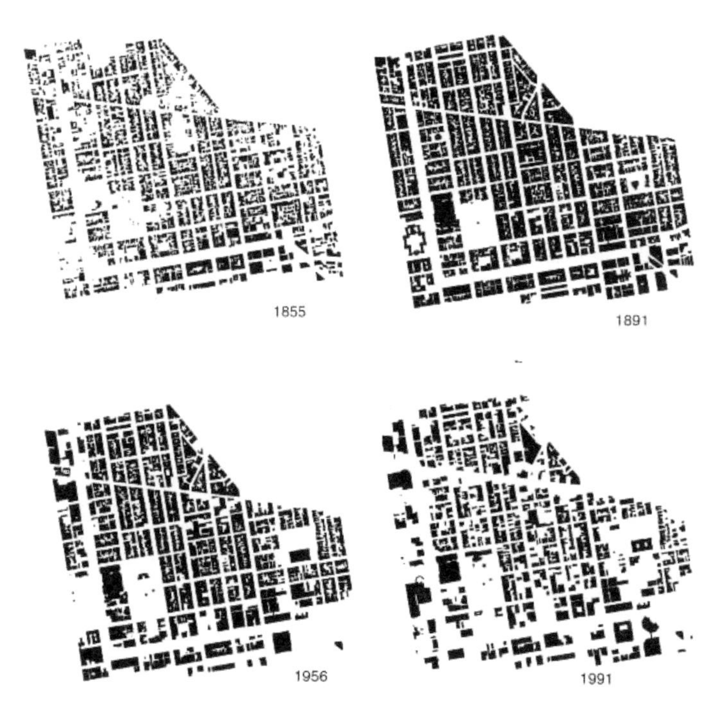

图 2-41 迈阿密中心城区空间肌理随时间演变

将城市空间肌理的“时空演化”过程，借助色彩的明度变化，整合在一张图上，再结合其他重要的空间元素表达，可以凝练清晰地表达城市的生长过程。

如图 2-42 中比利时科特赖克（Kortrijk）的老城中心区形态肌理图，结合相关的地图资料查阅，运用不同灰度的色彩，表达了 1560—2002 年之间不同时间段，空间肌理随时间变化及扩张的状况。红色表示不同时间段影像肌理变化的因素，如交通基础设施、城墙阻隔或工业地块等。透过动态变化图式，可以清楚地读出其空间肌理变化的趋势、方向、密度及与交通等基础设施的相互关系。

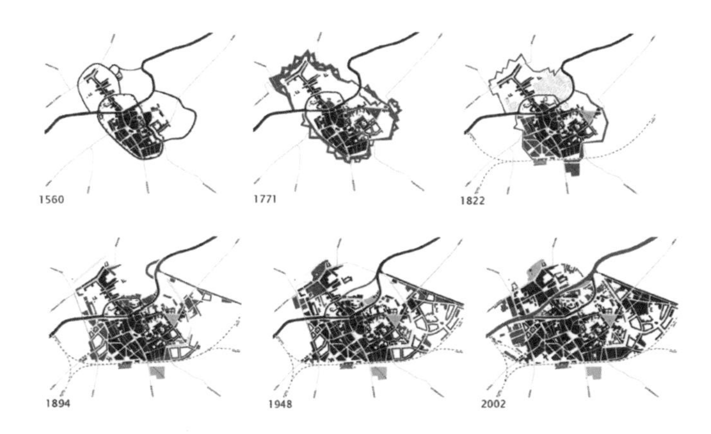

图 2-42 比利时科特赖克（Kortrijk）中心区时空演变肌理

②街区肌理

在中观截取层面，可以如图 2-43 所示，在相同的范围内（图中为 1000m × 1000m），以相同的黑白色块图形，将不同城市的特定区域的空间肌理图进行矩阵式排列，通过对比，直观地展示出不同城市的城市结构形态、功能区域尺度大小及道路系统等级关系等信息。如纽约城区均质的方格网形态，罗马沿河而生的道路及街区布局特征，巴黎呈放射状的街区形态特质。

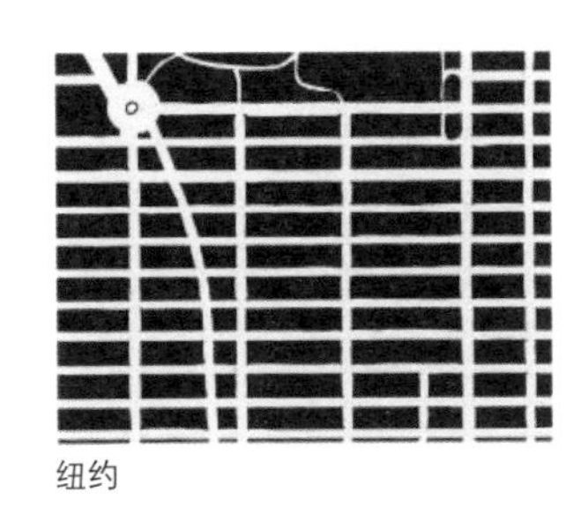
纽约

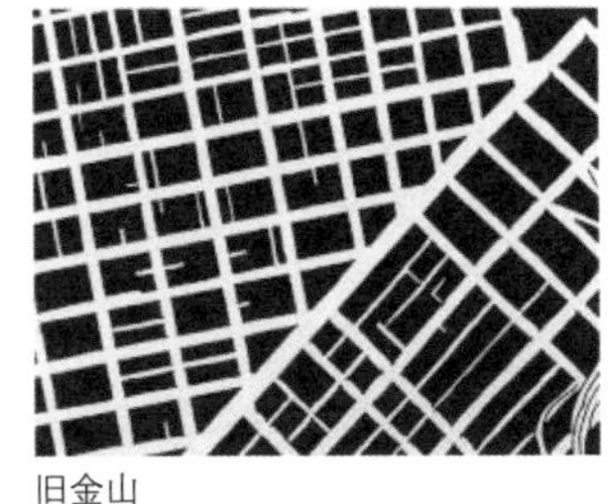
罗马

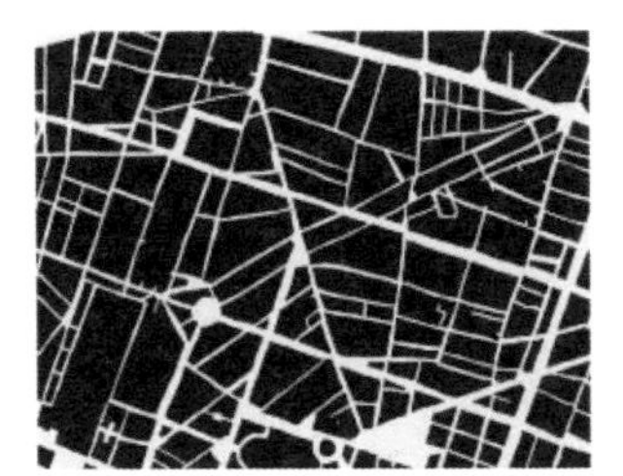
旧金山

巴黎

图 2-43 城市街区肌理对比

图 2-44 选取美国不同城市相同尺度下的典型城区空间，将区域内的实体建筑作为肌理的基本单元填充深色，开放空间及交通系统弱化为线图作为图底。通过类比，清晰地展示出不同城市的建筑平面形态、空间围合方式、开放空间尺度以及建筑密度等。如果将中国当今的城市新区绘制图底的话，大片的板楼或者点式高层的居住区，肌理都是小横条。

建筑的平面尺度、形态及组合方式的差异性会清晰地展示城市在空间布局上的特点及发展脉络。如洛杉矶的大尺度公共建筑与小尺度的点状住宅彼此独立聚集，形成区划明显的职能组团形态。而达拉斯则是以点式小住宅为主，环绕公共建筑而凸显低密度的区域形态特征。圣巴巴拉中，主要的大尺度公共建筑沿着城市的横向主街排布，线性主轴线两侧则容纳了各种尺度的多种功能建筑，混合多样。

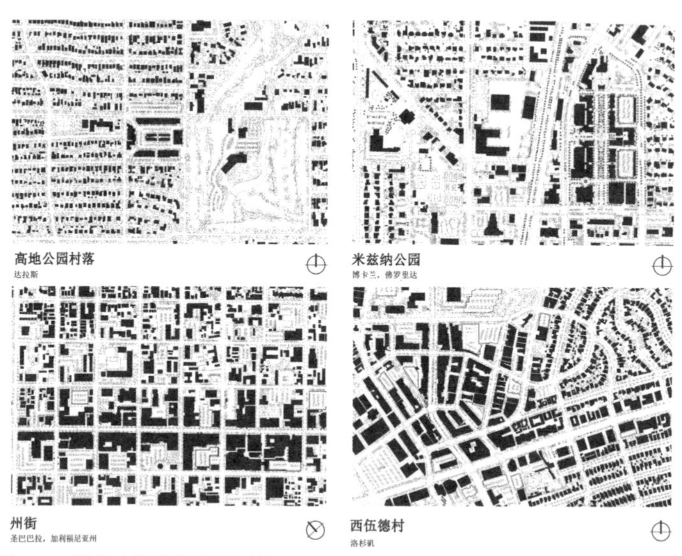

图 2-44 城市建筑空间肌理对比

③建筑肌理

在街区尺度下，建筑所具有的不同功能由其具有差异性的形状及尺度所反映：小尺寸的矩形代表居住建筑，较大（或巨大）尺寸且形状变化自由的体块表示公共及商业建筑。更进一步阅读肌理图，甚至可以了解公共空间与私有空间的分布状态及二者在空间上的相互关系。

图 2-45 的诺利地图，通过“影像地图”和“空间肌理图”并置的方式展示罗马建筑肌理状况。一方面，肌理图表达出空间整体的虚实关系、空间的紧凑度、道路类型等信息；另一方面，影像图所显示的真实状态的空间俯视图，对建筑屋顶形式、尺度、边界形式及色彩、场地设施等有更为细节的表现，便于读者观察地理空间所包含的更多微妙空间关系。

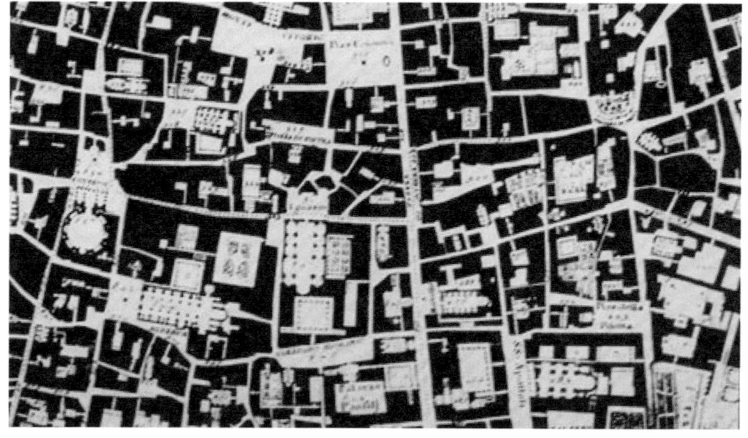

图 2-45 诺利地图的影像地图和空间机理图

（4）其他肌理图式

①功能肌理图

在设计前期调研阶段，常见空间肌理图中的建筑图形被赋予不同的色彩进行区分和标示，以表达现状建筑的功能分布状况、建筑质量、建筑高度等内容（图 2-46）。此类图式，往往可以表达出不同功能或质量状况的建筑分布特征——商业建筑沿道路线性布局形成商业街区、重要的公共建筑在某一区域聚集形成公共服务中心等。

在处理此类图式的时候，需要注意色彩的运用。一般来说，表达建筑功能时，常会选用色相不同的色彩，以明显区分建筑功能，使得便于识别和观察；而表达建筑质量时，常借助同一色系不同色调的颜色，形成一定的深浅明暗渐变效果，同时暗示建筑质量的优劣程度。

②肌理对比分析

在设计前期调研阶段，常需要对设计地块所在区域（城市）的各类典型空间肌理，通过比对分析的方式了解空间特征和业态分布特点。图 2-47 表达了澳大利亚布里斯班（Brisbane）滨水区域不同功能地块的肌理形态和尺度特征。中灰色建筑肌理图作为背景底图，选取的四个典型肌理区块以黑色进行强调标识，层次分明，重点突出，便于识别肌理特征差异。

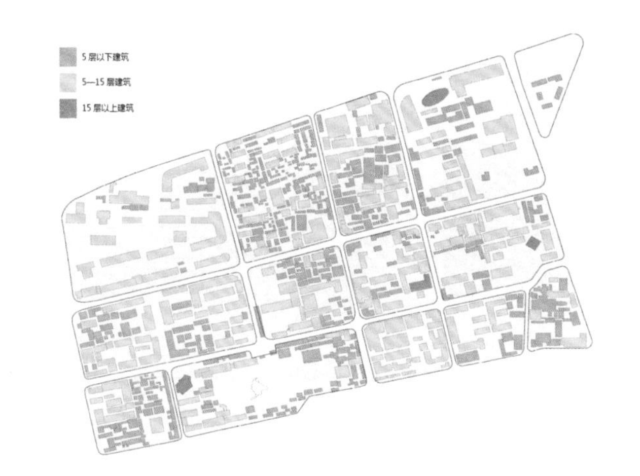

图 2-46 济南商埠区核心区域业态及建筑高度分析

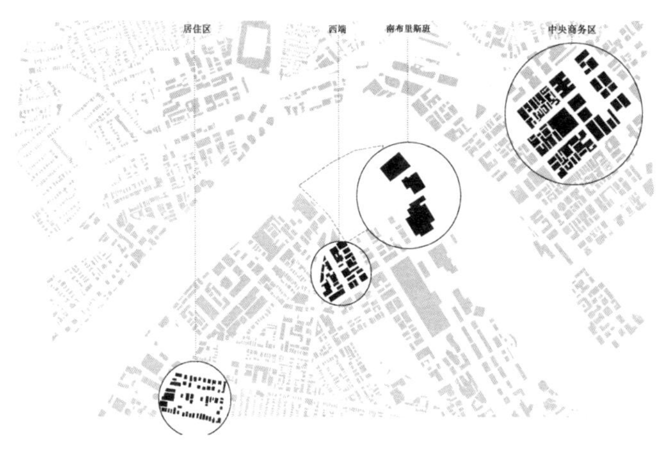

图 2-47 布里斯班城市滨水空间肌理形态分析

（5）时间轴图式

时间轴图式是将一系列表达历史事件、人物等内容信息，按照时间（年代）序列进行排列展示的图式。它通常以自上而下或自左而右的线性方式呈现，结合文字、数字、图片及符号简图等其他图式，反映设计对象在时间这一纵向维度上的发展变化状况。因为时间在现实中的单向性及不可逆转性，间接决定了时间轴图式具有单向、线性的图形特征，主要通过线和点两种图形元素进行表现。

对于建筑设计而言，时间轴图式常用于前期分析阶段，用以研究设计对象的历史发展背景、人文信息演化、物质空间演变等，有时也用于设计成果中“对于设计对象和环境未来发展状态的预期（Future Projection）”，在时间层面上为设计概念的提炼、设计策略的生成及未来可能性的发展轨迹提供合理可靠的分析依据。

对于时间轴图而言，“时间轴”多是扮演“联络员”角色，负责整合与时间相关的其他类型图式（如照片、肌理图、形态演化图等），用以表达影响设计对象发展演化的不同要素。因此，在制作时间轴图时，要首先明确所要表达的重要信息，而后选择恰当且直观的图式（历史照片、符号图式等）与时间轴结合，而不要仅仅借助文字和数字泛泛说明，以增强整体图式的表达力和生动性（图 2-48）。

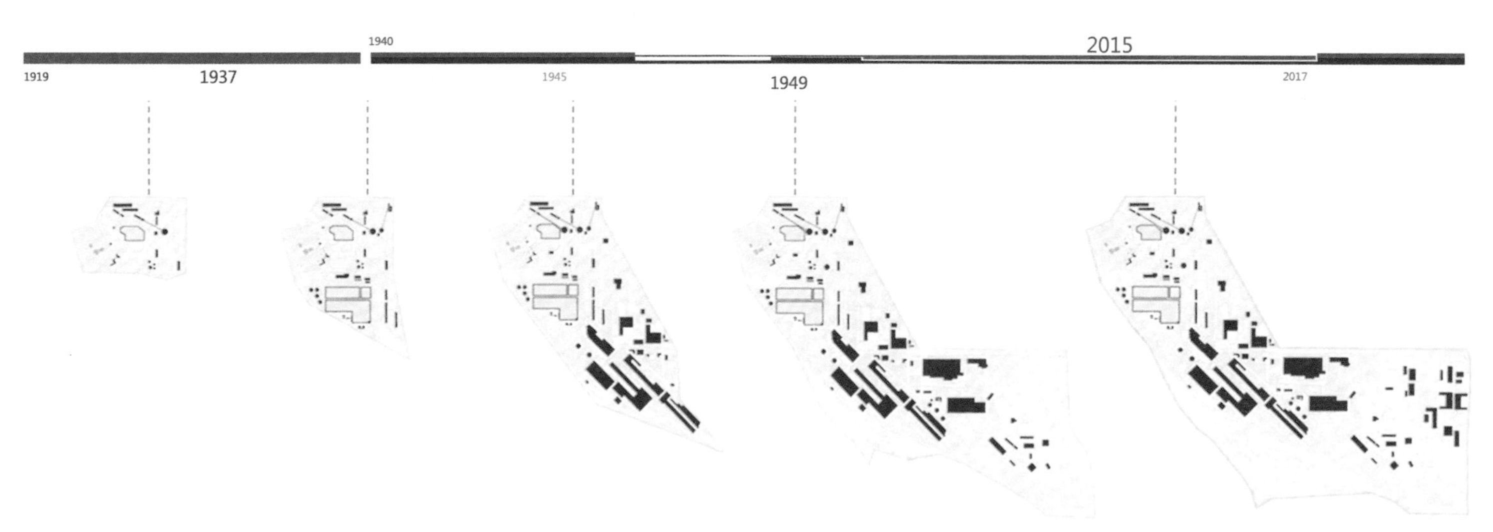

1919—1937 年 ：公私合营龙烟铁矿公司

1937—1945 年 ：石景山制铁所

1945—1949 年 ：石景山炼厂

1949 年至今 ：从石景山钢铁厂到首钢集团

图 2-48 基于时间轴图式，照片结合肌理图表达厂区发展历史

图 2-49，依托横向时间轴的重要时间节点（黑色或红色竖向表示），场景图片配合肌理图式顺序展开，辅之以底部文字说明，将影响济南商埠区发展的重要事件、空间演变特征、历史建筑等信息进行了生动完整的展现。

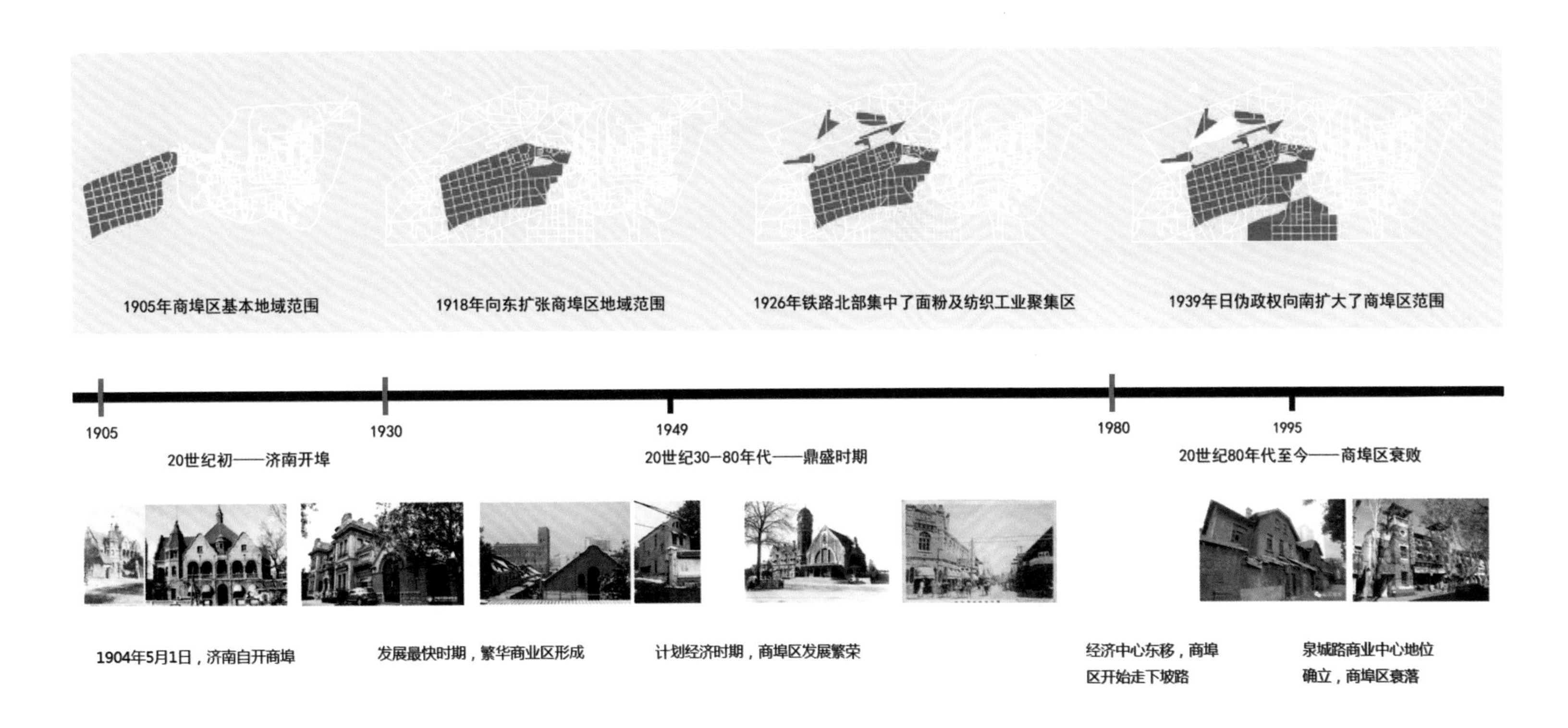

图 2-49 济南商埠区城市设计调研，时间轴图式表达场地的空间发展演化

（6）符号图式

符号图式，顾名思义，主要是用符号代替说明性语言或标题文字表达事物相互关系、所占比例等。这类图式在建筑设计的各类分析中都有广泛应用，替代单调的语言文字，能够清晰明了、直观地表达想要说明的问题。

符号图式的表达核心，是将被表达对象的外在表现和其内含主题信息进行抽象提取后，凝练为简单的图形符号进行表现，即看到图式符号，便可以快速想象关联对象（图 2-50）。如同我们现在使用的手机或电脑操作系统界面上的图形符号——轮廓形状一致但表现内容细节不同，关联不同的应用程序，便于识别和操作。建筑设计中的符号图式也具有类似的特征，抽象（有时也很形象）、简洁、易识别，而且很多时候隐含了设计对象的主要构思特征。

很多设计案例或研究课题中都运用符号化的语言标注、解释所表达的设计信息或设计要素关系。这些符号图式不仅仅是各类设计项目的元素清单，很多时候，设计者将这些抽象化的符号语言通过某种特定的结构关系组织编排，在便于读者识别设计信息的同时，更可提示、强调甚至自我检验设计的逻辑关系或结构程序。

图 2-50 符号图式举例

①内容表达

单个的符号图式，多用于替代烦琐的语言文字描述，形象地对设计对象的内容进行替代性表达。如图 2-51 为建筑事务所 BIG 的网站页面，其所有的设计项目以相同尺寸的方形图符号显示，并按照横向时间轴的顺序排列。不同的设计项目，根据其类型及形态特征被转译为生动有趣的符号图式，便于读者查找和定位，且在某种程度上传递了项目设计的核心理念，令人印象深刻。

符号图式也常与总平面图、平面图、轴测图等表现设计内容的技术图纸结合使用，用以表达空间功能、场地用途、交通方式等信息。如图 2-52 所示，意大利某火车站周边区域的空间设计，各类图形符号结合虚线的位置指示，形象地描绘出了设计场地的使用方式和交通组织方式。

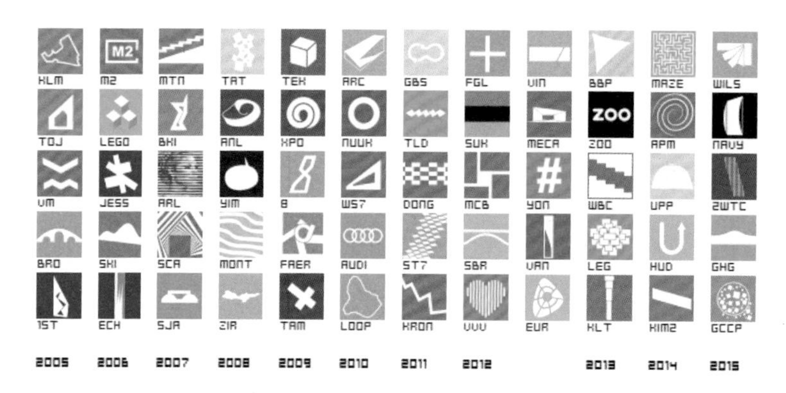

图 2-51 BIG 设计项目列表

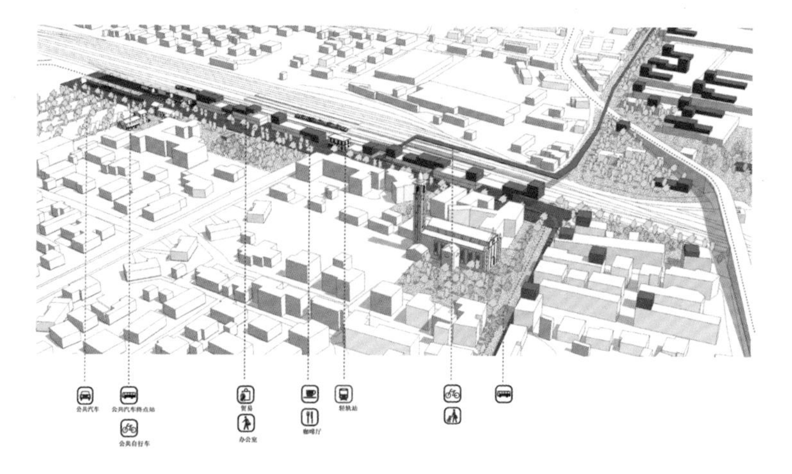

图 2-52 意大利某火车站更新设计

②关系表达

很多情况下，在表达较为复杂的生产模式、物质循环、能量代谢或行为活动等多要素关系时，常用符号图式与流程图结合的方式。因为相比大段文字干涩枯燥地陈述，简洁的符号图式结合各类线性元素，能够清晰地表达物质间相互依存、相辅相成的动态关系。

如图 2-53 为岳滋村落人口现状的调查分析，代表不同年龄段人群的符号图形与表示生活状态和工作类型的符号，借助不同走向的线条进行关联，反映出村中不同年龄段人口的基本生活、工作状况。

而图 2-54 则反映了阿尔巴尼亚水体、能源、污水处理相关的基础设施与人口的互动关系，及相关设施未来发展趋势的量化表达——不同要素自上而下排列，然后表达各自要素自身关系的符号小图横向线性展开，借助文字尤其是数字进一步强调其核心内容。黑白两色对图形信息的表达简洁明快，而且还能突出表现对比信息（如男女人口人数比较）。在两个例子中，图像为主，文字为辅，利用符号图式表达关系流程，大大提升了设计信息的可读性和趣味性。

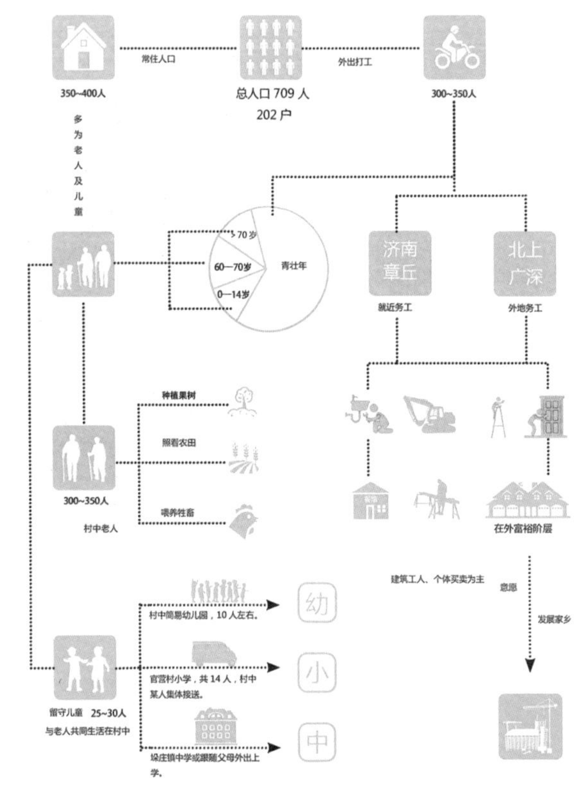

图 2-53 岳滋村落人口状况调研分析，利用符号图式形象地展示人口结构特征和动态变化状况

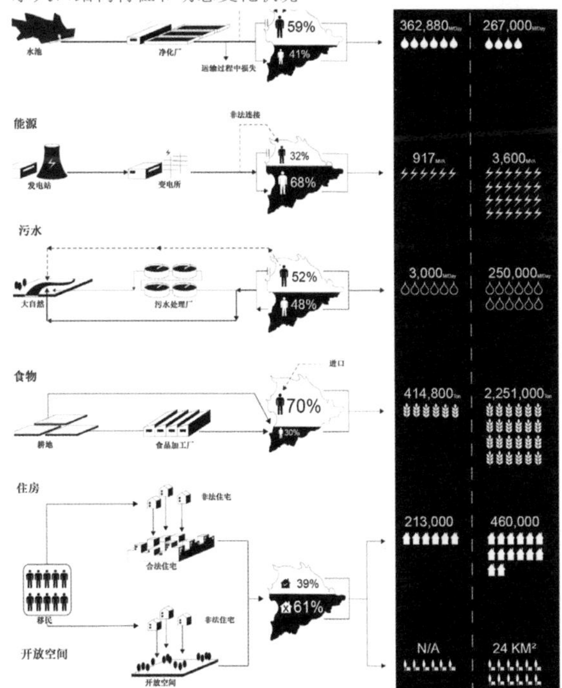

图 2-54 阿尔巴尼亚人口、资源分配、基础设施发展状况分析

（7）照片

照片能够直观准确的再现真实场景，常常作为反映设计环境现状的基本信息图式。在现场搜集或资料查找中获得的图像材料，大多经过图像软件处理——调节对比度、明暗关系等——用来表达现状。如能将照片的显示场景作为载体，恰当地组合运用，通过比对等方式，可以巧妙地表达设计意图，并反映设计问题的紧迫性。与抽象的设计图形相比，照片或者有照片元素构成的表达表现图式更具现场感和较强的可读性。

①问题阐释

以现实照片作为载体，通过变化比对的方式揭示设计课题的紧迫性或概念的合理性，能更加直观地表达设计所依托的背景环境及其可行性。图 2-55 中的三个场景，分别表现了私家汽车、公交车及自行车三种交通工具在运载相同的人数时，所占用道路面积大小。由于照片对尺度表现的直观性，可以迅速判断出何种交通方式对城市道路空间的占用更低，出行方式更环保。

照片常作为内容素材与其他类型图式结合，如图 2-56 表达城市发展所面临的生态环境问题，将代表不同方面且能直接反映问题的真实场景图片，拼贴为一个同心圆环，不同图片扇面的大小比例与其问题的严重程度相匹配，配合文字说明，展示了城市环境问题的紧迫感。

图 2-55 运送相同人数，不同交通工具所占用的道路空间对比

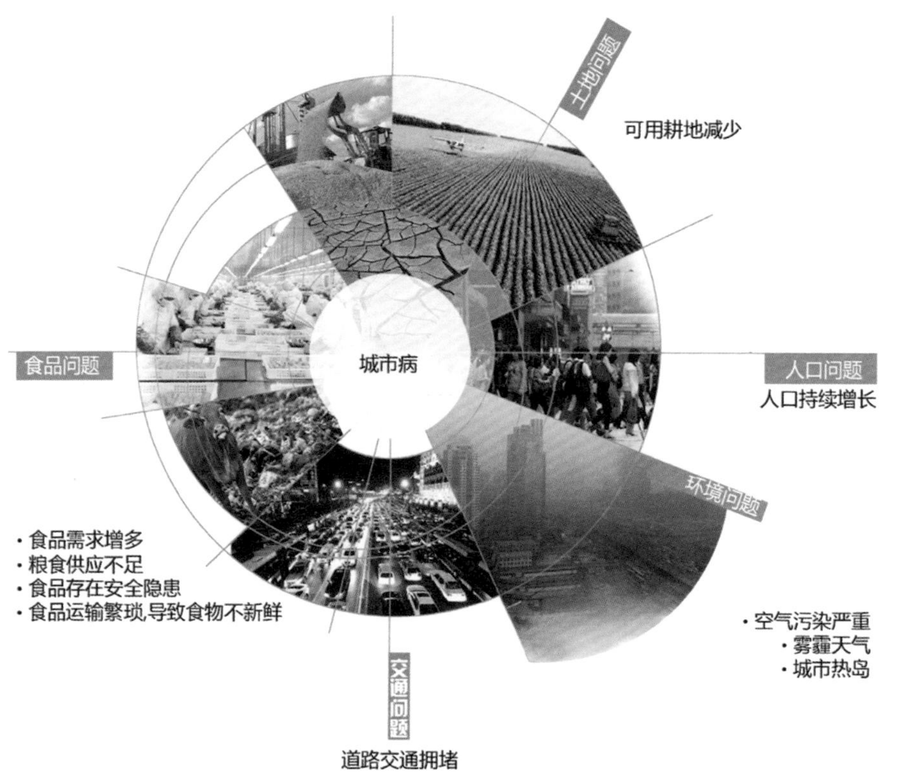

图 2-56 城市可持续发展面临的生态环境问题

②空间尺度

很多情况下，在设计前期场地调研阶段，需要对设计场地的空间尺度进行量化表达，为设计策略概念的提出提供依据。与平立剖面图等传统技术表达图相比，基于照片并叠加图形符号标注的手段对空间尺度进行表达，可以传递更为真实的场景感受和视觉体验。如图 2-57 所展示的街道透视图，主要表达的是街道尺度及街道交通组织方式的研究成果。设计者先是将街道进行灰色填充，以强调其作为研究对象。而后将“自行车、行人”等交通符号图式与尺寸分析线叠加于照片之上。白色的图式较好地融入淡灰色场景，色调柔和且能引起视觉关注。

③动态过程

单幅照片多是呈现静态景象，而若是将多张同一对象在不同时间段的场景照片进行展示，所形成的连续影像图片便具有过程性的动态画面。如图 2-58 所示的北京 CCTV 总部的建造过程照片，将 4 张同一角度拍摄的半鸟瞰照片，按照时间先后顺序排列，不仅真切地反映了地块周边的环境状况，而且提供了建筑形态生成及整体结构建造顺序的动态过程。

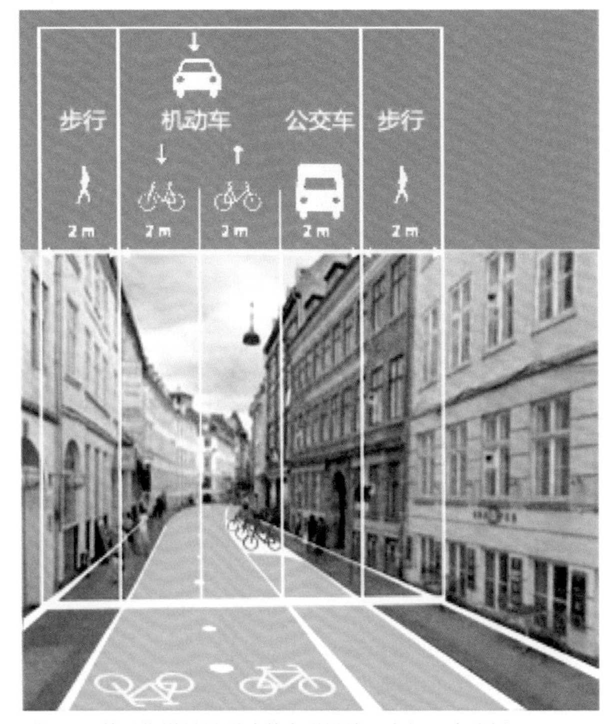

图 2-57 基于街道场景照片的交通设施及空间尺度分析

图 2-58 CCTV 央视大楼在不同时间的建造过程场景图片

2.1.2 设计中期——设计推进阶段

通过前期对相关的各类影响因素和信息数据进行系统化梳理，准确解读各类现状环境条件之后，需要在充分理解设计条件的基础上，提出一定的设计策略，并形成初步的设计理念。而策略和理念的提出在初期往往是模糊且抽象的，随着设计思考的深入，需要不断对最初的理念进行调整、充实和完善。因此，方案推敲过程中，需要综合运用理念隐喻图、拼贴图、实体模型及矩阵图等多种图式，通过对比、类比的方式，阐述设计思路及创作思考过程。表达设计策略和理念的图式，一般需要具备“抽象示意”和“直观易懂”的特点。

抽象示意阶段的图式，重点在于承前启后，形成设计概念，完善构思框架。因此图式的运用和表达形式，多具有概念性和示意性的特征，目的是提升读者兴趣，同时留有一定的想象空间，便于后续设计的逐步展开 (图 2–59)。

直观易懂表述设计理念和构思进程的抽象性内容，需要借助图式转译成更为直观的图形元素，便于广大读者理解。设计信息不求精确，可以概括性地表述，但需要反映前期分析的基础特征，且图式表达需要简洁、生动、易懂 (图 2–60)。

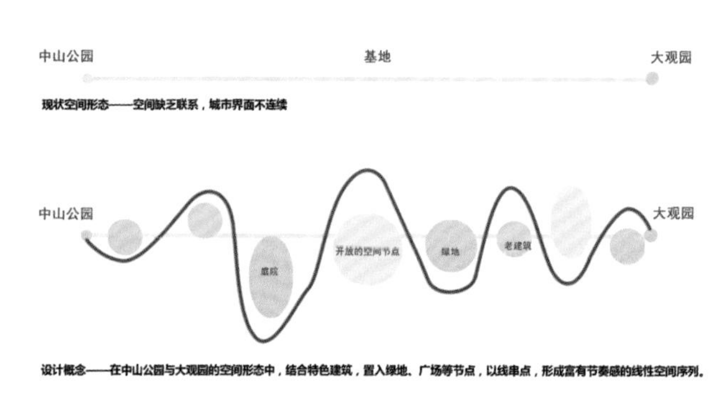

图 2-59 济南商埠区城市更新保护与设计的“空间串接”策略

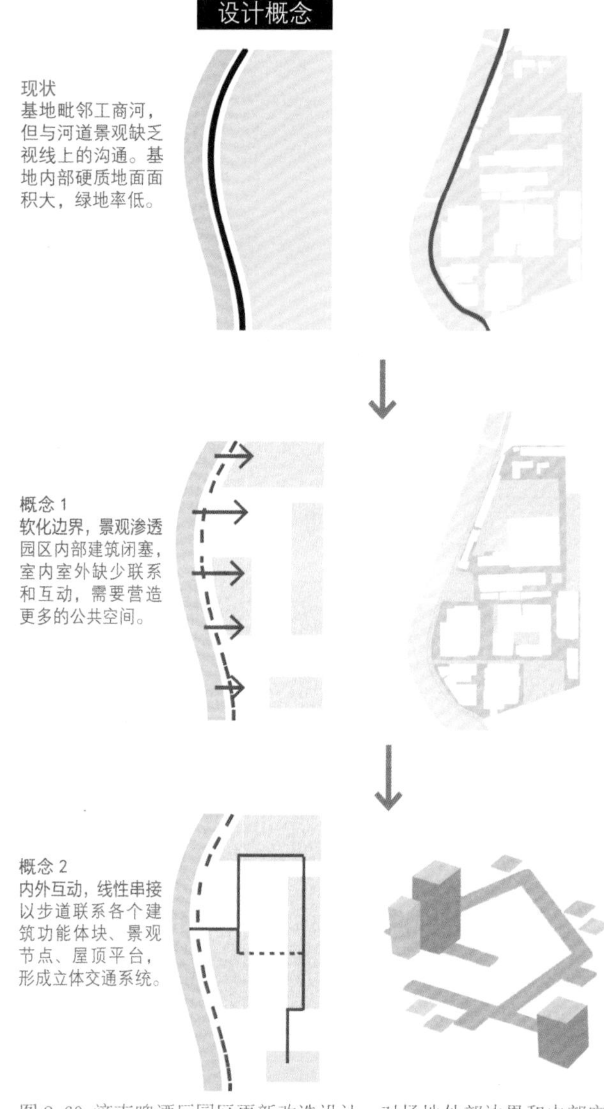

图 2-60 济南啤酒厂园区更新改造设计，对场地外部边界和内部空间所提出的设计策略

1）理念隐喻图式

在方案设计的起始阶段（或是调研与深入设计之间的阶段），当设计师在初步构思设计理念的时候，可以借助抽象的理念隐喻图式自由地释放设计灵感。雷姆·库哈斯将理念隐喻图式描述为："将真实事件转化为比喻性表达，利用图片等媒介代替抽象的概念，以形成更具描述性和说明性的表达方式 ...... 设计者经常运用理念隐喻图式作为思考工具，借此绕开烦琐复杂的逻辑推导过程展示，直接进行明晰和生动的表达。"

在很多设计案例中，设计师们常使用抽象、隐喻性的概念图式传达设计理念。理念图式常见的表现形式包括手绘图、物理模型、照片或是某种特定材料。它可以是简单形态的个体，也可以是若干形态的复杂组合。

图 2-61 利用肢体交叉的方式，表达城市与自然环境的融合理念

（1）肢体语言

借助肢体语言对设计意图进行抽象表达，方式灵活，且表现形式生动活泼，使得设计图式更具画面感和过程性。如图 2-61，两只分别绘制着自然乡野和城市图景的手背，经双手的十指交叉后，形象地传递出"将城市与自然融合"的设计理念。

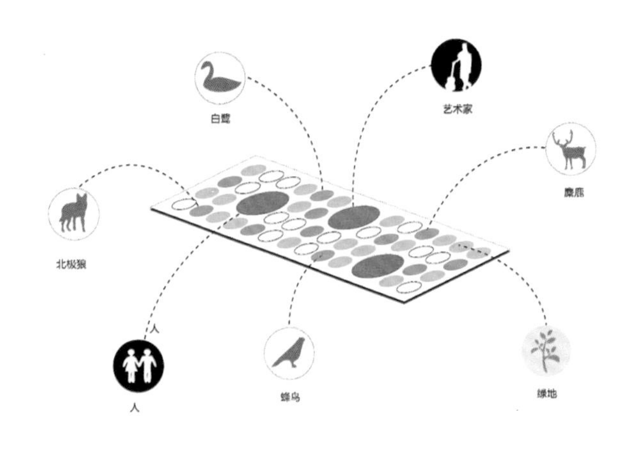

（2）符号示意

几何图形或符号经过简单的重组、排列、重置后，辅之以凝练的文字说明，也可以明确传递设计理念。如图 2-62 是由一系列"圆点"构成的像素画图式，不同灰度的圆点代表"绿色场所""动物"及"人类"。设计者将本来处于平行关系的三者错排重置后生成了新的空间场所关系图式，配合着形象的元素符号，由此表达出希望构建多元和谐生态空间的设计意图。

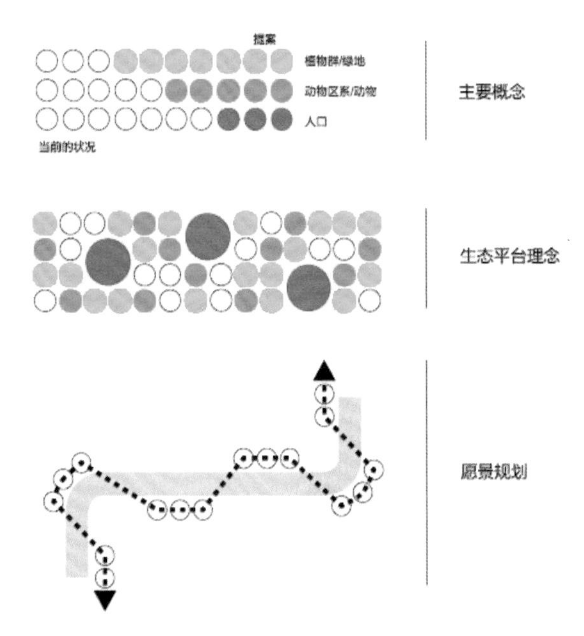

图 2-62 符号图式表达设计理念

（3）绘画描述

图 2-63 是斯蒂文·霍尔在设计西雅图大学圣伊纳哥教堂（Chapel of St. Ignatius）时最初的概念构想图。光线成为形态塑造的主角，其色彩、强弱直接或间接与建筑空间产生美妙的关系。因此，他利用水彩抽象地描绘了盛放在盒子里的 7 个扭动瓶体，并由此表达设计的初始动机及未来的形态效果：七个光瓶子在一个石头盒子上，代表上帝创造世界用的 7 天，不同形式的七个光瓶子从屋顶把不同的颜色、气氛带到室内不同的空间中，配合内部不同的宗教仪式。在特定的空间区域里，每个扭动的“瓶子”都会通过反射或直射等过程，提供丰富的光影效果，呈现出光空间的戏剧性力量。

图 2-64 所示的“针与线圈”图形为某一城市设计的初始概念——“缝合”彼此割裂的临近城市空间。设计者借助“针与线”的形象图形，并将其与街区的三维图景叠合，再利用“游动的线”元素将不同的城市图景片段拼贴，生动形象地表述了“缝合”的设计理念及空间设计目标：意图创造多元融合的复合城市空间。

大都会建筑事务所（OMA）在比利时根特(Old Dockyards) 滨水空间更新设计中（图 2-65），借助串接着种类丰富、色泽多样的“土耳其烤肉串”，表达其“串联多样的滨水线性空间，连接水道两岸场所，塑造丰富休闲生活”的设计理念。因肉串本身形状与长条形设计地块轮廓相似，因而易于读者吸收理解设计的核心思想和可能的空间秩序。

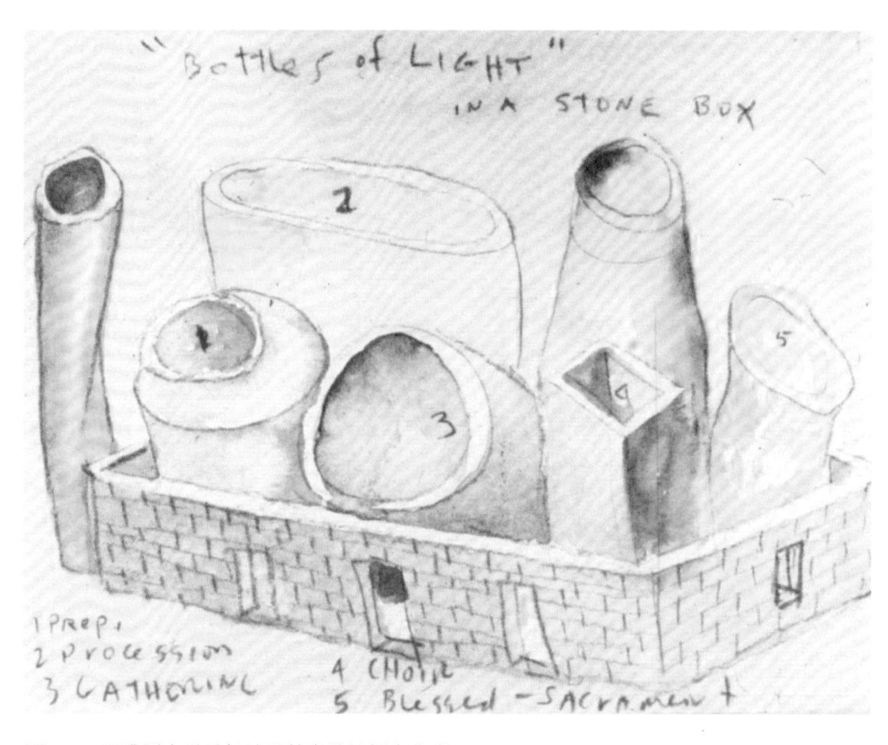

图 2-63 西雅图大学圣伊纳哥教堂设计概念水彩

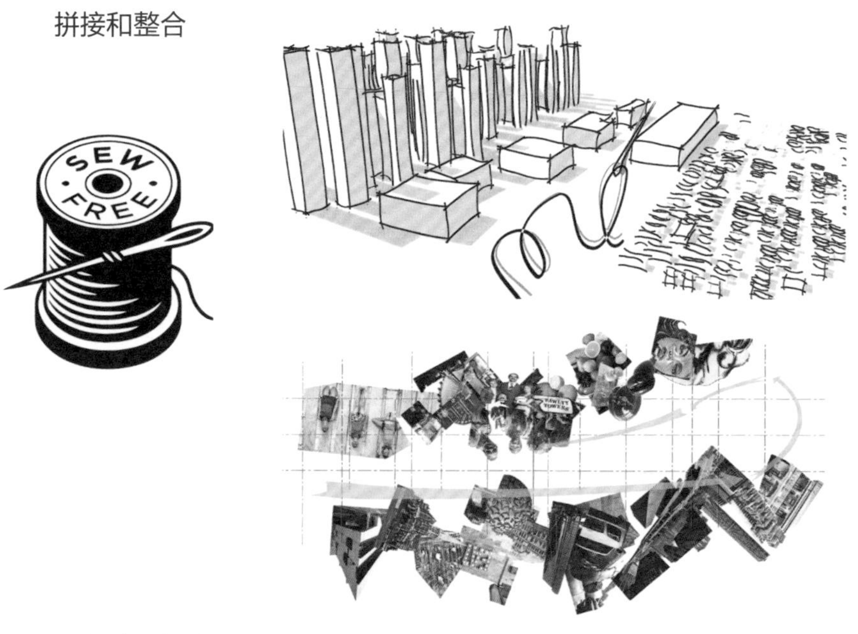

图 2-64 城市更新设计理念“空间缝合”——借用“针线“图形，形象直观传达了”空间缝合“的设计理念，同时，将设计的空间场景与”针线“结合，使得抽象概念逐步具体清晰，便于读者解读设计

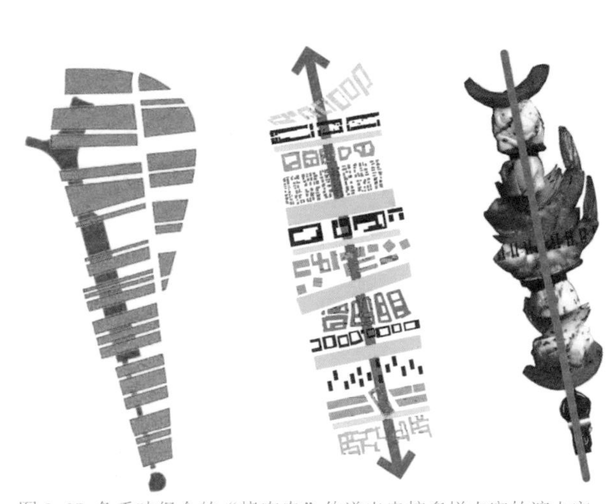
图 2-65 色香味俱全的“烤肉串”传递出串接多样丰富的滨水空间设计理念

2）矩阵图

矩阵图式，作为常见于设计类型学的经典分析图式，利用横纵结合的网格式阵列布局，对同一类设计对象不同的体量形态、空间布局、造型手法等内容，进行类比式的展示分析。矩阵图式可以比作“图形化的表格”，适合展示空间场地、建筑单体之间的细微比较。这类分析图具有多种功能：既可以利用每个单体间变化的逻辑关系来分析设计过程，也可以利用每个单体间的形态区别来分析空间多样性，亦可以利用每个单体间的强调部分区别来分析空间构成。

（1）建筑形态

设计前期的多方案比选，常在给定的技术指标及用地条件内，尝试多种可能性的建筑形态。如图 2–66，对某一相同体量高度的高层塔楼建筑的不同形态设计做法，以相同的轴测角度进行排列显示，便于方案的比较选择。因为是形态做法比较，因此对于模型未做过多的细节设定，仅以简单的线框白模进行展示。

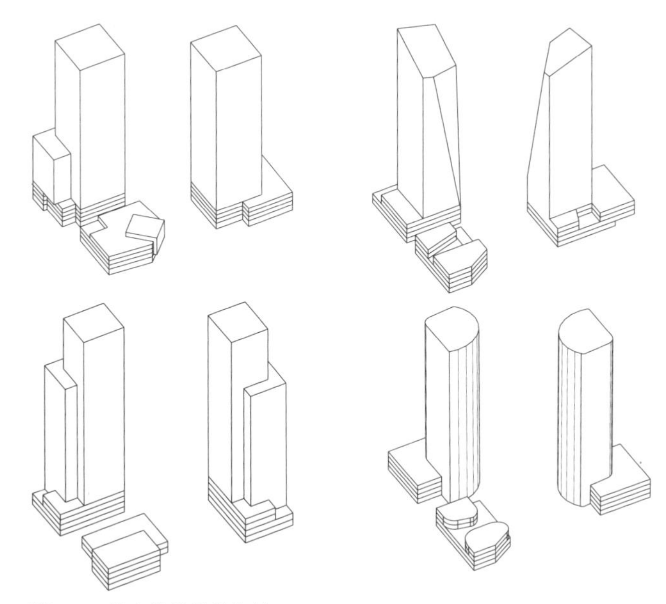

图 2-66 核心塔楼类型比较

（2）空间类型

在探讨城市及建筑空间类型时，也常常运用矩阵图式。在操作此类图式时，需要弱化背景图形或周边环境要素，并用明亮的色彩和图形，对核心空间进行对比强调展示。图 2–67 表现了对街区内开放广场空间不同使用方式的探讨。需要表现的设计场地与周边作为背景的环境场所在色彩上有着明显的区分。

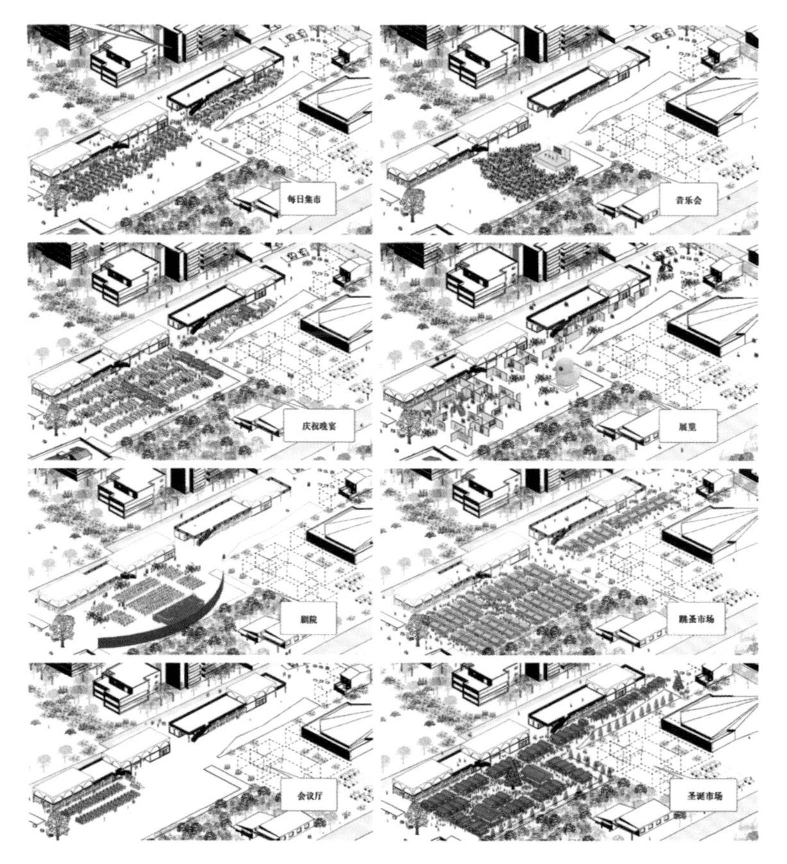

图 2-67 城市公共开放空间的不同使用方式

在图 2-68 中，利用网格式的矩阵图式，在相同尺寸用地内，对可能的建筑类型及人群使用方式进行了比较和探讨。在简单的线框图背景内，绿色的巧妙运用，对每个图式的不同空间信息进行了明确的表达。

从一系列的矩阵图式的表现形式可以看出，由于此类图式本身就包含多个相似的图形图像，因此在选定的相同表现角度下，需要控制各个小图之间的色彩差别、表现细节等内容，以免整体图式过于杂乱。

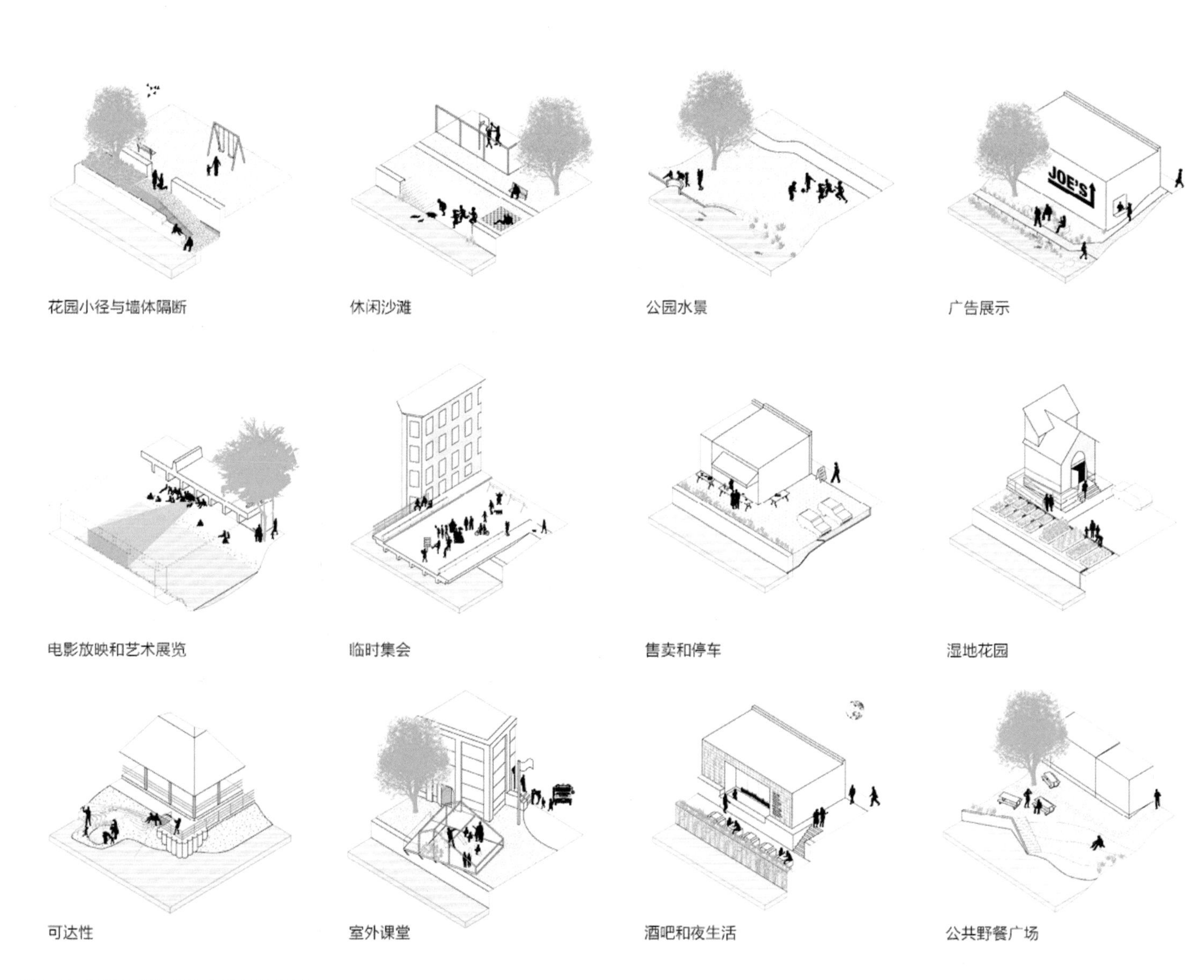

图 2-68 建筑与场所空间使用类型比较

3）分层轴测图

分层轴测图又叫叠层图，是分析场地结构及建筑空间的一种常用图式。前文所述，彼得·艾来曼强调了三维轴测图的使用，间接推动了建筑设计表达由二维图式发展到三维图式，使设计图形本身具有了可度量的客观信息。而宾夕法尼亚大学景观建筑学教授伊安·麦克哈格(Ian McHarg)则进一步将轴测图式进行组合重构，并拓展出“千层饼模式”的分层轴测图：提出了将景观作为一个包括地质、地形、水文、土地利用、植物、野生动物和气候等决定性要素相互联系的整体来看待的观点，建立了以因子分层分析和地图叠加技术为核心的图式设计方法。分层轴测图最初应用于景观和规划分析中，如今在建筑设计的分析和表达中有着广泛的运用。

分层轴测图的概念性很强，暗示了复杂的设计项目是由多个相对简单层级的单体（或个体）合成的结果，这些个体可以是建筑、场地、景观、构筑物等任何元素。它提供了一种有效的视角，使得本身复杂、看似无序混沌的场所状态、建筑外部形态、建筑内部空间及流线，借助于同一角度展示的、相互分离的不同层级图形，变得易于解读，同时分层轴测图也常用于城市设计中系统复杂的层级分布。

（1）形体与场地

处于复杂城市环境中的群体建筑及城市设计项目，由于包含较多信息，采用分层轴测图对场地环境、建筑形态功能等要素进行叠加展示，利于表现设计对象的整体结构及各要素间的相互关系。

如图 2-69 中的城市设计方案，借助卫星影像地图和二维及三维的轴测图式，将设计地块内与方案相关的各类信息——场地环境、线性交通、建筑实体及功能，进行垂直分层表达。不仅各类元素的空间对位关系一目了然，同时运用橙色将不同层级的重点信息进行区分强调，丰富清新、风格明确。

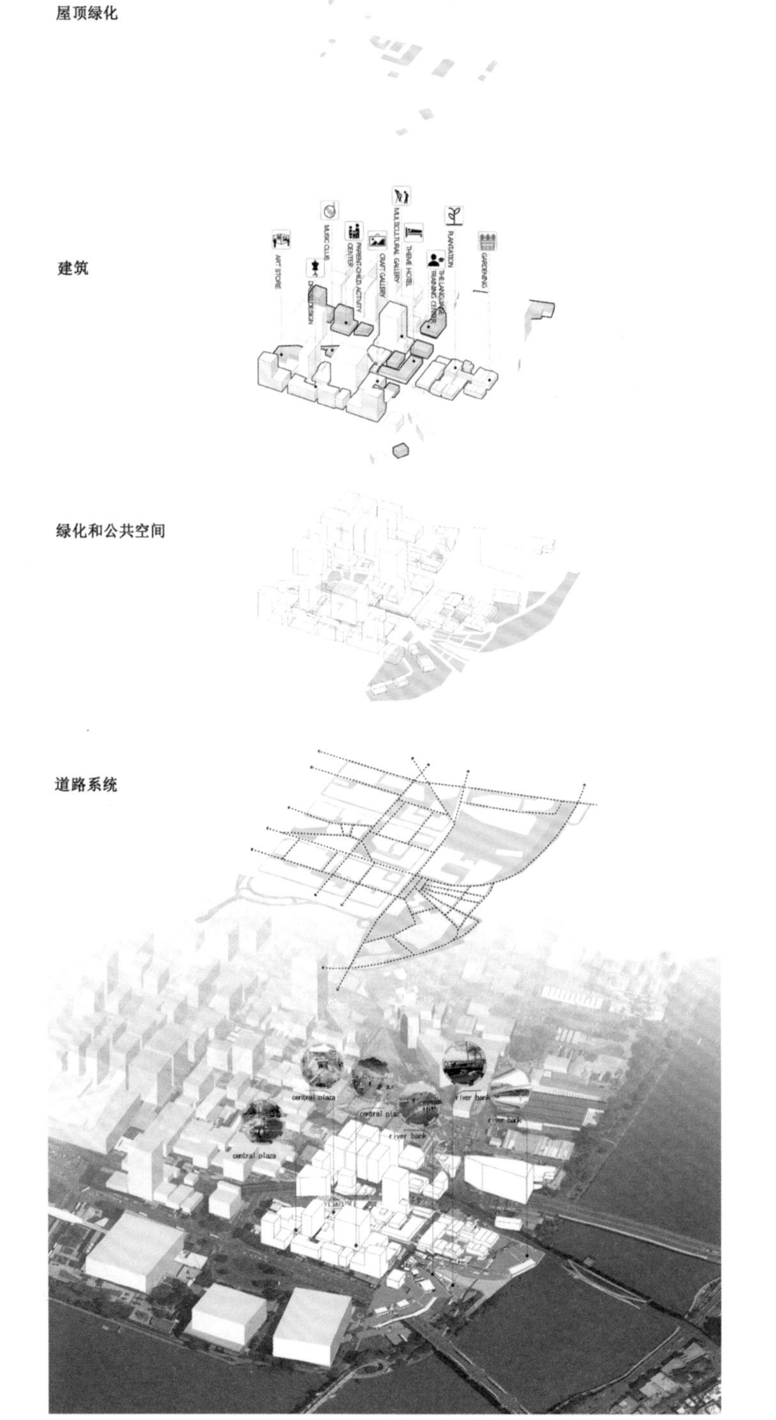

图 2-69 借助轴测分层图对布里斯班西区城市设计中的场地环境、群体建筑形态、交通路网等要素的叠加分析展示

（2）功能与流线

对设计对象功能及其内部流线关系的阐释，是分层轴测图的常见表达内容。一般而言，基于平面图或剖面图等二维图式的功能流线分析,仅停留在单一层面(水平或垂直)对局部空间的功能流线分析上，而流线、功能等内容往往涉及水平和竖向等多个层面。因此，分层轴测图，通过将建筑各层平面或设计对象不同要素进行竖向分离式的表达，可以在一个图式中，多维度地展示整体空间功能布局及不同类型交通联系，而且在某种程度上能够表达功能流线与建筑空间及其他设计要素(如景观场地)之间的对应关系(图 2-70) 。

图 2-71 中，通过不同颜色区分表现功能空间在建筑中的分布，然后将不同属性的垂直流线各层平面串接，表明各功能空间的联系状况。在绘图技法上，这里的颜色可以在建模的时候就区分好，效果优于后期 ps 填色的方式。

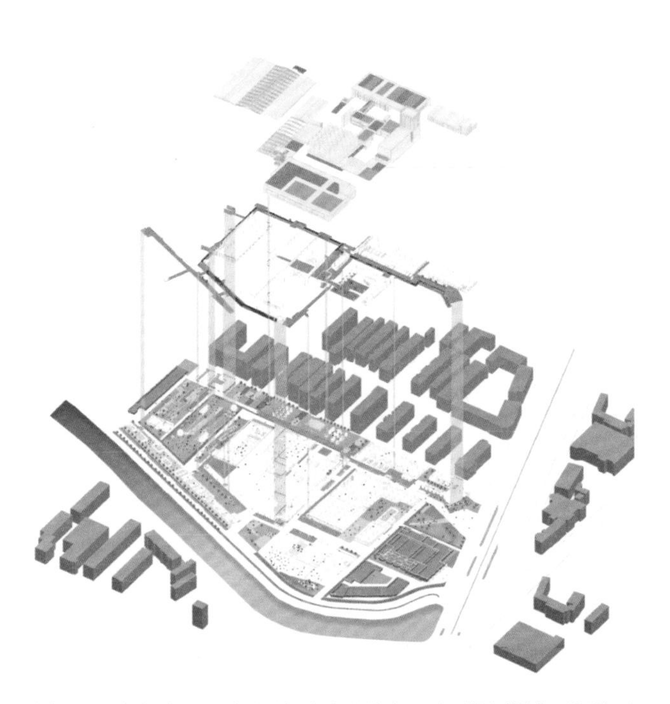

图 2-70 济南啤酒厂园区更新改造设计中，分层轴测图表现场地环境、功能平面与交通流线的相互关系

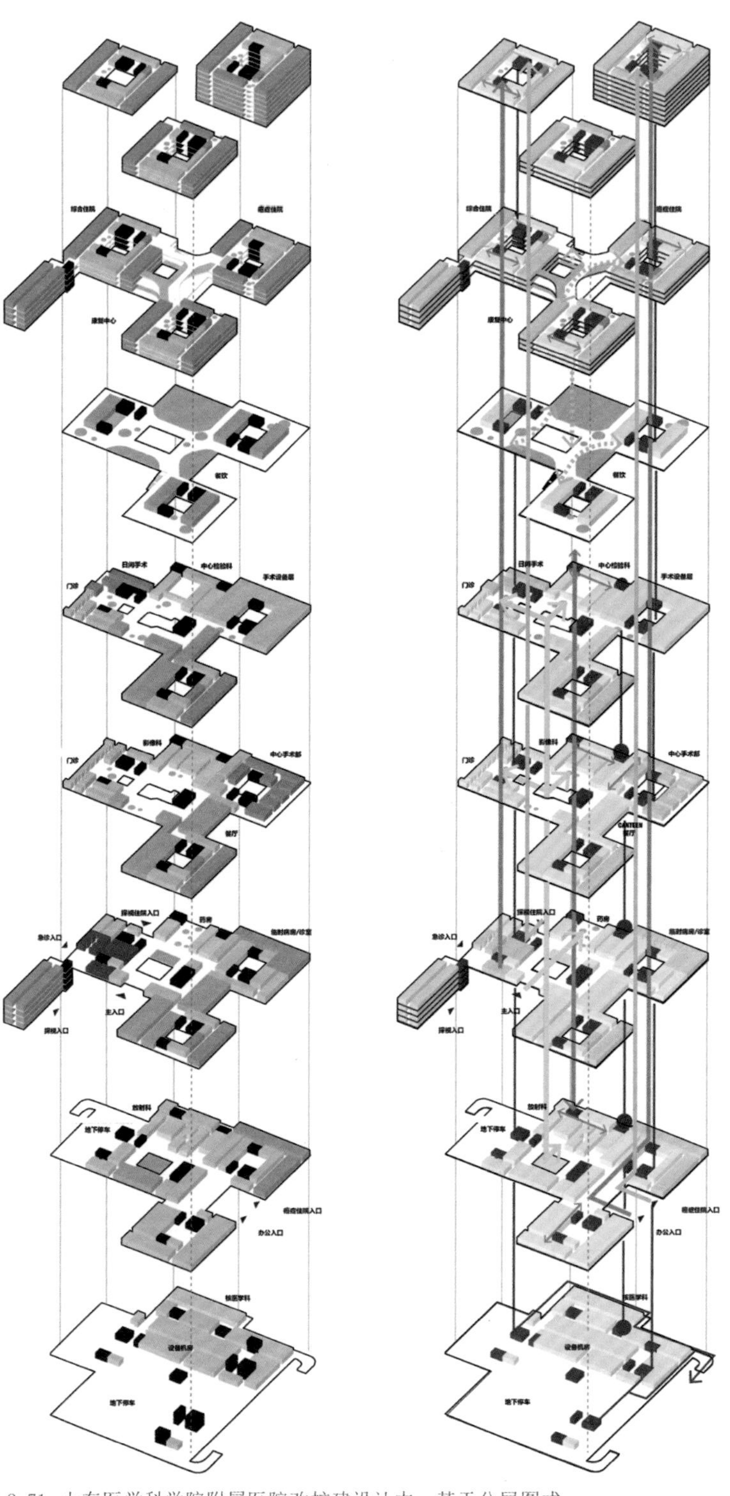

图 2-71 山东医学科学院附属医院改扩建设计中，基于分层图式，利用色彩及线型展示功能区块及交通组织

（3）结构与材料

分层轴测图也常用于工业设计的产品表现图中，通过拆解的方式表达设计产品的组成结构和构件细节。同样，在建筑设计中表达建筑或构筑物的构造层次和材料样式时，分层轴测图在纵向（有时为横向）界面对于设计对象进行拆解分离的表现方式，也具有清晰完整、详尽有序的优点。

图 2-72 是对某小型木构建筑的分层轴测表达，用色淡雅，以线图为主，着重表现构筑物的结构特征与构造细节。在对上部主体及下部支撑结构进行竖向拆解的基础上，通过改变透明度的方式在横向层面上对构筑物的表面维护结构进行逐层剖解，直观地展现了设计对象的维护墙体、主体结构骨架及内部界面的各类细节特征和不同材料类型。同时，放大绘制重要构造节点，通过连线标明构造部位，并且用文字将不同区域进一步描述。

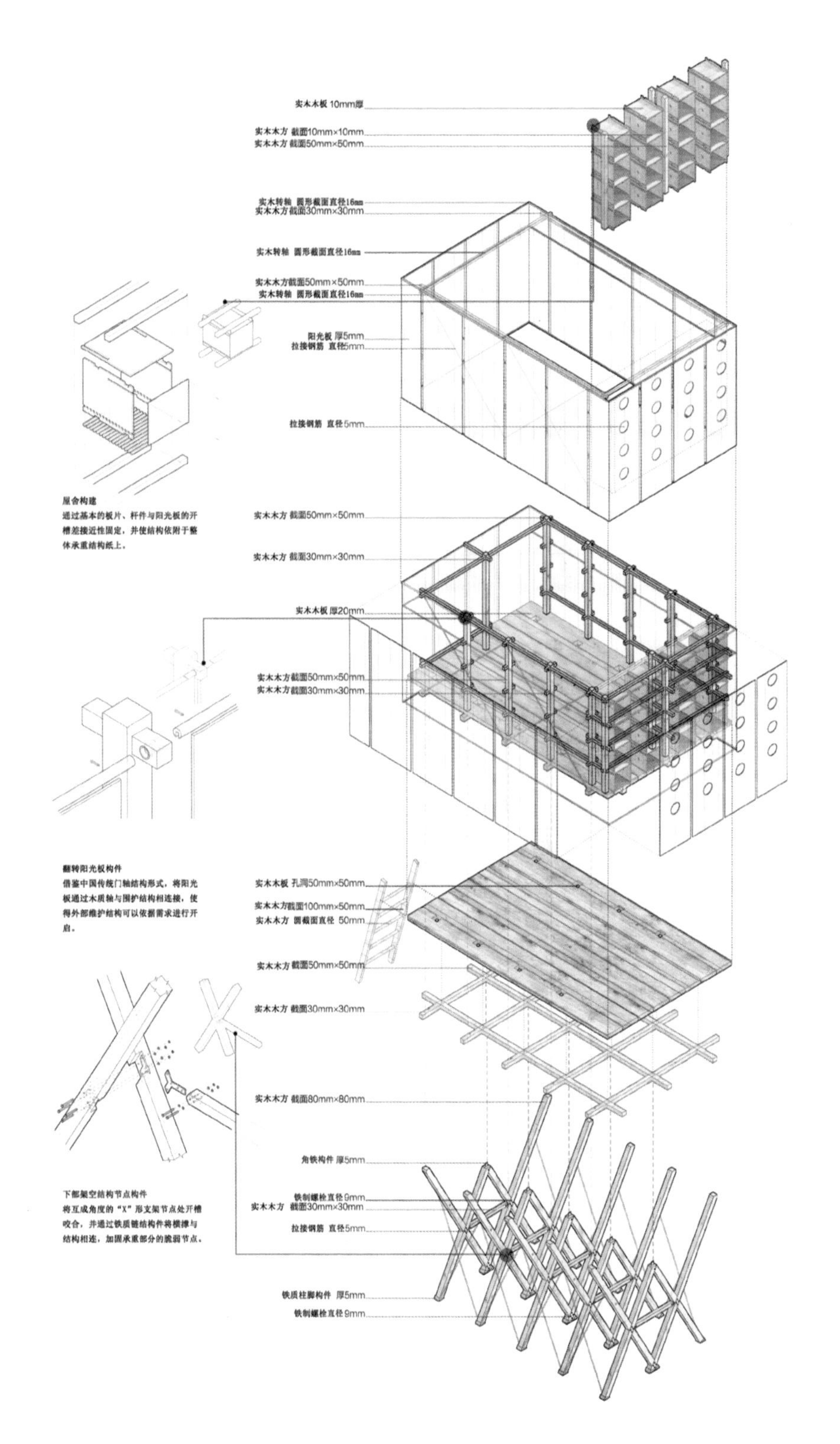

图 2-72 小型木构建筑设计中，对维护表皮、各组成构件及重要节点的材料及构造做法展示

4）过程演进图

过程演进图，从最初的基地或者环境条件出发，在充分理解和分析建筑产生条件的基础上，由外而内或自内而外地将建筑的设计过程，拆解为彼此关联的场景片段，并最终以简明流畅的线性过程予以展示。这种方案的表达方式以丹麦 BIG 建筑事务所的设计案例最为知名，他们的设计作品常从一个简单的概念出发，以线性的逻辑推导展开，逐步呈现即时的变化场景。这种看似轻松有趣的“准线性”设计图式表达方式，往往建立在对于方案设想不断选择和淘汰、发散和控制的设计过程之上。

过程演进图式每一步方案深化的过程，便是凝练和优化设计概念的过程。而且此类图式在多角度展示设计进程的同时，也从另外一个角度提示着方案的多样性：面临着类似的环境制约条件，项目的变化和最终形态存在多种解答。

此类图式多用于表达设计过程中的方案推演或设计完成后的“形态生成展示”（即设计逆向过程），有多样的表达方式，总结其具体的操作及运用技巧，有以下几点：

首先，一定要对自己的设计思路烂熟于心。通常来说方案生成推演图式至少由 3 张以上构成，形成一个线性或者矩阵式的图式序列，以免产生“为了画图而画图”的感觉。

其次，每两图之间的形态变化要明确，图形差异便于读者观察识别，可以通过特定的颜色或符号对变化的部分进行标示强调。在数量有限的图式序列中，设计者对自己方案的理解进行拆解，可以清晰地把方案演变出来。

再次，涉及具体的操作手法时，通过体量的加法、减法，提升或降低变形、扭曲、旋转等变化方式综合而成。目的是通过从简单体量到复杂体量的变化，最终实现方案的简化模型。

最后，可以巧妙运用箭头、曲线等辅助图形元素，并配合关键词或简要的文字说明，强调并丰富方案的推导变化过程。

（1）空间连接

图 2-73，表达了处于一块长条地块的建筑案例的形态生成过程。除了面积指标和日照的影响因素外，保证地块对角点处 Makasiini 公园和赫尔辛基中央火车站的空间及视觉联系不被影响和打断，是其形态出现斜向凹陷、两角凸起的最重要原因。变化序列中，形态的变化结合具有重要影响因子的文字说明、特定方向箭头及人体配景等符号因素，对形体变化的说明阐释有非常重要的作用。

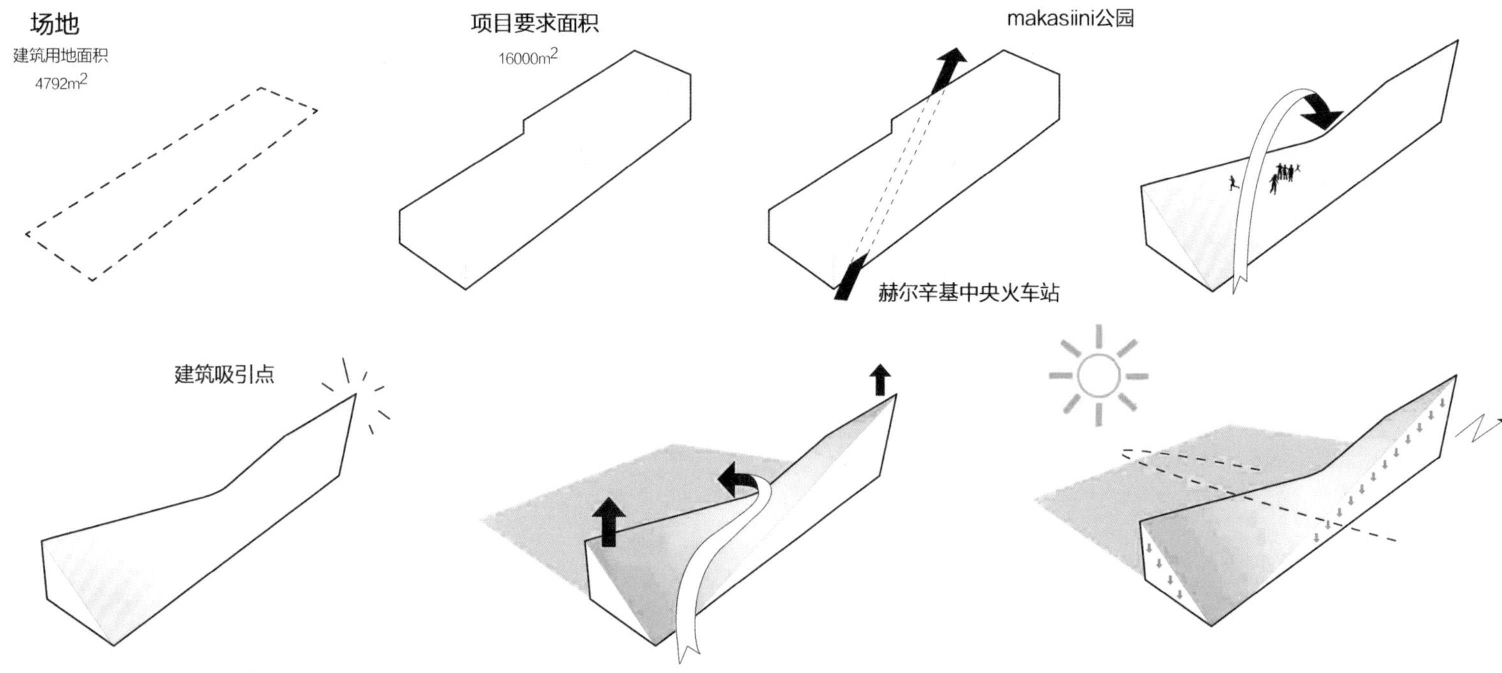

图 2-73 环境及人流制约下的建筑形态生成过程示意

（2）侵占和补偿

绿色生态建筑设计中，常会涉及通过建筑界面或内部空间的开发利用，对占用的土地（公共绿地或耕地）进行等量和超量补偿的设计策略。

如图 2-74，以基于公共场地占用补偿理念为出发点的建筑群体组织与形态设计策略。三个图形并不复杂，但通过彩色的巧妙运用——仅将图 1 地面种植区域和图 3 的建筑垂直立面及屋顶面填充为黄绿色，而将建筑体块填充为白色，表达出原有耕地由二维地面空间置换到三维的建筑垂直界面的设计理念。该图式中，与核心设计理念无关的各类背景图形（如建筑）全部进行弱化处理，仅将变化的耕地内容以黄色强调表现，简洁的用色明确地体现了设计策略。

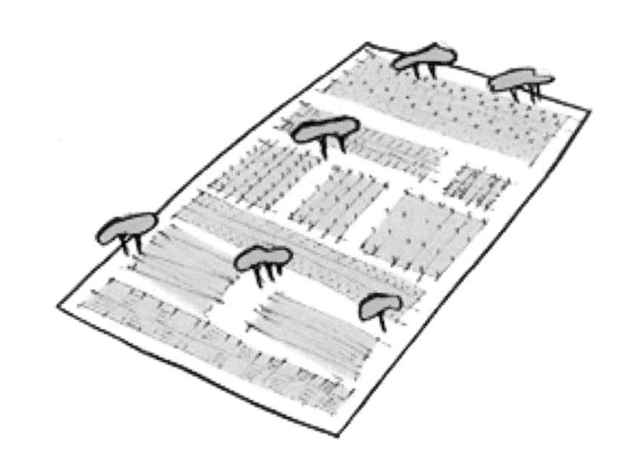

原始地块——种植场地

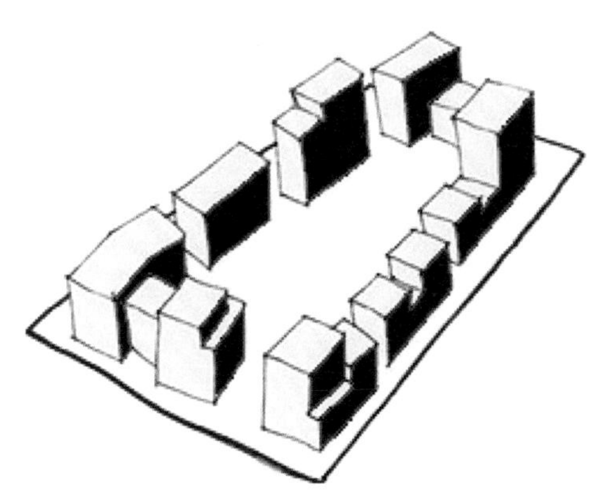

建筑置入

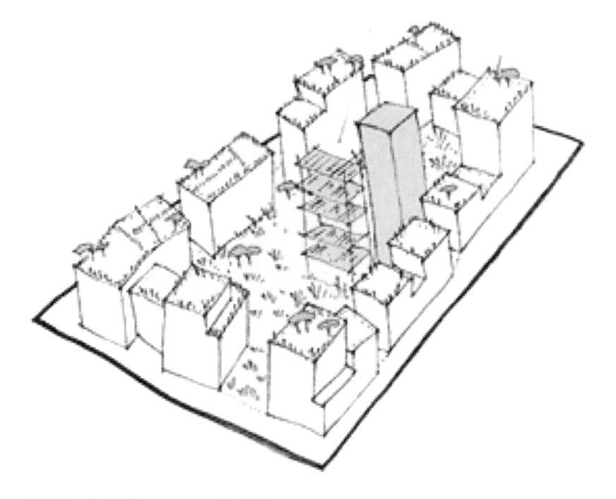

场地与建筑叠加——立体种植

图 2-74 立体种植系统介入的场地补偿设计策略

（3）功能形体与地形逻辑

地形与特定外部场地环境，往往是由外向内影响建筑形态生成的重要因素。形态生成图式常以地形变化开始，通过连续渐变的图式表现建筑形体或减界面变化与外部场地地形的互动关系。

由于地形地貌是影响设计的起始动因，处理此类图式时，需要在开始阶段通过 1 至 2 个简单图形，将地形特点及环境特征交代清楚。然后结合点线面分析元素，循序渐进地逐步展示建筑形体、功能和空间设计如何充分结合地形因素，最终成型（图 2–75、图 2–76）。

（4）视线

当设计对象为居住类建筑，或地块周边有重要环境景观要素时，视觉因素常会影响并引导建筑体量组合及形态演化，如利用体量水平错动或高低变化，减少建筑前后的视线遮挡，建筑立面的角度切削引导建筑界面的景观对应等（图 2–77）。

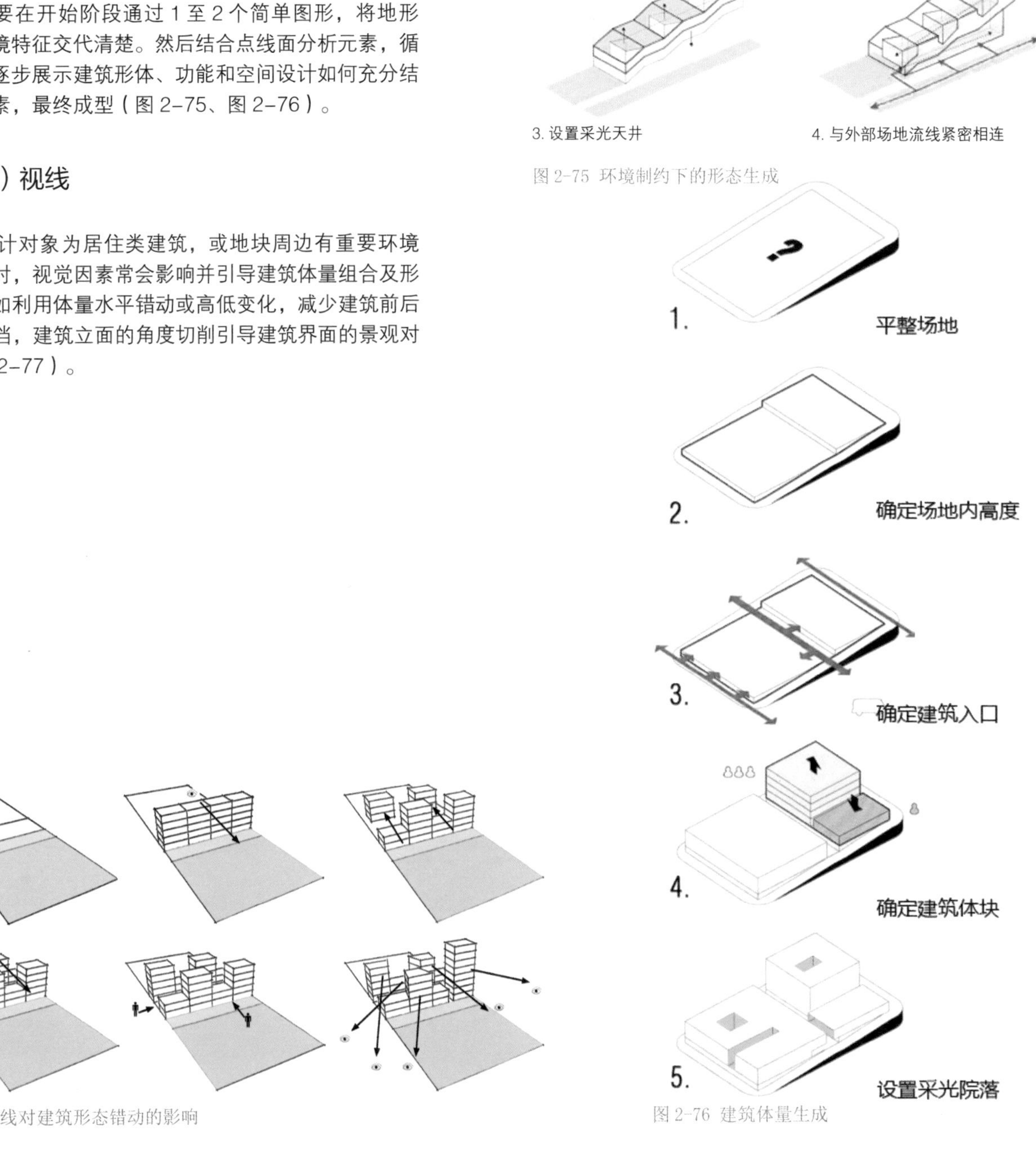

图 2–75 环境制约下的形态生成

图 2–76 建筑体量生成

图 2–77 视线对建筑形态错动的影响

（5）生态因子与形体生成

日照朝向、通风遮阳、立体种植之类的生态要素也是影响绿色建筑空间和形态生成的重要因素，很多时候甚至会成为建筑构思的主要驱动力。

图 2-78 便是垂直种植空间这一生产性要素引入后，对公寓空间及形体立面生成的影响示意。通过公寓建筑由简单至复杂的形体变化，表现如何将种植塔嵌入建筑，充分利用居住建筑的垂直界面，形成横向交错的挑台，扩大种植界面并进行立体种植的设计构想。除了形态的变化，每一步形体变化部分结合色彩（绿色）的表达，也较好地反映了构思的进展过程。

图 2-79 则强调了日照主导的生态建筑生成过程：在满足周边建筑日照需求的前提下，为争取最大的日照界面，建筑顺应太阳变化轨迹，形成螺旋梯田状的立面形态。图式对于辅助图形元素运用巧妙，利用带有方向性的箭头，配合日照变化，强调了建筑形态变化的理性推导。

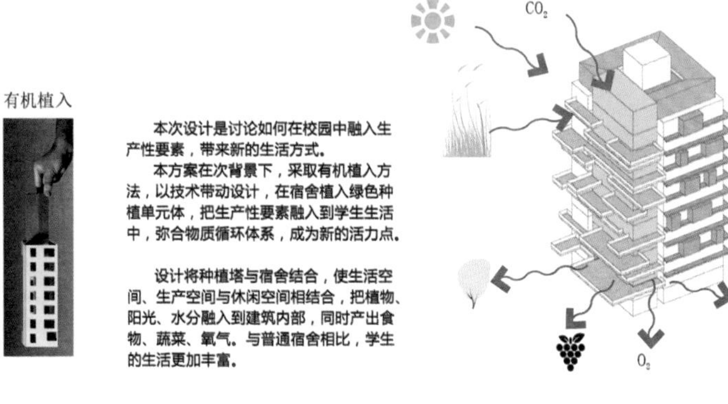

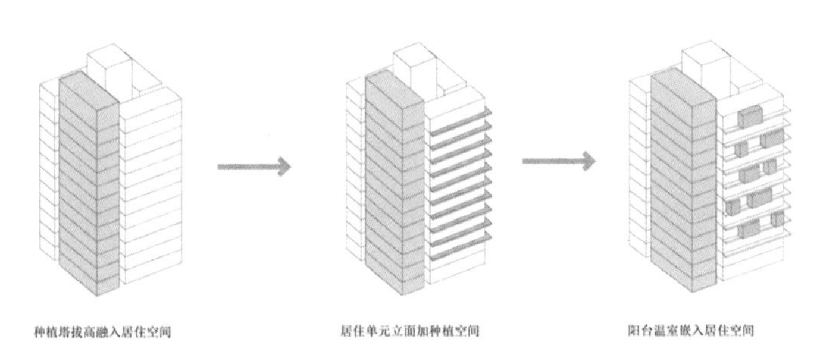
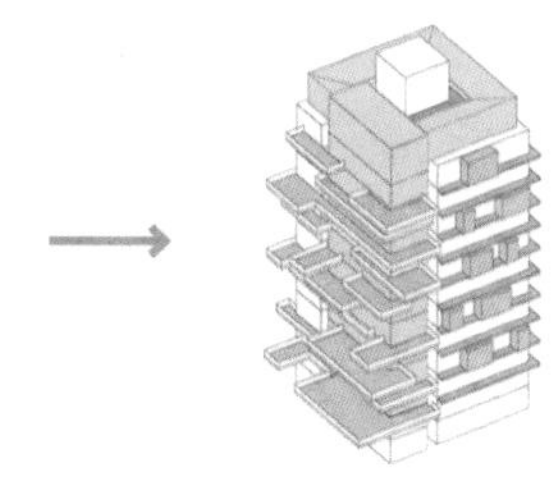

图 2-78 垂直都市农业引导建筑形体生成

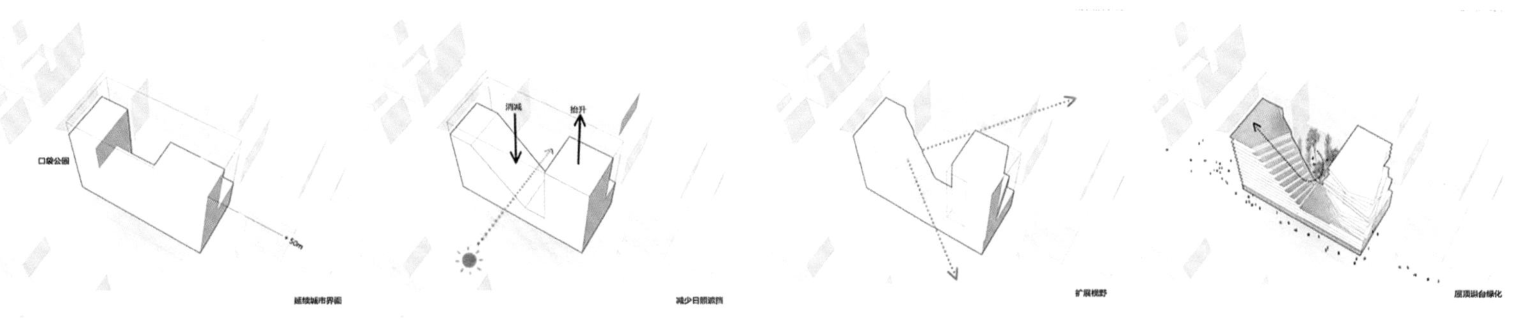

图 2-79 日照朝向及屋顶绿植空间对建筑形态生成影响

（6）环境功能综合制约

大多数建筑形态及界面空间的形成，是外部环境和自身功能综合制约的结果，包括面积要求、视觉景观、人流方向及周边体量等。因此，设计者在利用形态演进图式表达设计构思时，一定要想清楚各影响因素的相互关系，对其进行分级排序（由外而内或由重要至次要）。然后，借助每个独立的过程图式，按照“一图一事”的原则（即每个过程小图仅表现一个变化结果），分步对变化的建筑形态及相应的影响因素进行关联阐释。形体变化要循序渐进，利用色彩对变化部分予以强调，同时辅助以关键词或简短文字说明的提示（图 2-80 和图 2-81）。值得注意的是，三维立体分析图可与平面图相结合，以组合图形式表现设计构思，如图 2-81 某文化中心建筑形体生成的分析方式，左字右图，平面图反应不同外部因素对不同阶段建筑平面轮廓变化的影响，而三维轴测图式则将每一步的变化以更为直观形象的方式进行展现。

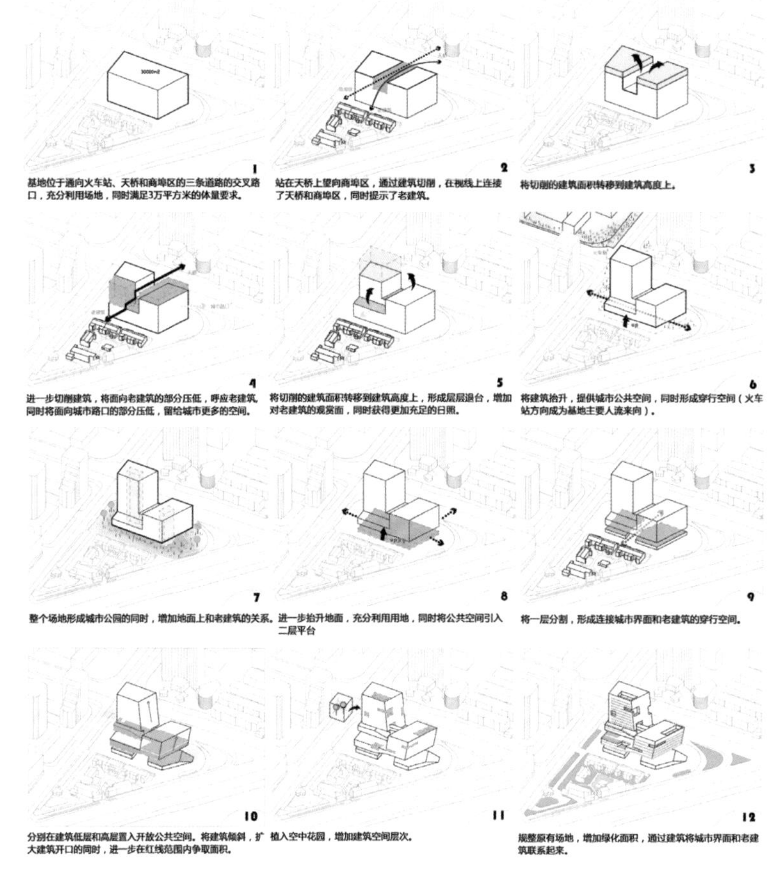

图 2-80 外部城市环境及人群行为影响建筑形态生成

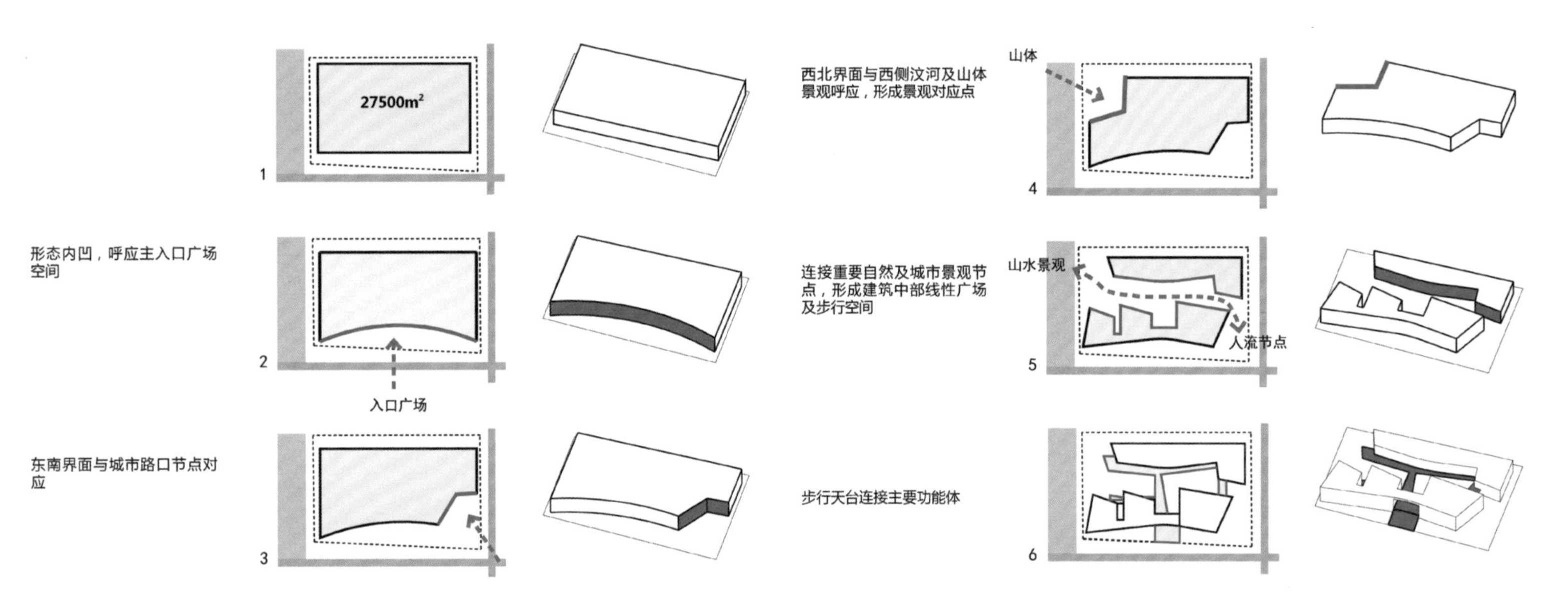

图 2-81 外部重要景观要素由外而内影响建筑形态及公共空间塑造

5）爆炸图

顾名思义，爆炸图式是将建筑或者场地环境等按照设定的逻辑，从横向和竖向两个维度上将目标对象的外部及内部各个元素进行扩散式拆解，其表达效果如同爆破。爆炸图式最早在工业产品设计中运用，用以表现产品的内部系统结构及各个部件间的衔接构架方式。被引入建筑设计分析图中，爆炸图能够直观地表达设计对象的拆分步骤及空间、功能等层次结构。

爆炸图与分层轴测图相似，都是对建筑或场地空间的不同构成元素进行拆分式表现。如果说分层轴测图多是在垂直方向上进行表达，爆炸图则常在上、下、左、右、前、后多个维度中，对设计对象进行拆解表现，可以更为全面地展现空间内容及结构细节。

（1）结构系统图

爆炸图最为常见的表达内容，便是对于建筑空间及其结构元素的表现。图 2-82 是对工厂厂房建筑的更新改造设计，自上而下依次将屋面、主体结构、外墙围护结构、内部场地等元素进行等距分离，各元素间的关系一目了然。该图式中，背景底图主要是灰白色界面 + 单线模式，能够清晰地显示主体桁架结构及不同的界面元素。需要强调表现的改造区域（绿色的室内运动空间）则运用色彩填充，整体图面风格简明活泼，信息清新明了。

图 2-83 在水平层面对设计对象进行了元素拆解，在表达立面墙体多样的层级结构的同时，亦展现其层数及梁柱结构体系等细节信息。

（2）功能系统图

基于爆炸图式的建筑功能系统表达，可以以一种透析的方式展示不同空间功能之间、功能与建筑整体形态之间的构成及对应关系。如大都会建筑事务所（OMA）所绘制的描述中央电视台主楼的功能构成爆炸图（图 2-84），基于整体空间布局的功能元素拆解，表达不同功能的相对位置关系。除了较强的视觉冲击力外，不同体积的各色体块将在区分功能的同时，顺便将各类功能的面积进行比较展示。整体图面清爽，尽管体块元素种类繁多，恰当地用色处理，较好展现了空间与功能的层级关系。

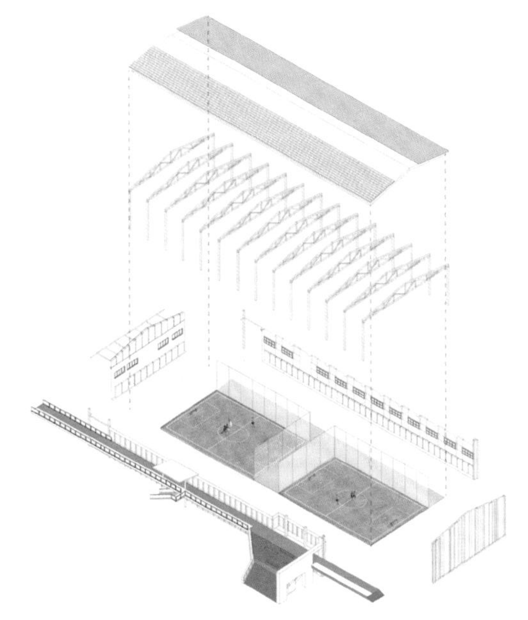

图 2-82 济南啤酒厂厂房建筑更新与改造设计

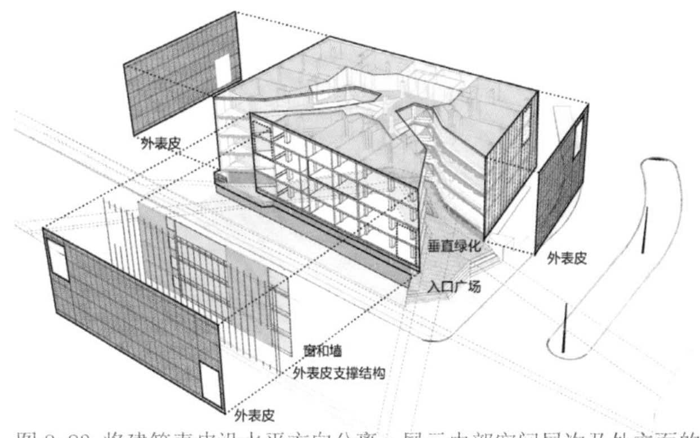

图 2-83 将建筑表皮沿水平方向分离，展示内部空间层次及外立面的结构做法

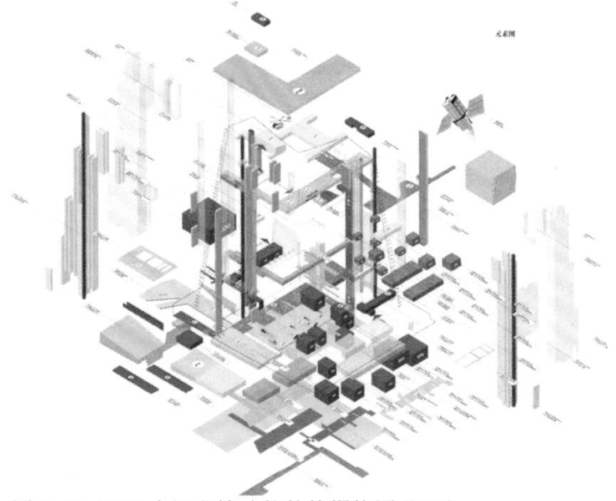

图 2-84 CCTV 央视主楼功能体块爆炸图（OMA）

6）拼贴图

拼贴一词最早来源于法语“collar”，并出现于绘画领域，以毕加索为代表的西方现代派画家突破传统绘画艺术的表现形式，将真实的日常材料作为素材进行叠加，以一种抽象的方式表现绘画作品。后来应用于建筑表现的拼贴图式，是一种综合性的图像处理技术，通过重构、叠层或整合粘贴不同的素材以形成复合图像。

建筑师利用拼贴图创造包含多个层级的场景图像，在同一个场景之中，这些丰富的层级素材可以是设计者想象的或真实存在的视觉场所、建筑或者特定物体，其表现形式包括平面、透视、数码图像及其他二维或者三维图形。相比于传统的渲染图，拼贴图更多的是通过模拟真实环境的方式，表达设计师对于现实场景的未来愿景，是一种建议式的空间再现。

作为一种设计学科常用的表现方式，这种组合分析图式包含信息量复杂，且易营造意想不到的视觉效果。最著名的案例要数景观设计师詹姆斯·科纳（James Corner）所创造的各种拼贴分析图，他从拼贴画吸取的创作方式入手把各种分析数据以及立面、平面信息拼贴在一块，再传达系统的数据信息，更营造了一种极佳的图式视觉体验。荷兰的大都会建筑事务所（OMA）也常常在设计前期的分析阶段，将新闻图片及艺术贴画直接叠加于设计图纸上，以夸张且感性的方式，反映与设计背景相关的各种文化、政治和经济事件。

在“鹿特丹 H2OBITAT”滨水城市空间愿景图中（图2-85），结合鹿特丹“港口之都，滨水之城”的空间特色，各类建筑作为背景被弱化，而多样的船舶与城市景观相拼合，有力地映射出数量庞大的船只，是构筑港口城市鹿特丹滨水景观及特色生活方式的核心要素，也是设计者所考虑的重要影响因素。

相同主题和内容的多个图片，经过拼接叠加后，相较于文字，更能强调设计或调研的主题。图2-86中，将场地调研过程中所拍摄的各种真实的场景素材，依据所设定的3个表达主题“艺术、农业、集市”进行挑选，并进行艺术化的裁剪和拼接，形成3幅表现调研主题的“全景”图像。通过比对的方式生动地展现了3个场景的环境特色，同时也暗喻后期可能采取的有针对性的环境空间设计策略。

图 2-85 “鹿特丹 H2OBITAT”设计中拼贴图所反映的鹿特丹滨水城市意象

艺术

农业

集市

图 2-86 城市调研中，利用拼贴图所反映的不同空间主题意象

有时，为了表达与设计相关的信息，拼贴图式常将城市肌理图、总平面图与调研中获取的各种实景照片或图形符号进行拼合。因为此类图式常用于前期分析之后、设计策略提出之前，所以选取反映现状的照片往往具有极强的针对性，且能够暗示后期设计所要解决的核心问题（图2-87）。

这类分析图往往信息量巨大，明晰要阐释的核心问题，精心选取拼贴素材，按照“点线面”的构成原理，依据不同的层级关系进行加工。一般占据较大版面的技术图纸类素材需要被弱化，而反映问题的场景照片作为点元素则需要清晰，文字则多为辅助，达到多而不乱、揉而不杂的效果。

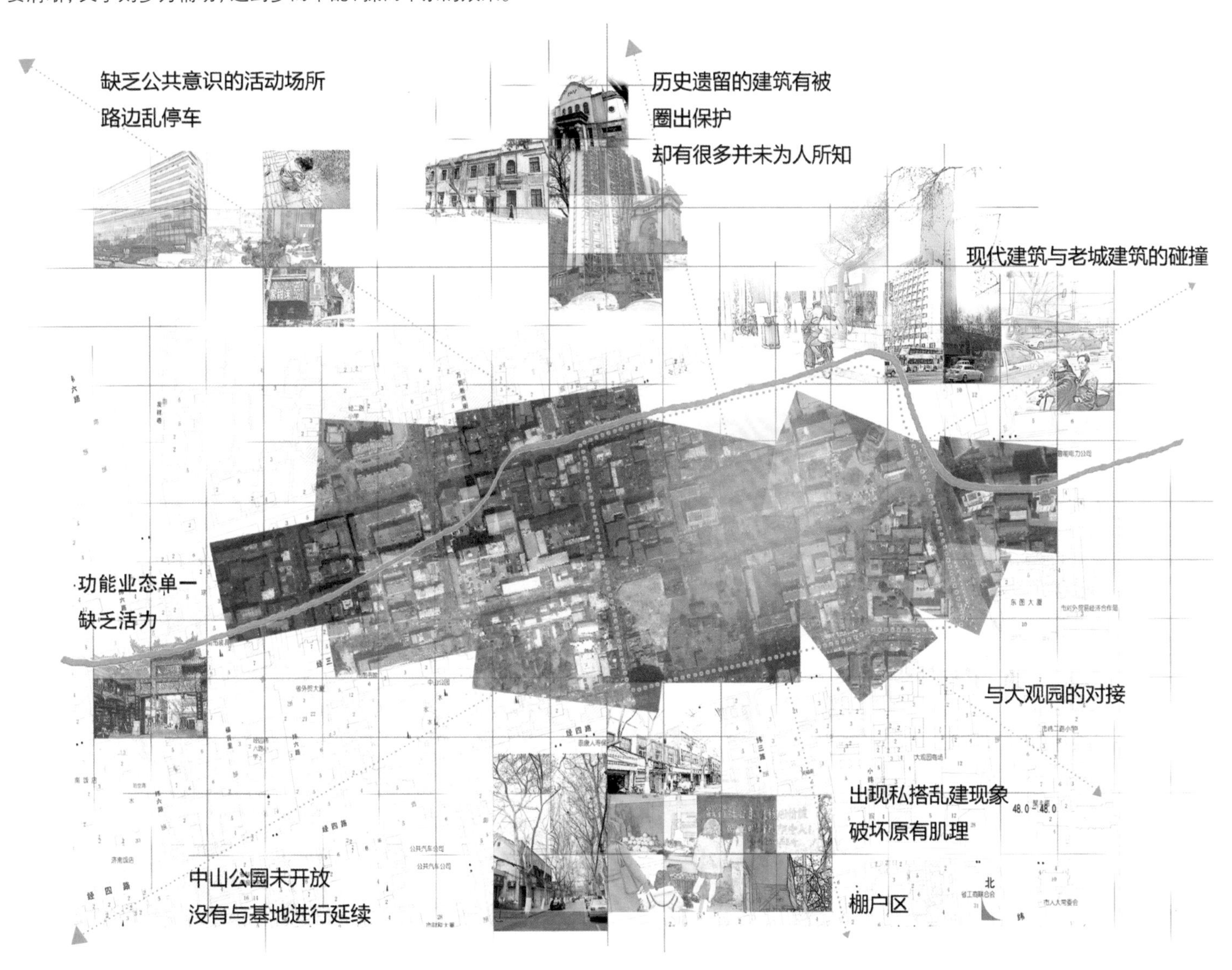

图 2-87 济南商埠区城市设计调研

7）模型图式

（1）实体模型

借助实体模型进行设计推敲，在欧洲文艺复兴时期是一种非常流行的操作手段，并且经常作为确定最终方案的唯一方式。虽然绘画在学院派时期成为建筑设计表达的主要方式，但是 20 世纪中期之后，建筑师再次意识到实体模型的价值，并将其作为方案推敲和成果表现的重要手段。

时至今日，虽然包括计算机辅助设计（CAD）和犀牛（Rhino）在内的各种设计辅助软件层出不穷，但在建筑设计领域，实体模型依然占有举足轻重的地位。它可以被运用于设计过程的任何阶段——从概念构思到最终的成果表现，当然，不同类型的实体模型有其适用的不同设计阶段。

按一定比例制作的实体模型，可以帮助设计师在三维形态下，以一种可进入性的方式推进并验证设计构思。与电脑制图及手绘方式相比，实体模型在操作过程中，能够在各个角度实时显示建筑的形态尺度和材料效果。模型可以表现建筑构件（如门窗、家具），也可以用于城市设计尺度下一个地块的整体形态操作。因为实体模型具有“可触摸”的特性，因此很多在虚拟界面下（绘图软件）难以理解的设计想法，在仿真的实体模型语境下可以还原验证。

（2）概念模型

概念模型常出现于概念构思表达阶段，以一种较为简练的方式阐释隐含的设计理念。为了使设计理念能够被清晰和准确地理解，概念模型常会采用特别的材料及色彩，以一种相对夸张的方式去描述概念雏形。在这个阶段，泡沫、纸板和木材等是常用的材料，因为它们便于操作，易于模仿不同的建筑形态并适应多样的空间尺度。

图2-88是利用纸板——易于折叠和变形的模型材料，对校园大学生活动中心方案进行概念展示和形态推敲的操作过程。设计场地和建筑形态被抽象为上下两张相互叠合的纸板，通过裁剪使其成条状，继而拉伸和折叠等变形操作后，形成起伏有致、界面交错的纸板形态。再次将其进行上下叠合后，构成建筑功能空间和形态原型。利用照片对纸板模型操作的变化过程进行多角度的记录，连续的变化过程展示形成了对设计初始概念的完整表达。

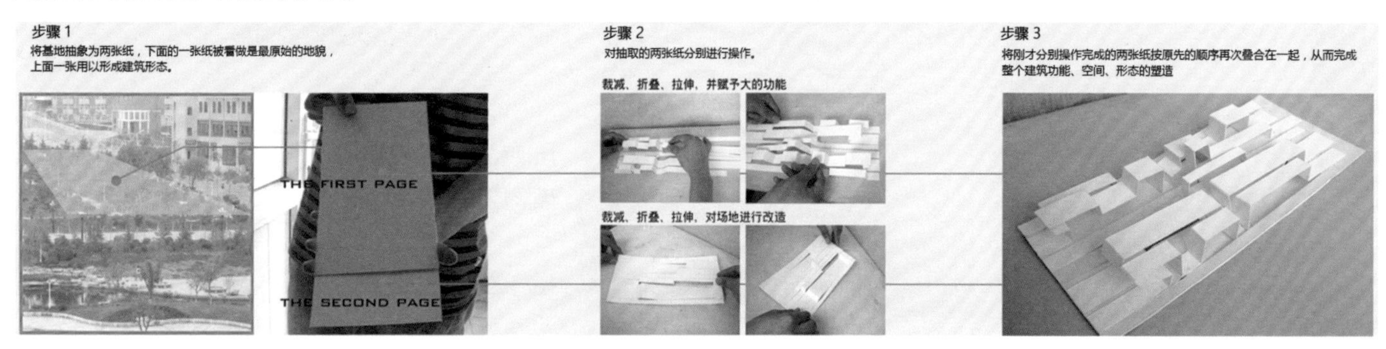

图 2-88 大学生活动中心设计中利用纸板表达建筑形态生成概念

（3）过程模型

过程模型运用于设计的初期推敲或后期深化阶段，可以理解为模型版的“过程演进图式”。设计师会借助渐进式的多个实体模型，展示设计概念至形态生成的过程。

相比于电子模型，过程实体模型的推敲方式使得设计过程操作更灵活，设计师可以在等比例的真实三维视角下，动态地观察建筑的形态和空间变化，且便于设计师和非专业人士的互动参与和讨论。

赫尔辛基中央图书馆设计（图 2-89），通过 4 个渐进式的场景图片，运用实体模型演示建筑的外部形体和内部空间的变化发展过程，同时也暗示了建筑“旋涡状曲线造型”与外部景观场地的关联性。

图 2-90 山本耀司的品牌旗舰店设计中，采用了相似的连续场景模型的推敲方式，表达了“空间缝合”的设计理念。通过连续 3 张同视角的模型过程图，还原并解释了设计的操作推进过程，也在时间维度上提供了设计前后场景的对比效果。

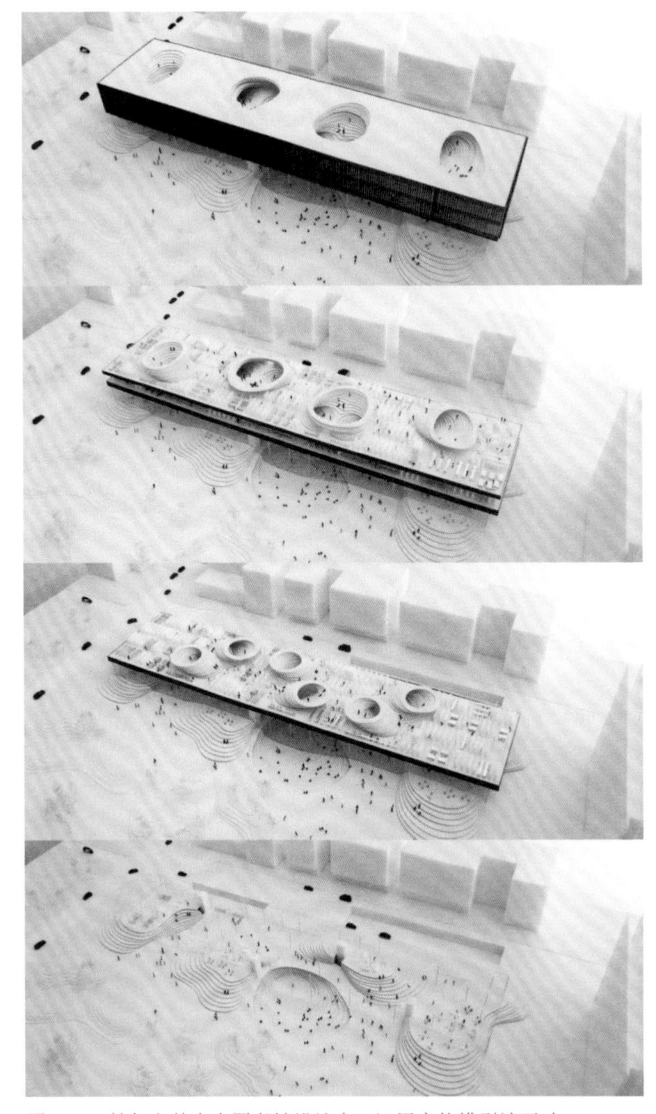

图 2-89 赫尔辛基中央图书馆设计中，运用实体模型演示建筑形态的生成过程

图 2-90 山本耀司品牌旗舰店设计，借助模型表达“空间缝合”的设计理念

（4）成果模型

成果模型是用于展示最终设计方案效果的模型，可以是按比例制作、细节翔实的写实性模型，也可以为表现设计特点的概念性模型。无论以何种方式表现，不仅要关注成果模型中建筑的比例、体量，同时还要细致考虑以何种方式表现场地景观。例如，某个建筑设计的概念是与场地周边的某个重要景观要素呼应，那么在最终的模型环境中，就需要将这一个环境要素的表现纳入模型场景之中，以表达建筑与环境的关系。操作过程中，要注意主体设计对象和周边的背景环境，二者在细节刻画程度上需有所区分，环境模型需要适当简化。

如图 2-91 的社区微中心设计方案，地块位于一片多层高密度社区之中。设计方案通过白色聚氯乙烯板材对形态空间进行了细致的表现，而周边的环境建筑，则用半透明磨砂材质，仅需表现基本的环境尺度和密度特征，较好地衬托出设计对象。

图 2-91 社区微中心设计

木质板材和白色聚氯乙烯材质是建筑和城市设计成果模型表达常使用的材质，二者搭配使用效果素雅柔和，且能较好地刻画设计对象细节。如图 2-92 的济南商埠区城市新设计表现模型，运用了素雅的木材对设计地块的建筑体量、形态和场地关系进行了细致表现，周边现状环境建筑则使用白色聚氯乙烯简化表达了体量和肌理关系。

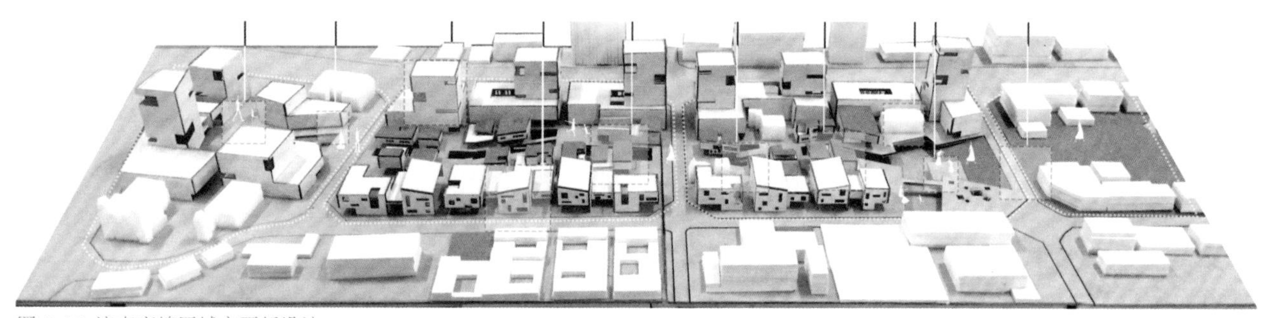

图 2-92 济南商埠区城市更新设计

（5）模型 + 电脑分析

建筑实体模型可以通过多样的材质和光线表达有触摸感的形态效果，但更多是用于形体及整体环境的展示表达。将建筑模型与手绘或电脑模拟场景，通过多种方式进行融合——比如鸟瞰图表现、场所环境分析、功能解析等，可以达到新颖有趣、活泼生动的表达效果。

图 2-93 城市边缘区社区活动中心设计

①成果模型表现

对于实体模型的表现,出于出图效率及表现效果的考虑,常会依托主体模型,利用 photoshop(ps) 等软件处理光影,并添加各类配镜素材。如图 2-93,将木质建筑模型照片导入 PS 后,叠加数目及任务素材,丰富了场景,明确了空间尺度。

②实体模型分析

对于设计方案的分析,采用"实体模型 + 后期软件",也会取得不错的效果。如图 2-94 将展示建筑内部空间布局的实体模型、软件与周边场地环境的线框模型结合。而图 2-95 的城市设计场地分析则是将场地模型照片作为分析底图,在其上叠加各类线型和文字,以表达建筑功能、交通流线、开放空间等。叠加的分析内容采用白色线条,以保证作为主体的设计模型的清晰完整。

基于实体模型的建筑分析图,也可以根据分析内容的不同类型或层级,分步骤、多角度地展示分析信息。如图 2-96 是对某建筑单体方案景观视线、交通方式等方面的分析。白色背景清晰地衬托出素雅的木质模型,其他各类分析信息以灰色文字及彩色线型予以标示,简洁且易于读取。

图 2-95 济南商埠区城市设计,对于场地空间及交通的分析

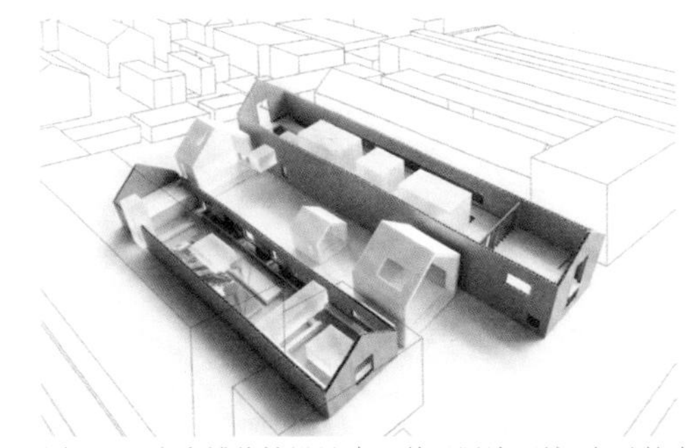

图 2-94 泉水博物馆设计中,基于周边环境 鸟瞰的内部空间分析

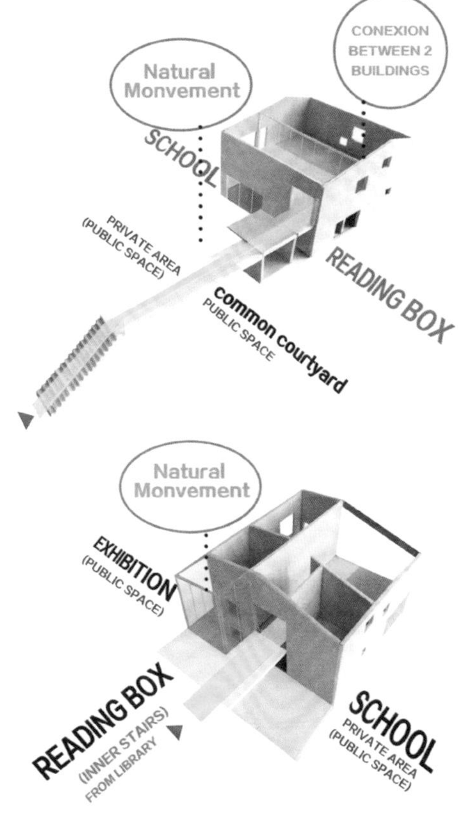

图 2-96 城市边缘区社区活动中心设计

③多方案比选

由于模型具有视觉直观和操作便捷等特性，常用于设计前期的多方案比选。设计初期，脑中虽有一定的设计概念，但对于具体的形态效果感知较为模糊，尤其是将感性的二维设计构想转换为可以被量化的三维形态体量。而此时借助易于加工的材料（如泡沫板，PVC 等），迅速地对方案设想进行模型操作，并通过多模型比对的方式，能够快速有效地严整设计构想，明确设计方向。

图 2-97 为某一城市综合体设计初期的总体布局推敲。将项目的总面积按照一定比例分解为相同的泡沫条块，结合基本的环境条件、功能要求及总平面构想，进行不同的组合而生成多个方案供比选。且由于模型本身由单元模块拼合，便于在操作过程中及时对已有方案进行调整。

（6）模型制作工具及材料

大部分针对设计方案表达的模型制作，不需要借助特别专业的设备工具，生产逼真且精确的成果模型。作为设计表达的一部分，尤其是当模型成为一种图式语言存在的时候，我们只需要运用一些基本的工具和材料，如刻刀、钢尺等，以合适的方式构建能够表达设计构思的实体模型语言。

对于模型材料的选择与模型的制作速度，与不同设计阶段的要求及模型的表达理念相关。制作充满细节的“真实”模型和概念展示模型，会选用完全不同的材料。“真实”模型常倾向于对设计构思所包含的材料质感和细节尺度进行展示，近乎反映建筑的实际完成效果（虽然往往事与愿违）。而纸板、木材和泡沫类材料制作的模型，更适宜表现概念性展示模型。有时候，为了保证模型效果的整体统一，会选择质感和色彩协调度较好的不同材料代替真实项目选定的材料。比如，用半透明的磨砂塑料板代表水体，有一定反光度的板材代替实际的金属材质等。

除了设计项目自身的材料外，也需要考虑基地周边环境和建筑肌理的材料选择，尤其是标称城市整体空间效果的城市设计类项目。表现环境背景时，通常会选用与项目有所区别，但反差不过于强烈（除非特定的表现目的需要）的材料，比如设计的建筑用白色 PVC 板表现，周边的环境建筑采用浅色的木板材料。而且在制作周边的环境肌理内容时，不需要体现过多的形态细节，以免喧宾夺主，影响设计主体的表达效果。下面列举几种常用模型材料，对其特性和适宜的表现方式进行简要说明。

纸板：重量轻、易于手工切割的纸板，或许是实体模型制作的“万能”材料。表面平滑或带有一定纹理褶皱的纸板材料，可以用于表现建筑的墙体、屋顶、地面和周边环境建筑等各个方面。

泡沫板：轻质且具有多种厚度的泡沫板，因其操作简便、体块感强、易塑形的特点，较适宜前期概念展示、设计过程中的形态推敲及后期的环境建筑表达。比如简单的几何形态推敲，具有高差的地形表现，环境建筑的体块表现等。

木材：与纸板类似，木材也是一种适用范围较广、质感色彩表现效果温和的材料。木质材料可以与很多其他类型材料（如纸板、金属和透明材料等）组合使用，能胜任从建筑构造细节到整体城市场景表现的各个方面。而且，木材本身也具有多种不同的色彩和纹理，常用于同一建筑不同界面材料纹理的效果表现中。

透明材料：（如亚克力）分为透明和半透明磨砂两种类型，能够表现建筑的玻璃界面及场地的水体元素，有时也会制作整体模型以体现特定的设计构思。因其透明的材料特性，尤其是配合自然或人工光源使用时，能表现独特的界面光泽和空间光影效果。日本建筑师妹岛和世在其成果模型中常会使用质感不同的透明材料，表现其轻盈飘逸，与场地融合的地景建筑的形态特点和自然柔和的光影特征。

金属：铝板和钢材构件是常用的金属材料，恰当运用会使建筑具有独特表现力。尤其在表现工业建筑等某些类型的设计项目时，能够出色地表现结构的美感及质感。但手工切割有一定困难，该类材料更多用于最终的成果模型表现中，而设计的过程性操作中运用较少。

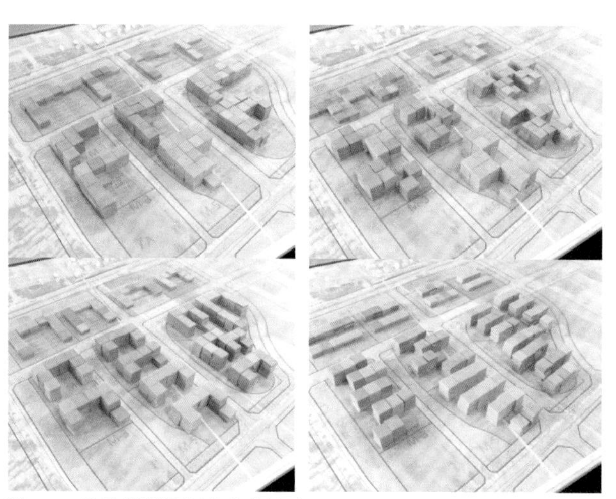

图 2-97 体块模型进行多方案比选

2.1.3 设计后期——成果表达阶段

成果阶段的表达图式，更多是对于各个方面方案结果进行分析和效果展示，如功能布局、流线组织、景观视线、形态效果等，涵盖了方案成果从整体到细节的各个方面。表达效果在满足生动全面的同时，对图形绘制和信息表达的准确性有着较高的要求。常用图式以经典技术性表达为主进行展示，如平面图、立面图、剖面图、轴测图、效果透视图等。需要注意的是，虽然成果图式需要全面完整地反映设计成果信息，但依然需要通过对比或强调的方式，突出设计理念和方案特色，不要面面俱到地“为了绘图而绘图”（图 2-98）。

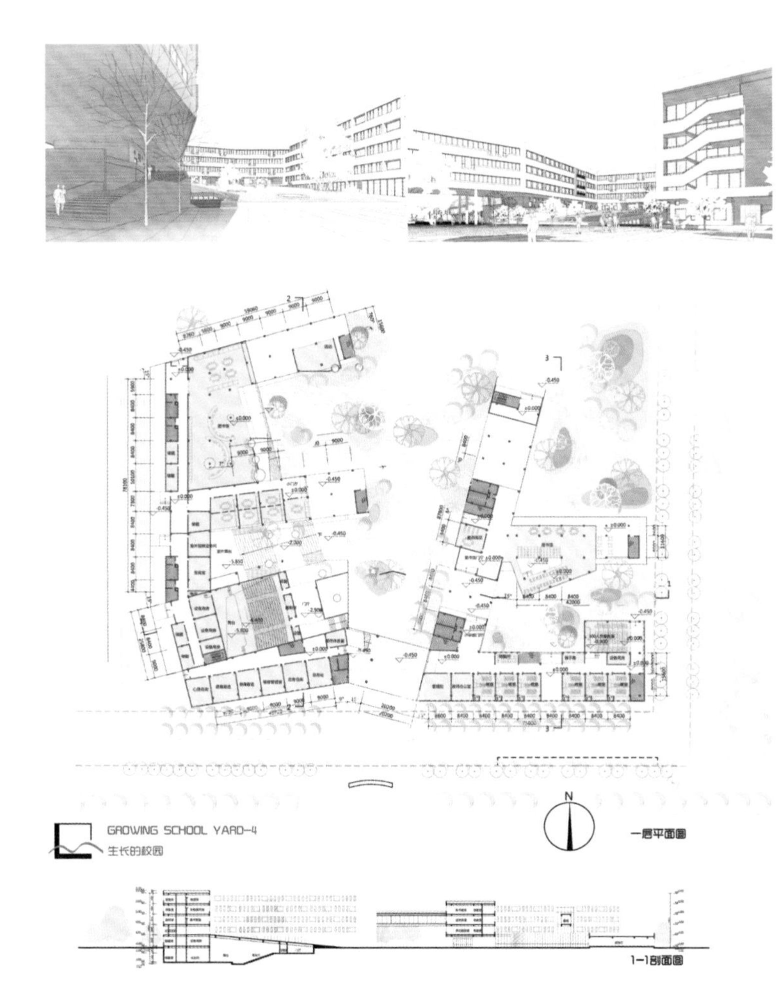

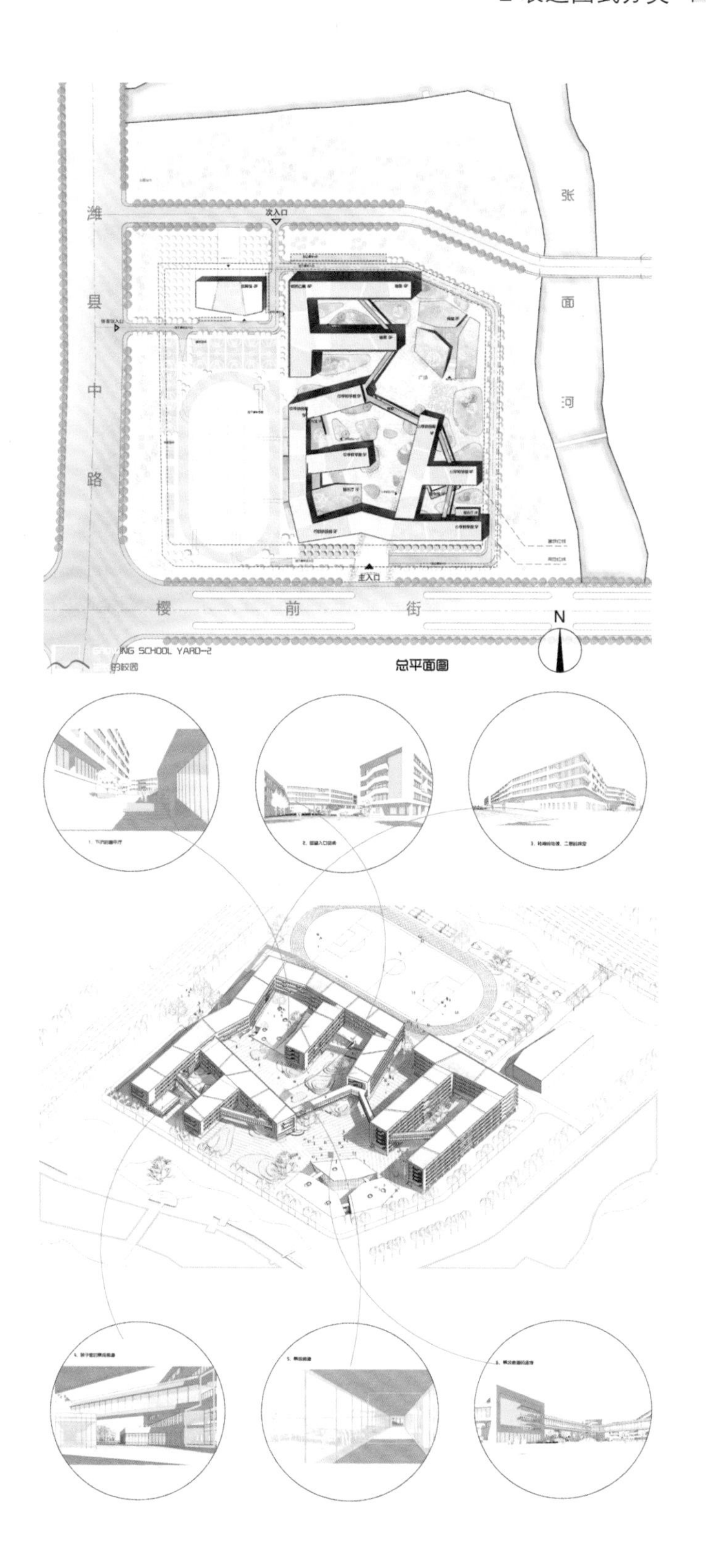

图 2-98 潍坊翰声国际学校设计中，用于设计成果表现表达的各类图式

1）平面图

平面图式是一个三维建筑空间在水平层面的二维正投影图，作为建筑设计最主要的技术表达图之一，在方案设计及工程施工阶段有着广泛使用。按比例绘制的平面图，主要用于表达建筑内部功能组织及室内外空间布局，可以说是最为基本的设计内容表达及表现图式。

一般来说，平面图分为方案表达图和工程图两类，各具特点。设计方案图主要展示设计理念、平面空间关系、基本功能布局及建筑与场地环境关系，因此需要简明清晰地表达空间要点，其对表现形式及视觉效果要求较高，且表现方式多样，有较强的灵活性。

这里讨论的平面图式更多是以方案表达为主，绘制的时候需要准确理解建筑内部不同空间之间、空间与结构之间、内部空间与外部环境之间的相互关系。当平面的基本布局完成后，往往需要对各个功能空间进行细节刻画，如添加家具、门窗等元素。在准确、深入绘制平面图的同时，需要结合方案特点和表现形式，借助不同手法提升图式视觉表现力，以便突出空间特色以及主题概念。内容直观易懂，图面表达清晰，信息相对完整准确是其原则。

在绘制平面图的时候，需要注意几个方面。首先，务必清晰绘制平面图元（如墙体、门、窗、卫生洁具等内容），它们是描述平面布局的基本元素，极大简化了图面内容，同时移除了那些非必需的平面标注和细节解释性文字。其次，平面图应该将指北针表示清楚，以便读者能够借助朝向理解其与周边环境的关系，以及日照对不同建筑室外空间的影响。再次，绘制多个平面的时候，各平面要统一朝向（指北针为准）和比例，便于读者通过比对的方式连续读取完整的平面信息。最后，在满足前两条的条件下，平面图有多样的表现形式，需要根据方案的特点和表达意图创造新颖独特的风格样式。

（1）表达空间关系

一层平面图作为最为重要的平面类型，主要揭示室内外空间关系、室内空间布局、建筑的进入方式以及建筑周边环境等信息。因此，在制作首层平面图时，不仅要细致刻画室内的平面细节，而且需要同步完善室外场地的环境塑造。

图 2-99 为某学校设计的一层平面图，其在空间表达及图式处理方面有以下几个特色。首先，设计者通过灰色系材质将室内外明显区分，外部场地叠加了纹理图案及丰富的绿植配景，建筑内部空间则留白处理，内外空间通过对比生成边界。其次，强调室外场地自由流动的空间特征，灰色材质的室外场地贯穿于半开放的庭院及外部空间，亦聚亦透。再一方面，留白的室内平面通过合理的布置使家具的线性淡显，丰富而不杂乱，突出了功能布局表现。

图 2-99 某学校设计的一层平面内部空间划分和外部场地环境的刻画

图 2-100 的内部空间和外部场地环境的表达饱满立体，仔细看来，其实是设计者将二维的首层平面图，与具备阴影关系的总平面图进行了叠加。首层平面内部空间布局的表现平实而不冗杂，基本的功能组织清晰简明。而外部环境因为填充了冷色调的各种铺地图案，并利用阴影表现了场地的高低关系，因此层次丰富且整体色调协调统一。

（2）平面功能布局

平面图的另一种表达方法则是对室内进行处理表现，相对弱化外部场地内容，重点表达室内的空间布局和联系。

如图 2-101 的某办公建筑平面图，室内空间除了绘制摆放家具设施的细节外，还通过色块区分不同功能分区绘制。而外部场地则只运用单线对场地和绿植进行了简单标识，从而突出了内部空间信息。

平面图中某些特色空间及场所，可以通过特殊的表现手法进行个性化表达，以强调平面空间设计的特点。如图 2-102 的林堡博物馆设计平面图，对于平面中核心空间的表现，设计者采用“色彩反相，黑白反转”的方式，与周边线型形成强烈的视觉反差。一黑一白，巧妙地强调了核心场所的位置及布局特征。

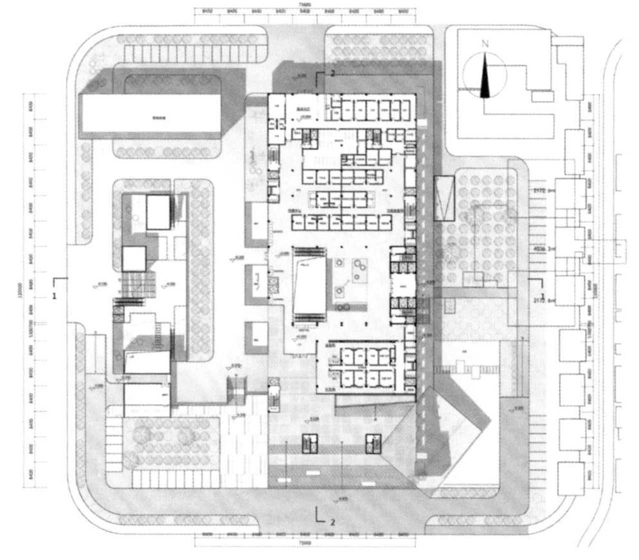

图 2-100 平面图叠加阴影效果，增强内外空间的立体感

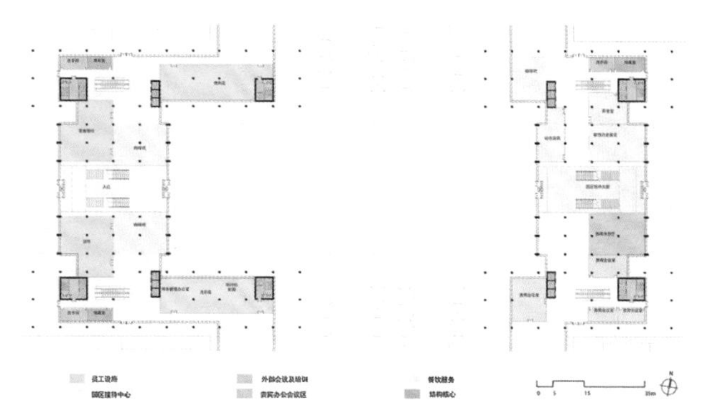

图 2-101 平面图中运用色彩，强调室内空间的功能分区

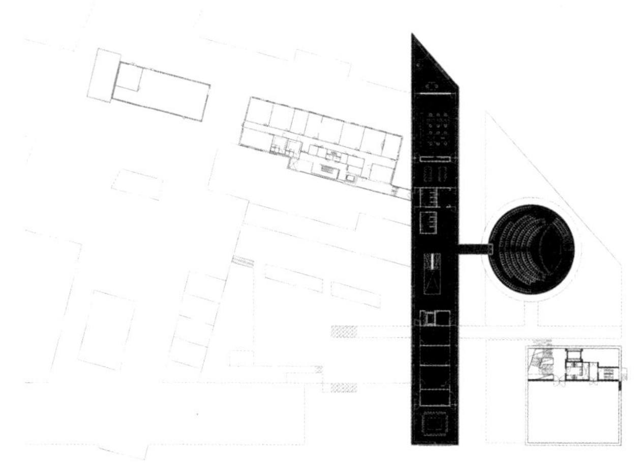

图 2-102 林堡博物馆设计，通过“黑白反转”的方式强调核心区域的空间特征

图 2-103，也是通过对室内平面进行色彩填充及布置家居设施，同时弱化外部环境场地的方式，区分室内外空间。黑色填充的墙体添加了阴影效果，强化了室内外的空间边界，室外场地布置仅使用了有微弱纹理变化的淡显铺装和配景树，丰富但不会抢了平面主体的风头，这样整体可以突出设计和功能而不显烦琐。

2）立面图

在建筑表达图式中，立面图主要是用于描述建筑或空间的外部垂直界面，或者场所内部的竖向界面。一般来说，大多数设计师都是通过绘制平面启动设计进程，然后再进行立面绘制。作为建筑内外空间的转换界面，立面的绘制过程始终伴随着平面的不断更新，并最终表现出建筑的内部空间与外部形态的联系与互动。立面的表现形式丰富多样，其主要表达建筑外部竖向界面的各种构件元素（如柱廊、阳台等）、色彩和材质，以及形态的凹凸变化所产生的光影效果（图 2-104）。

作为建筑的“表皮”，很多表达建筑立面的图式都会将其与周边环境一同进行表现，以体现建筑立面的形态语言或材质与环境的关系——体量和尺度是否与周边建筑等环境要素相协调，材质的选取是否与环境协调，立面形态的起伏变化是否与周边形态要素保持一定的节奏呼应（例如建筑天际线）等。如今，几乎所有优秀的建筑立面表达图式，都会将立面图置于设定的背景环境中，以便于读者能够理解设计者的构思意图。因此，在进行立面设计和表达的时候，需要仔细考虑建筑材质的使用，形态体量与其所处位置环境的关系，在清晰表现立面效果的同时，能够将外部环境一并表达。

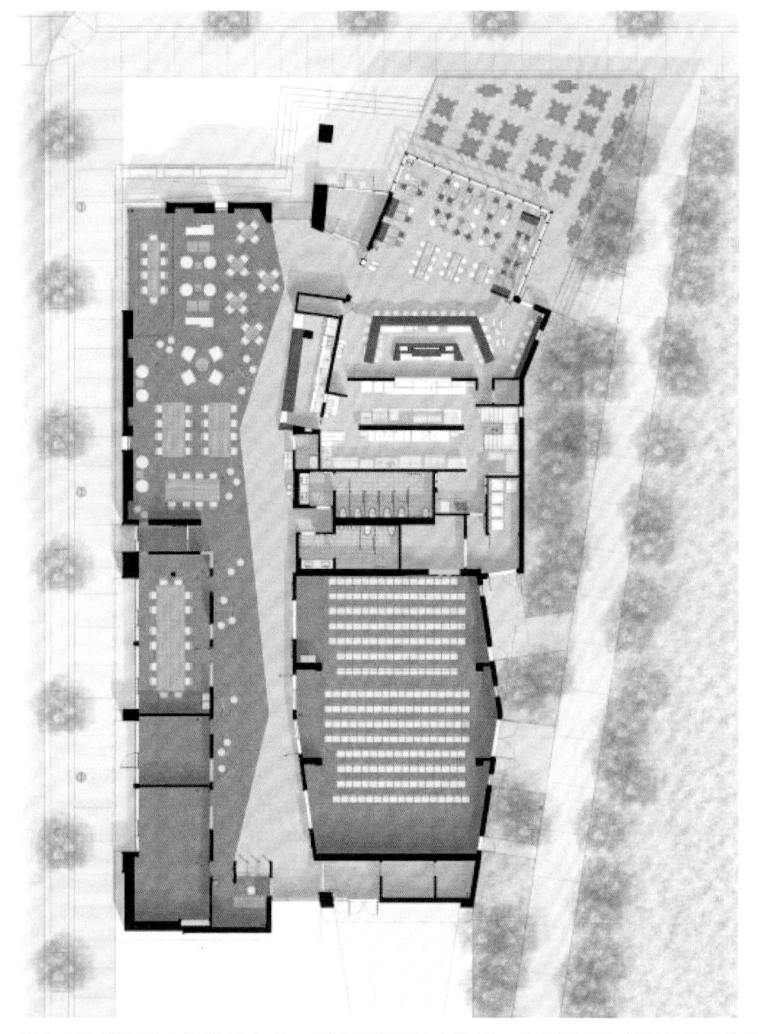

图 2-103 通过增加阴影的方式，增强了平面的立体感，并强调了内部空间的层次感

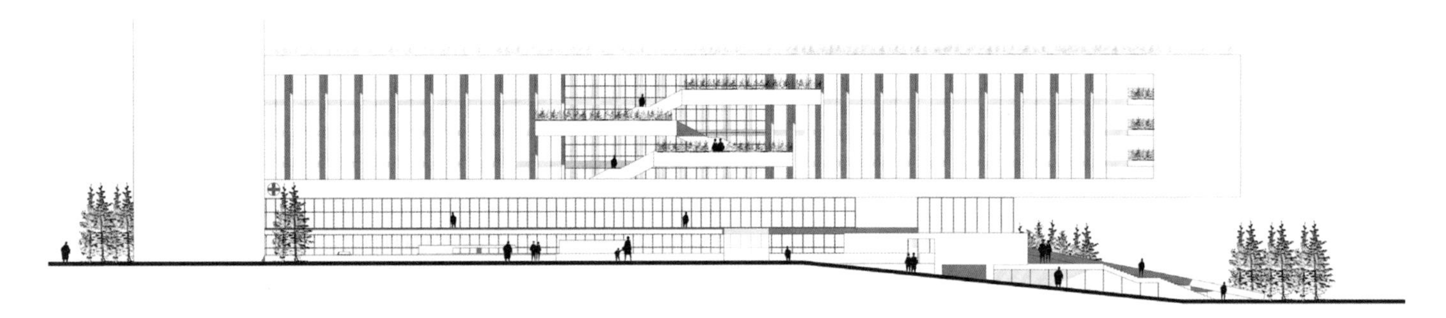

图 2-104 线框图叠加阴影和配景，是表现立面图的常用方式

对于道路两侧建筑界面的尺度表达，单一视点的立面图难以双向表现，若采用“折叠镜像”的方式，在同一张立面图中，可以展示街道两侧的渲染建筑界面，表达方式新颖有趣。图 2-105，, 便是将道路两侧相对的建筑立面，以道路为轴线展开，借助水平二维图形呈现竖向截面的空间形态尺度。

图 2-106 用实景图片拼贴出城市空间立面，展现了真实的空间图景，但真实的场景往往无法准确传达空间特征。因此，能够表达城市垂直界面前后层次与高低起伏关系的线框彩图，作为立面的另一种表现方式，对城市的空间层次、天际线等要素进行了抽象表达。

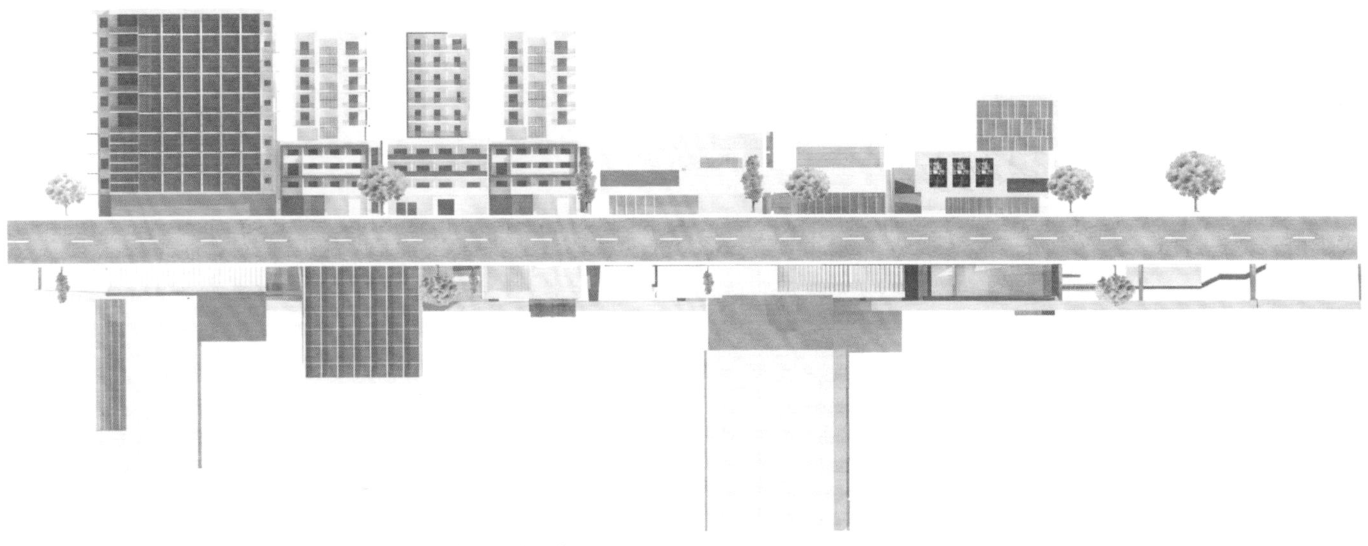

图 2-105 “折叠镜像”的方式将道路两侧建筑竖向界面进行水平展现

图 2-106 重庆滨江城市界面的实景图与立面天际线变化

3）剖面图

一幅优秀的剖面图作为独特的技术表达工具，可以帮助我们在水平及竖向两个层面理解建筑材质、结构、构造和建造逻辑。垂直剖切，再结合人体及内部家具等设施的表现，能帮助确定建筑的尺度和比例。而作为空间表现图式，剖面图式更像是设计说明书，包含强烈的叙事性，常会展现人与人、人与环境空间互动的各类场景，同时也揭示了建筑周围的城市语境（文脉）、与场地的结合方式（地形）、外围和内部结构（剖切部分）、室内空间的视觉效果（内部）。

与侧重于水平层面空间布局的平面图相配合，更多的空间细节如楼层高度，门和窗的尺度样式，垂直空间的连通及分隔方式等都可以在剖面图中被描述。

大多数情况下，剖面图需要借助平面图进行定位和选取。一般而言，剖面应从平面图中空间相对复杂有趣、最能体现空间设计理念的部位选取。

（1）二维剖面图

作为最为常见和基本的表达方式，二维剖面图主要表现建筑内外空间的尺度（高度）、结构做法、功能布局等内容，然而相比透视图，剖面的立体感则稍显不足。早期的剖面图更多地在于建筑的技术性表达，如结构体系、室内标高及竖向功能布局等，且以黑白灰为主（图 2-107）。如今，剖面图常将建筑与场地放在一起表达室内外的空间环境关系。此外，通过多样的色彩搭配、对光线的表达、渐变的光影、强烈的明暗对比以及对丰富的配景衬托，剖面表达出了丰富的立体空间变化和纵深感。很多情况下，甚至取代了透视图，也为作品增加了几分高品质的气息。

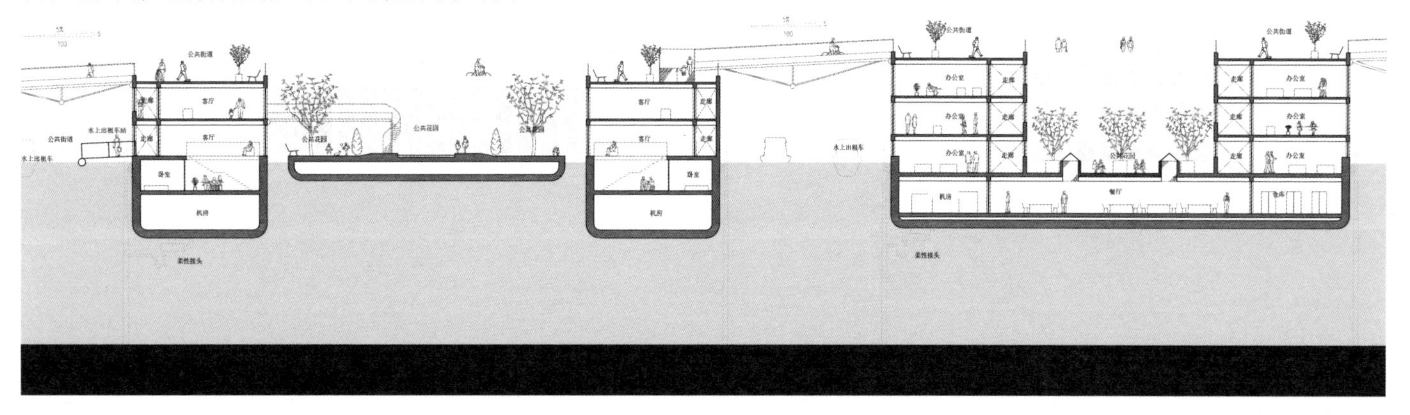

图 2-107 “黑白灰”表现的二维剖面图，通过细致的线型绘制、灰度填充、配景素材搭配等方式，表现建筑内外空间结构做法、空间尺度、功能布局、环境特征等内容

（2）剖透视图

剖透视图作为独特的剖面表现方式，是将二维的剖面与三维的室内外透视图画法相结合，极大提升了剖面图的表现效果。无论是单独的建筑剖透视图还是结合场地的剖透视图，都融合了透视与剖面的特点，通过丰富的三维场景及更具层次感的空间，展示建筑内部空间的使用方式，使得方案的空间表现更为生动。

无论是二维或者三维剖面图，图面增加人物、配景和家具等内容不仅可以丰富图面信息、增加故事性，而且其作为重要的尺度参照元素，可以直观生动地传递剖面空间和场地的尺度比例，增强方案的说服力和场景的即视感。

图 2-108 为“生产性要素介入”的绿色居住建筑内部空间的剖透视图式表达，此图的表现重点在于内部丰富的公共空间层次与生态绿化要素的互动关系。结合室内空间的绿植系统，配以左侧的功能符号图例，清晰地表现了多层次的建筑竖向种植空间。此外，作为场景表现的剖面图中添加配景人物或植物等，能很好地反映建筑尺度，甚至不需要尺寸标注。尺度的变化通常需要通过剖面上被剖到的墙体来体现，封闭的办公空间、共享庭院或顶部出挑的灰空间，功能不同，形态就不同，形态有差别，会导致墙体的形式及围合方式的变化。

图 2-109 泉水博物馆设计中的剖面透视图，更像是展示内部空间的一点透视图，丰富的场景环境配合灰色材质和光影，渲染出独特的场景氛围。相比于透视图，剖透视图能够同时展现内外两个空间层次，结合光影效果，极大地提升了图面表现力。

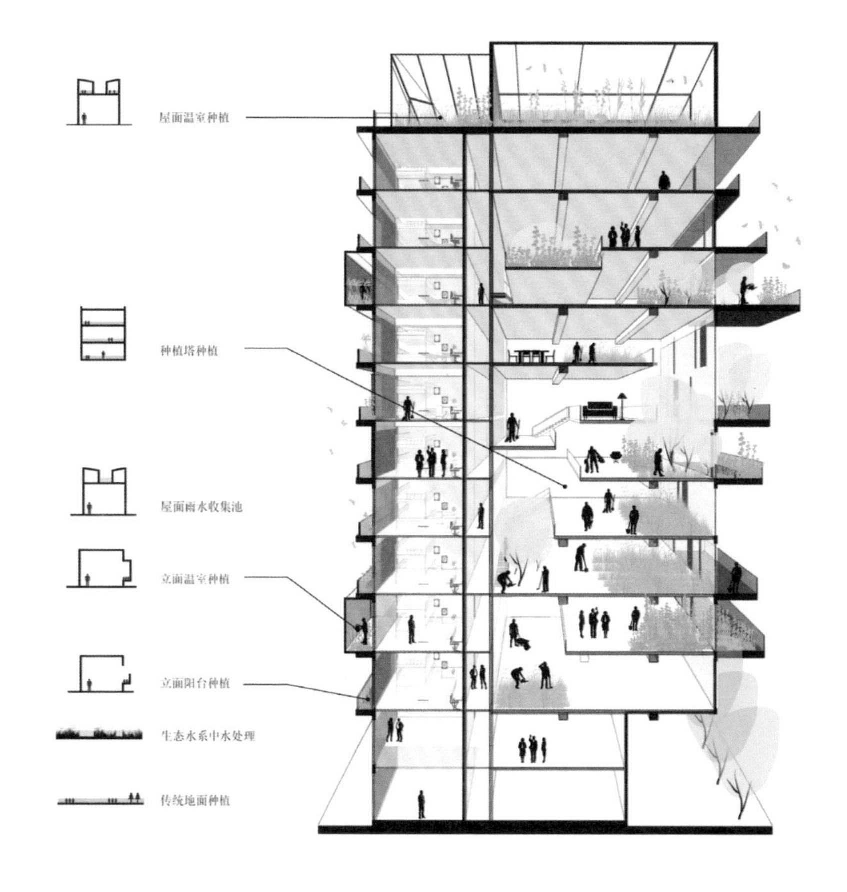

图 2-108 剖透视图展示“生产性要素介入”的绿色居住建筑内部空间

2-109 泉水博物馆设计中，建筑剖透视图所展示的丰富的空间层次和场景细节

与图 2-109 类似，剖透视图 2-110 也是借助丰富生动的场景，而非文字或符号标注，表现建筑内部功能属性和空间细节。如沙发及办公桌侧场景表现的办公空间，书架表现阅览区，汽车所表现的地下车库区等。较之文字，其对功能分区的展现更加饱满立体，说明也较为细致生动。

①空间光影

剖面图也常用于表达空间光影环境的处理，从细节角度考虑空间与人的视觉互动。自然光（尤其是天光）的形式多种多样，类似尺度的空间，洞口或窗户的形式及尺寸不同，空间感受就截然不同。即使形式和尺度相似不变，但空间尺度和受光的位置不同，感受也会迥异。

除了常见的电子模型剖面，手工模型也是表现光影效果的独特方式。图 2-111 的手工模型剖面图模拟了不同的洞口形式，在不同类型的空间内所产生的不同自然光线效果。而图 2-112 是利用模型剖面图结合素描图的方式，利用剖面展现出在相似的空间里，不同的开窗形式所产生的不同光影效果及角度。相同视角的多个手工模型照片，不仅通过动态的对比性阐释了所要表达的核心问题，且手工模型结合真实光线的方式，具有极强的真实感。

图 2-110 剖透视图表现的高层综合体内部空间

图 2-111 南京大学文艺馆设计，利用手工模型表达中庭空间天窗的光影效果

图 2-112 借助纸板剖面模型，对比展现不同的洞口尺寸所产生的光影效果

②环境场地

对于建筑空间的描述，经常会说外部公共场所是室内公共空间的延续，建筑剖面图便可以较好地体现内部空间与外部场地地形的互动关系——室内的功能空间不是完全封闭的，室外场所也不仅仅是开放的景观空地。

图 2-113 的剖透视图的亮点是建筑底部空间的表达：底部跌落的结构形式顺应了斜坡场地的地形关系，且通透的玻璃界面是联系前侧水体景观和后侧道路界面的视觉渗透关系。大量的人物配景及其活动方式体现了空间形态的多样性，背景的树木等配景很好地渲染了整体的环境氛围。

很多情况下，包含建筑的场地剖面图，除了建筑外部轮廓形态表达，重点是对于建筑外部竖向界面和场地水平地面所形成的室外街道空间的场景表现。图 2-114 是依托剖面简图，将建筑和场地作为载体，反映不同类型交通方式在场地中的布局形式及对于道路的占用状况。图 2-115 的街道剖透视图更多的是体现了街道空间的边界形态，弱化的建筑形体细节反衬出丰富的室外场地配景及人群活动方式，营造出了多样的室外空间效果。

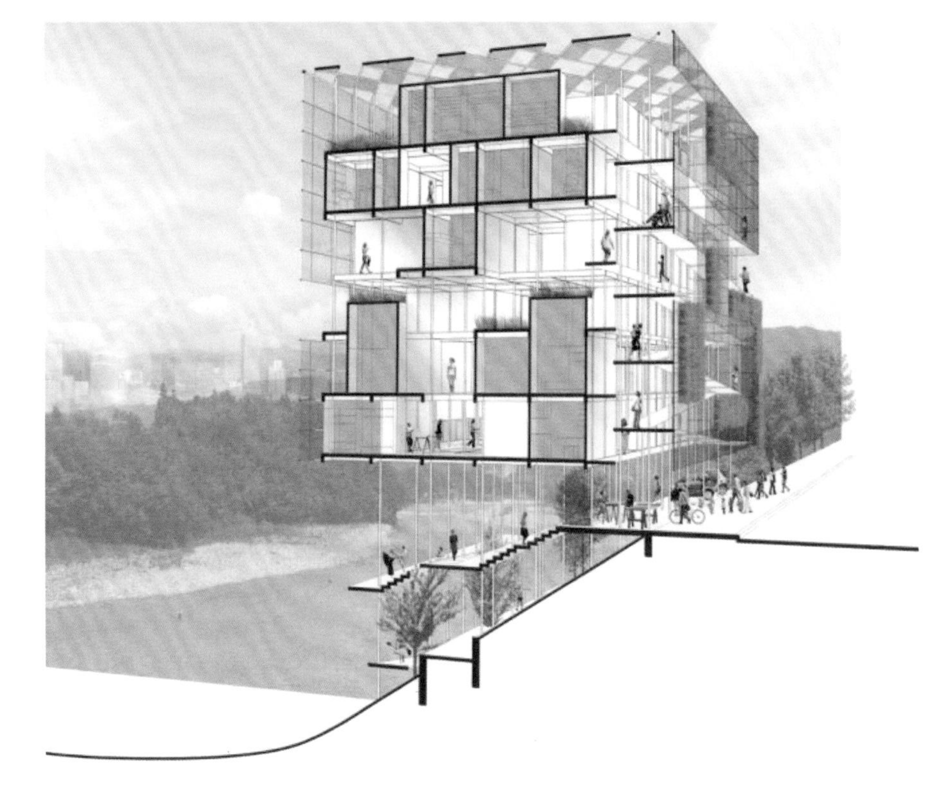

图 2-113 剖透视图表达建筑与环境地形的交接关系

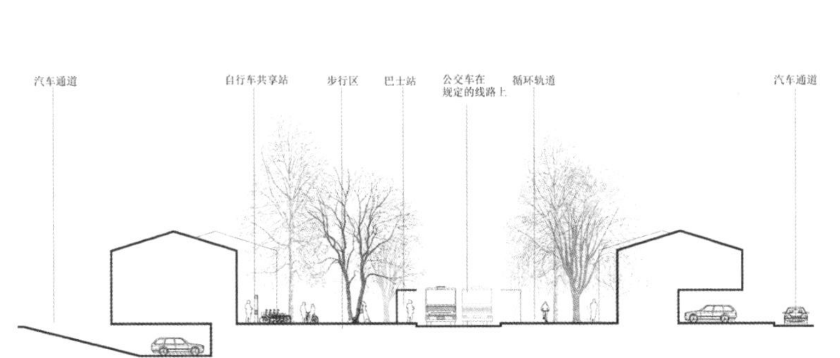

图 2-114 道路剖面与场地交通设施

图 2-115 街道空间的竖向建筑界面及人群行为表达

③生态要素

很多绿色建筑设计中，对于生态技术策略和空间做法的表达，都是借助剖面图实现的。在剖面设计中结合地域的气候条件及场地环境，可以很好地反映建筑的内外空间与物质循环、能量、水、风等生态气候因子的动态关系。如图 2-116，细节丰富的浅灰色室内剖透视图作为背景，很好地衬托出表现日照及气流的彩色示意箭头元素，直观地展示空气的流动状态和路径以及与室内空间进行构造的密切关系。

图 2-117 中表达了与山体地形相适应的跌落式建筑形态对雨水的收集循环利用技术分析。代表水体的蓝色点、线、面等元素，在黑色线框剖面简图中，清晰地展现屋顶界面作为水体收集的主要场所及位于建筑下方的地下技术设施布局状况，而且在竖向层面中表达出整体的水循环处理系统的运行机制。这些内容是在平面及立面图中所难以表达和阐释的。

④理念阐释

剖面图也常出现在设计初期，通过多样的表现形式，表达阐释设计的构思理念。图 2-118 的设计方案形成概念——建筑的形态生成与地形结合、延续场地轮廓的走向趋势结果，设计师借助 6 个抽象剖面简图，将构思的过程生动有趣地展示出来。

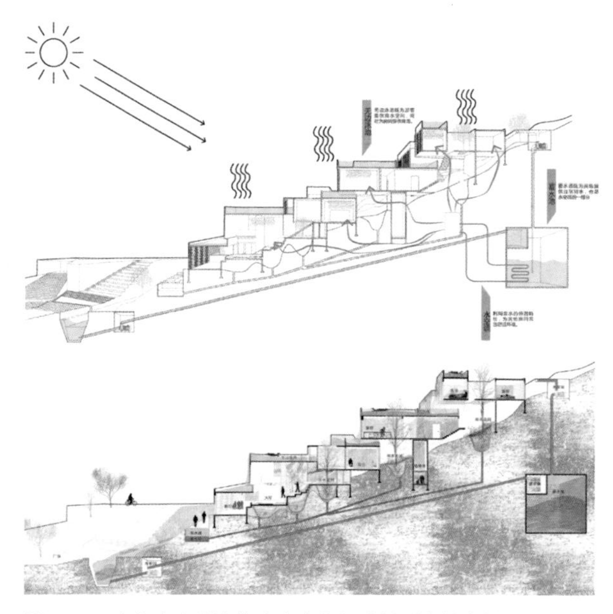

图 2-117 水体生态设计策略在建筑场地剖面中的表达

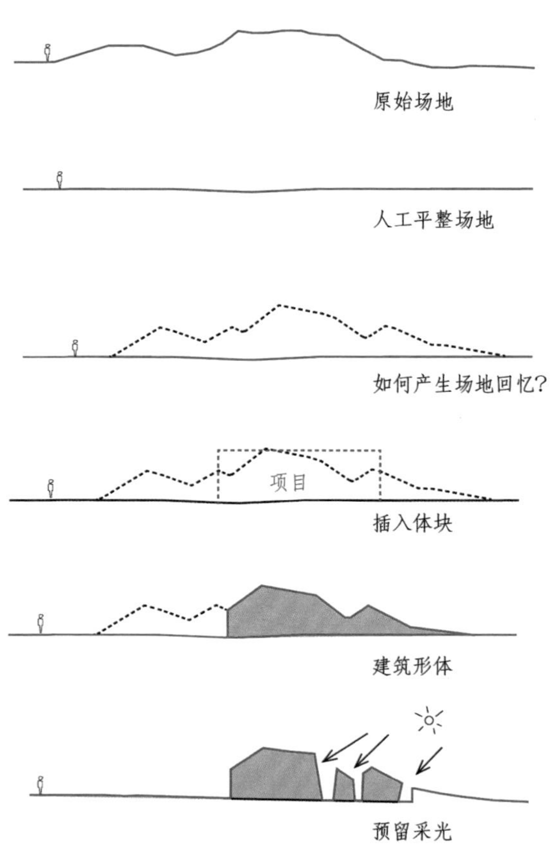

图 2-118 运用剖面图式，表现基于地形特征的建筑形态生成过程

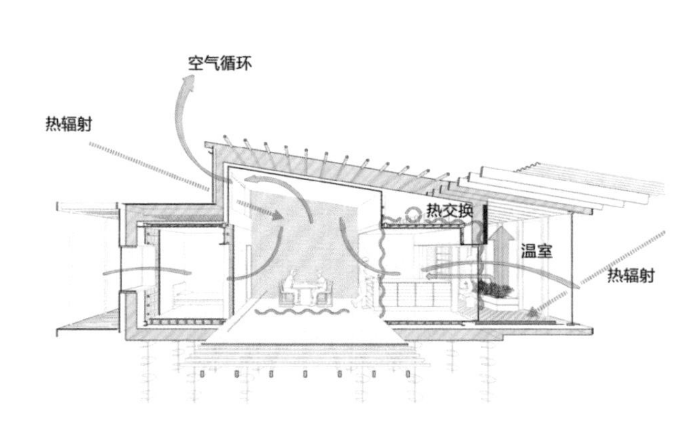

图 2-116 剖面图表达建筑内部空间设计中运用的被动生态技术措施

（3）结构剖面

最初用于建筑工程图纸的剖面图，主要是表达建筑垂直空间的尺寸及节点的细节构造做法，实用但表现形式单调枯燥。因此，建筑的“结构剖面图 +PS 剖面空间表现图”便应运而生（图 2-119）。作为剖透视图的一种，它结合了效果图对于空间氛围和场景材质的表现，同时清晰传递了建筑结构的做法特征，极大地提升了剖面构造图的表现效果。需要注意的是，处理此类剖面图式要避免表现部分喧宾夺主，注意其与剖面构造的协调与平衡。

将渲染模型局部剖切，以特定的透视角度进行展示，虽不能反映结构的细节做法，但在展现结构构造的同时，可同时显示与结构相关联的室内空间效果及建筑立面形式，生动地描绘了结构、内部空间及外部界面三者之间的相互关系（图 2-120）。

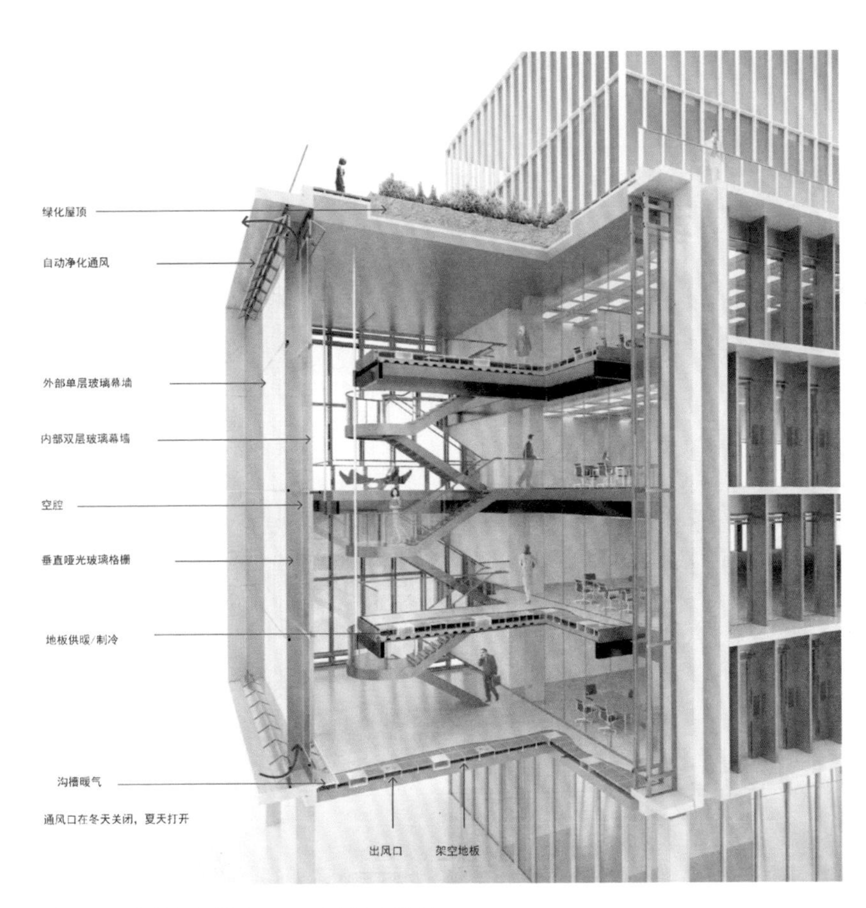

图 2-119 轴测剖切图展示建筑内部空间设计

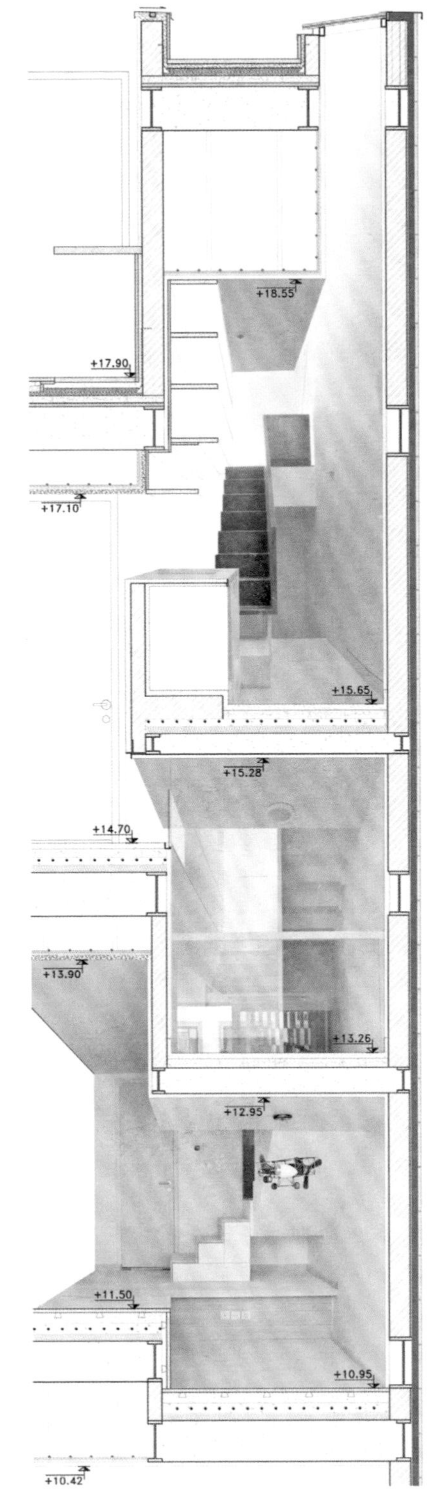

图 2-120 结构剖面结合剖透视图，表达建筑内部空间结构关系

（4）连续剖面

在表现建筑空间的线性序列变化及对比时（展览馆、博物馆等文化建筑居多），往往会按照假定的参观者运动路线，连续截取多个剖切面（多为轴测剖透视），从而分析（对比）在动线上出现过的空间类型，这就是连续剖面。这类剖面图式，通过多个静态的剖面图表达出动态的空间变化效果，能够依据设计者既定的设计路径，以较强的节奏感，完整地展现内外互动式的空间场所全貌。

图 2-121 便是将建筑轴测模型，沿设定的路径切割为多个连续的剖面场景。不仅可以展示不同位置丰富的室内空间层次，还能将不同的内部功能空间进行对比展现，同时也将局部空间与建筑的整体形态时刻关联，局部表达与整体表现得以统一。

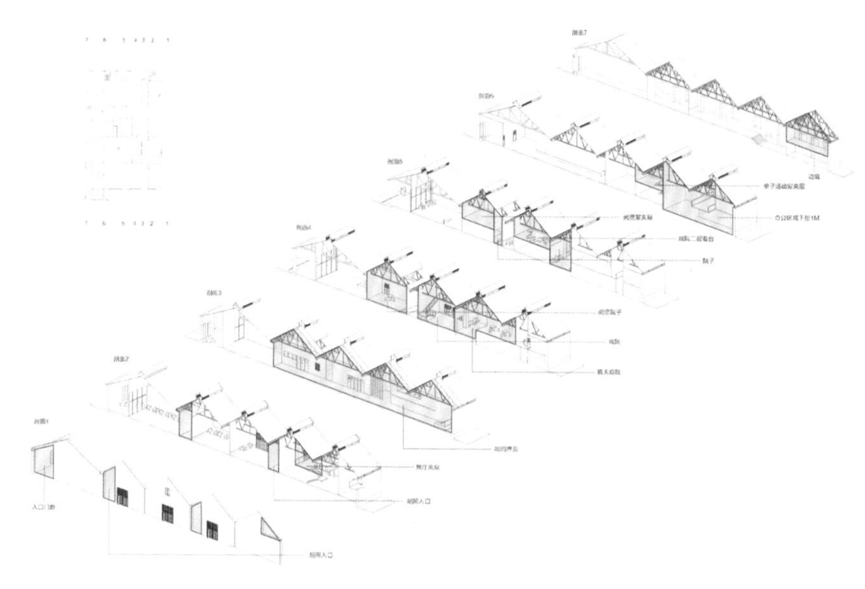

图 2-121 连续轴测剖面展示多样的建筑内部空间序列及功能

（5）剖面模型

竖向切割的模型也可以作为剖面表现形式，以更具“触摸感”的方式直观表达建筑内部空间。如右侧的两个成果剖面模型所示，按一定比例制作的物理模型，结合家具和人物配景（抽象或具象材质），不仅易于表现楼板分隔形成的室内空间尺度和层次，而且还可以呈现出生动的光影效果。

图 2-122 侧重于通过模型剖切结合配景素材表现建筑内部的空间层次，而社区微中心设计（图 2-123）则同时剖切室内空间及外部庭院，表现内外的空间关系。模型剖面的重点是表达内部或内外结合的空间关系，注意模型的材质选用要素雅，色彩简洁，体现尺度的配景不要过于复杂，以免影响空间表现的整体性和协调性。

图 2-122 剖切实体模型表达建筑内外空间关系

图 2-123 剖切模型表达庭院环境

4）总平面图

总平面图是描述和展示建筑屋顶界面及所处地块的环境信息的图式，包括建筑屋顶界面的形态、建筑朝向、周边建筑的平面形态和功能、交通流线（机动车、步行和公共交通等）、景观绿化、地形特征（平地还是坡地）等。作为最为重要的建筑成果表达图式之一，总平面图描绘了设计师对于项目选址、平面基本形态以及与地形环境、周边建筑、道路等要素的分析。总平面图多为二维图式，但表现形式多样，既可以是偏中性的黑白灰冷色调，通过深色的光影效果体现建筑屋顶界面与环境关系；也可以通过弱化建筑本身而强化表现周边场地环境的方式，突出环境特色并表达与环境融合的设计理念。

无论何种方式，设计者都需要清晰表达重点，以选择合适的表现形式进行总平面表达。此外，总平面图中还需要通过文字或符号说明周边建筑及道路信息（建筑功能、层高或高度、道路名称等），标注指北针以标明建筑朝向，设定比例尺或常用比例（1 ∶ 2000，1 ∶ 1000，1 ∶ 500 等）示意场地和建筑尺度。

（1）建筑布局

图 2-124 为某学校的总平面图，运用沉稳的灰色调和丰富的细节配景表现建筑形态及周边的环境道路等要素。深灰色的光影和加粗的建筑轮廓线明确了建筑自由曲折的形态特征，左侧灰色填充的道路和右侧被配景树木环绕的留白的河面清晰地表明了建筑所处的环境特征。在这个色调素雅，但信息丰富、表现清晰的总平面图中，可以读出设计者的总体建筑布局构思：设计地块左下角设置运动场地表明建筑尽量远离嘈杂的城市快速道路交汇口，建筑面向道路的平直连续界面与面向河道的自由曲折界面所形成对比反差，表达了根据环境所构思的不同设计策略——以开放的姿态拥抱自然，以相对封闭的平直界面延续城市的线性节奏。

而图 2-125 则将重点放在设计地块内部环境及建筑形态表现上，相对弱化周边城市环境的表现力。深灰建筑色阴影强调了以 3 个“回”字形合院为主的建筑布局模式，浅灰色纹理铺地结合丰富的地面绿植在表达场地环境设计细节的同时，也提示出组织不同入口功能的开放空间的形态特征及与不同等级道路的联系。说明性的文字仅作为辅助内容，出现在建筑顶面及场地之中。

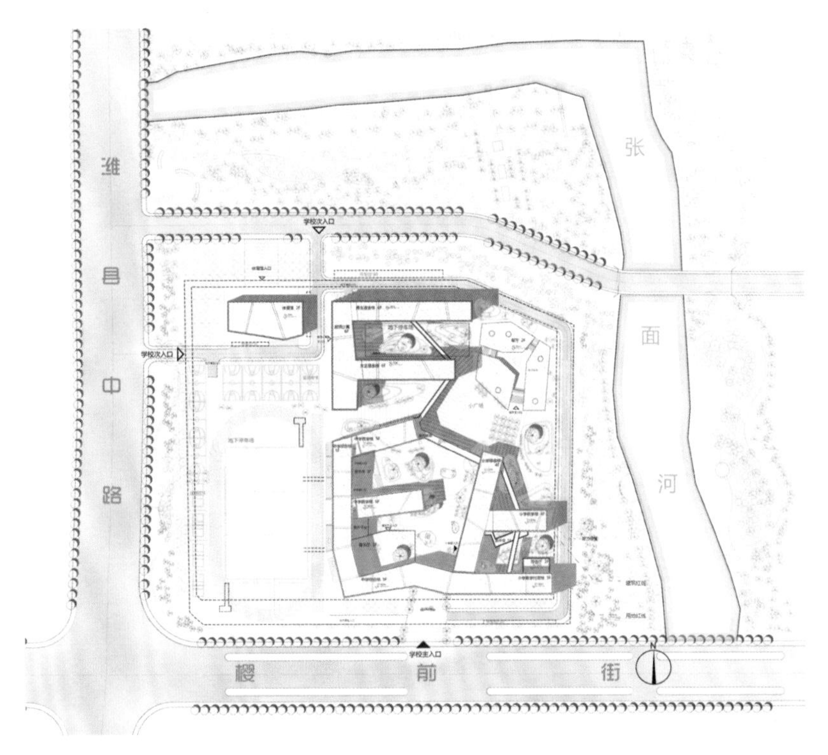

图 2-124 学校总平面图设计

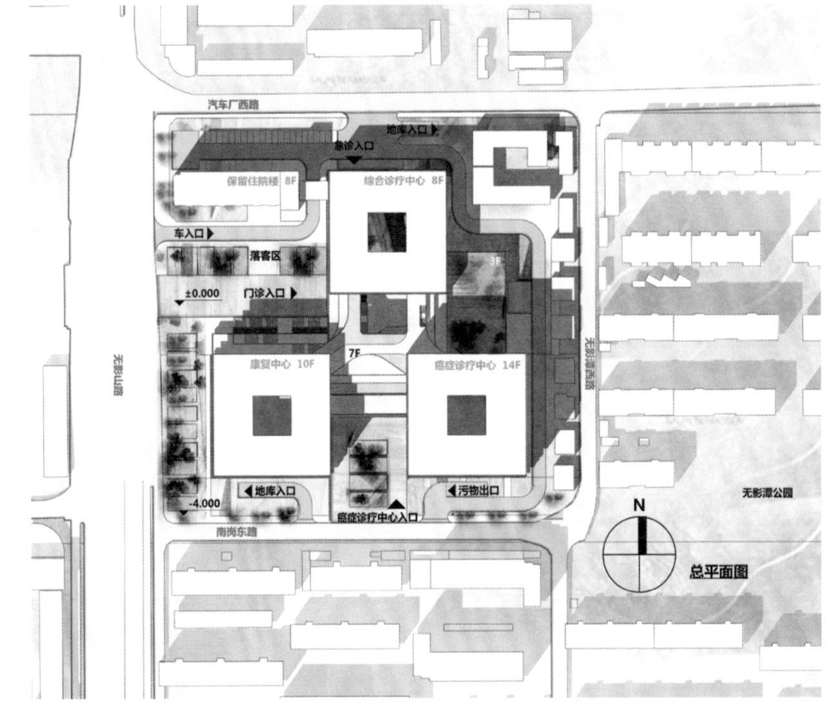

图 2-125 山东医学科学院附属医院改扩建设计总平面图

（2）场地要素（景观）

总平面图式除了表达建筑肌理和平面形态，同时还需要关注建筑之间的开放空间及场地景观要素的表达。某些情况下，为了能够清晰明确地表达场地设计内容，可以通过弱化建筑实体及道路表现，重点刻画场地环境景观内容。

图 2-126 是对于场地景观要素的表达，建筑实体成为简单的白色体块，而各类绿化植被、开放活动场地等空间，借助不同明度的绿色进行细致区分并得以强调。这种方式既能展现丰富多样的总平面场地细节和环境层次，又避免由于表现内容的面面俱到而造成图面信息混杂。在大尺度的区域景观总平面表达图中，为了更清楚地表达不同类型的景观信息，往往会将建筑肌理弱化甚至消隐，仅用色彩纹理填充表现不同景观要素（图 2-127）。

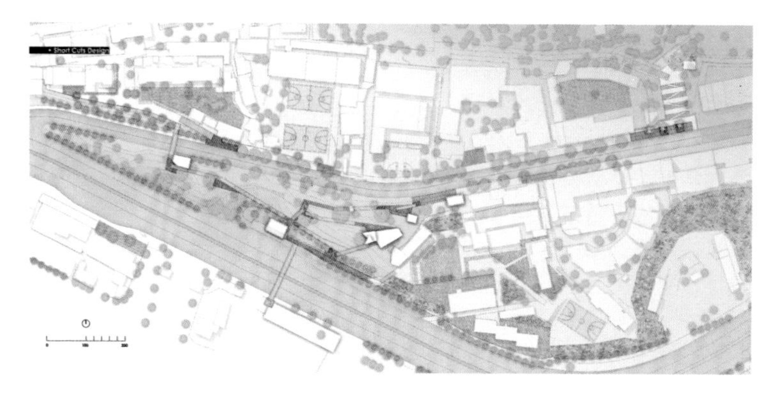

图 2-126 场地开放空间设计

图 2-127 场地开放空间设计

5）轴测图

轴测图是一种能同时表达物体多个面的单视点三维视图，传递着一种精准的立体感。 相对于源于意大利文艺复兴时期用以模拟真实空间深度的透视图而言，轴测图所生成的图形图像更加灵活多样，且具有精准性、自由性、抽象性的特征。虽然二者在技术层面上的最大不同在于图形灭点的有无，然而轴测图作为建筑分析和表达的重要表现技法，可以打破静态的空间表现形式，以其客观、精确的图形特征展示一个动态的建筑空间。

建筑历史学家奥古斯特·舒瓦西（Auguste Choisy，1841—1909）在 19 世纪第一次运用了轴测的制图技术，而后被众多的建筑师和艺术家使用。而作为一次转折性的图解尝试，彼得·埃森曼对勒·柯布西耶的多米诺体系图解的重新解读，使得普遍使用的、与传统的多米诺体系的透视图式有着巨大区别的轴测表达技术的应用有了一次新发展。轴测图作为一种表达三维空间的图式工具，具有透视性以及其他方法不能及的客观性与可测量性，以轴测图为基础的分析成果更接近于客观对象本身。因此，轴测图不仅成为建筑的表现形式，亦成为推动设计构思的工具。

按照表现对象的体量和规模大小，可分为表达单体建筑或内部（局部）空间的轴测图——主要表达建筑单体形态造型、内部空间关系及细节设计，以及表现群体建筑布局关系和整体环境组合关系。不同类型轴测图结合设计者不同的表达目的，会综合运用多种表现手法和色彩搭配。

如图 2-128 为某建筑师工作室设计的室内空间布局展示，为尽可能清晰表现出设计对象的空间细节和比例尺度，设计者运用风格素雅但细节丰富的线图表现各类空间设施和结构形式，同时剥离近视点的墙体，减少遮挡，以保证内部空间展示得完整全面。

图 2-129 和图 2-130 都是在较大视域范围下，表达设计对象与周边环境的整体关系。图 2-128 通过对比强烈的“黑白红”三种颜色，强调设计对象的位置及其所处地块的建筑围合关系。而图 2-130 的色彩表达较为平和，但设计地块内的建筑和场地环境细节丰富，与周围表达概括的背景体块形成强烈对比，从而巧妙地展示出设计地块范围、建筑形态、立面手法和空间层次等内容。

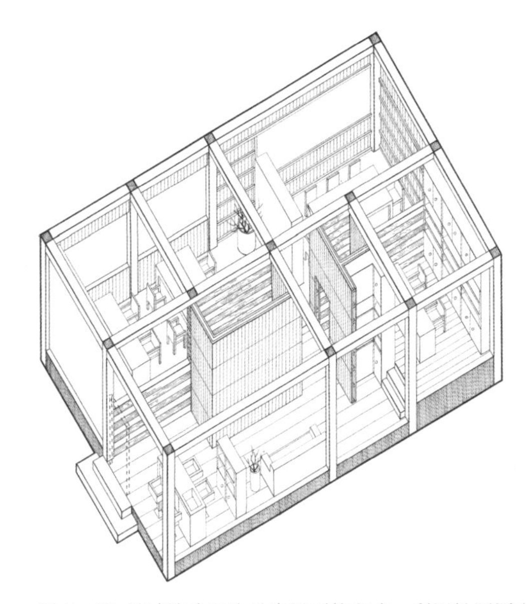

图 2-128 通过移除部分垂直界面的方式，利用轴测图表达室内空间要素关系

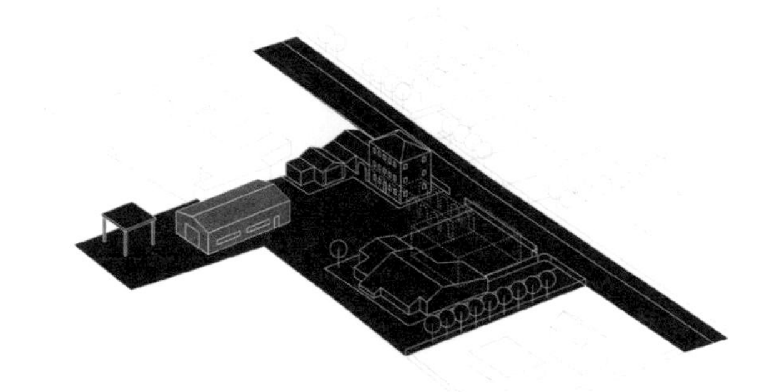

图 2-129 轴测图中借助“黑白翻转”强调设计地块的重点部位

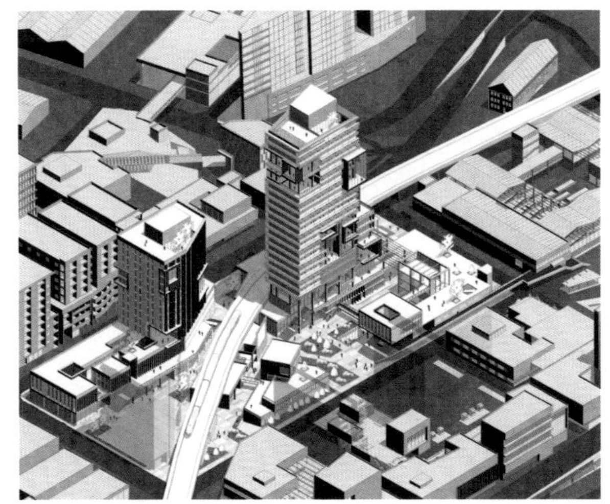

图 2-130 布里斯班街区地块内的建筑群体及场地环境设计

（1）场地要素

手绘风格的鸟瞰轴测图，在表达地面的各类环境场地要素的同时，借助轴测剖面图，将与地面水体环境相连的地下水体标识一并展现。表达方式丰富有趣，表达效果清晰明确（图 2–131）。

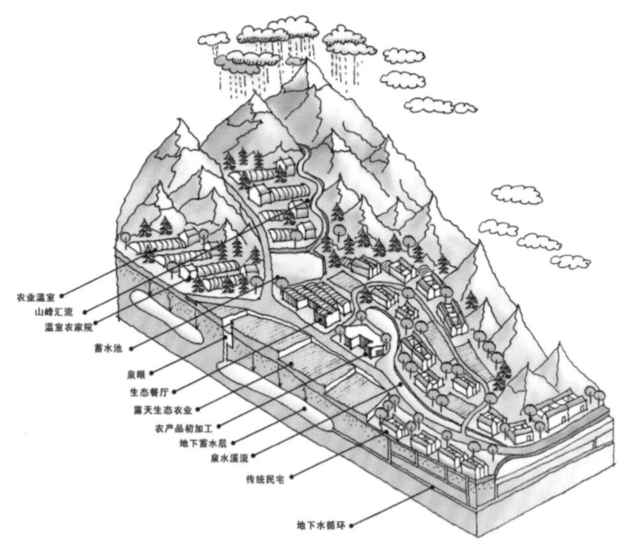

图 2-131 轴测图式表达村落的地上与地下层面的基础设施要素

（2）功能布局

图 2–132 为某街道空间的设计表达，作为表达对象的线性街道植根于具体的城市环境之中，其垂直界面和水平场地与周围环境及建筑联系密切。因此，作为重点表现对象的街道部分，被设计者借助丰富的细节和色彩予以强调凸显，同时，亦将其周边的城市空间，通过黑白线框图的形式作为背景环境呈现。重点表达突出，整体交代清晰，色彩运用灵活，表达形式巧妙。

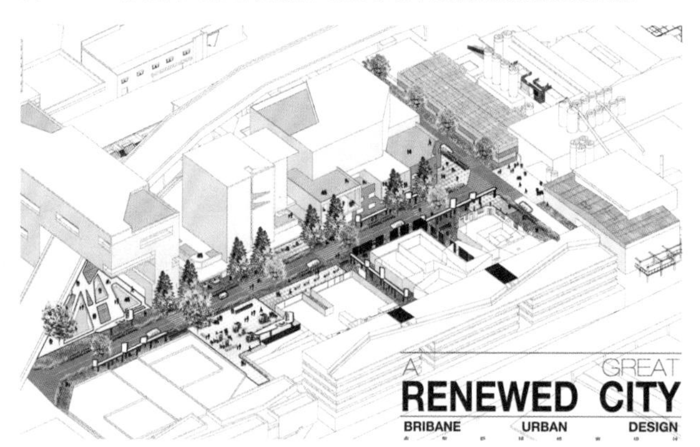

图 2-132 弱化周边环境，轴测图表达街道线性空间的建筑界面及地面景观

（3）结构体系

轴测图也可以较为精确地表达建筑结构体系，如图 2–133，在灰色的高层建筑结构轴测图上，将不同部位的结构——整体结构、裙房结构及高层部分结构变为红色予以强调凸显。

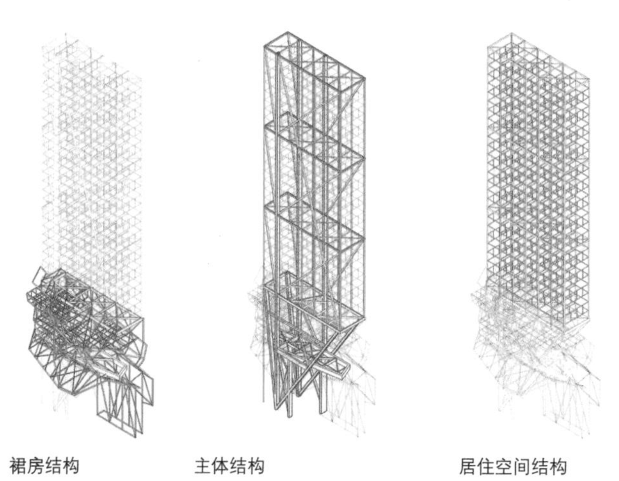

图 2-133 建筑结构分类体系

6）透视图

建筑透视图或效果图是建筑设计师展现作品的一种直观、生动的形式。作为建筑师的设计理念和设计思想而呈现，能够在三维场景下使业主或读者快速直观地体验作品的外观样式和空间状态，并对设计方案形成较为清晰的认识和了解。

如今的透视图类型丰富，表现手法多样。作为大多数面向工程实践的透视表现，细节丰富、场景逼真的透视渲染图依然是主要表达方式。而在设计竞标方案和课程设计中，越来越多的透视图由“场景表现”转化为“理念的空间表达”，从透视角度、位置的选取至建筑风格、环境氛围表现，更多的是适应设计构思和空间概念的表达需要。作为设计表达图式中“建筑”与“艺术”元素结合最紧密的图式之一，如今的建筑透视图更多是真实场景与抽象空间的结合体——依托写实场景而进行的意向性空间表现。

在透视表现图的处理过程中，需要注意以下几点：

第一，水平人视点透视和高视点鸟瞰图是最为常见的表现角度，人视点侧重于表现局部场景和建筑细节，鸟瞰图注重整体的空间形态展示。

第二，人视点多选取、建筑形态较为舒展、场景有纵深感的位置角度，例如，站在开放的公共空间看向周边的建筑，由街道沿轴向的线性空间看两侧建筑界面等。

第三，场景选取犹如图框框景，注意框内场景环境中前景、中景、远景的构图关系和视觉均衡。

第四，透视表现图中的人物、植被和家具等配景，主要是作为辅助角色存在(如表现空间尺度)，切勿喧宾夺主。

第五，透视表现图并非是完全再现真实的场景，根据设计需要，对表现内容和环境构图进行一定的抽象调整。

（1）场景表现

在此讨论的场景透视图，不是各类工程实践中按照业主需求“定制”的具有照片质感的渲染效果图。这类效果图样式风格雷同，无法体现空间和建筑设计的独特气质。

因此，高水平的设计竞赛和课程设计成果中，设计者依据建筑类型和空间属性特点，将建筑渲染与不同的环境和配景素材进行组合拼贴，在加强效果表现力的同时，重点突出建筑和空间的核心主题，略去与主题无关的冗余素材。大家常说某个透视表现图效果清爽，场景氛围和建筑形态表现到位，便是设计者有意识地对真实场景进行抽象加工、去粗取精的结果。

如图 2-134 中的两张表现北京首钢工业区 地块改造设计的透视图，主要运用“素模渲染 + 后期材质填充及真实素材配景”的方式，在整体氛围渲染和空间细节的刻画方面，都取得了不错的效果。第一张人视点透视图，较为巧妙地选取了前景相对开阔、中景和远景建筑元素丰富的视点角度，整体构图饱满且不拥挤。图面偏中性灰色调，地面采用偏暖的红色地面材质稍作对比，保证了整体色调均衡却不沉闷。真实金属材质和纹理铺地的运用，生动地表现了工业场景的历史斑驳感。

图 2-134 北京首钢工业区更新发展地段城市设计

（2）实景合成图

还有一类透视表现图，面对的是真实环境场景下的局部空间或建筑设计，为增加场景环境的现场感、体现设计与环境的互动性，常将设计对象的表现图与真实的环境场景照片进行拼贴合成处理，这就是场景合成透视表现图。这类透视图常用于那些环境制约较强或强调与环境的某种特殊对应关系的设计类型，例如旧建筑更新、加建改建或者场地设计等案例。场景合成图，常会将预想的设计环境表现为真实的场景效果，给人一种身临其境之感。在处理此类透视图时，要注意设计对象的角度尺度要与真实的照片场景相一致，色调材质与周边环境相协调。

图 2-135 表现的是某设计建筑的室内，透过落地窗所看到的室外真实场景环境，即形成的框景意向，表达了室内外空间相互渗透的理念。

图 2-136 表现的是位于历史街区旧建筑之间，某新建建筑“介入性”设计。新体量以一种轻盈透明的形态，通过“嵌入”的方式填充两座建筑之间的缝隙空间。既没有冲击和破坏原有建筑的立面语言，又顺势而形成连续的沿街界面，真实地借用场地和相邻沿街建筑合成拼贴，直观简明地表达了建筑形态和界面的设计意向及最终空间效果。

与图 2-136 不同，虽然图 2-137 也是采取实景照片融合的方式，但其主要表达街道环境特征，而非建筑形态造型。因此，实景建筑仅仅作为背景存在，而近景及中景的场地、人物、设施及植被等内容，则通过实景素材拼贴的方式对整体的环境设计进行充分表现。

图 2-135 泉水博物馆设计中，建筑内部看室外滨水环境的视点表现

图 2-136 基于真实场景的拼贴透视图表现“嵌入”旧建筑之间的新建筑设计

图 2-137 与真实建筑立面进行拼贴、表现街道空间环境场景的透视图

（3）情景模拟

情景模拟类的表现图，与普通的空间透视图相比，其表达的场景往往具有特定的主题，而且其表现形式紧扣主题，借助特定的表现方式围绕场景主题进行表达，如表达建筑前部的公共广场使用方式时，借助多样的人群及丰富的行为活动去表现场地的公共参与性。

对于此类设计内容的表达，方式丰富多样，无特定图式类型，常见渲染图式、拼贴图式等。对于突出主题的重要环境素材，如人物活动、环境植被或特定的建筑界面等，也常会采用真实的素材进行拼贴，同时配合适当的文字说明，对场景内容进行补充和深入解读。

图 2-138 中的 6 张场景表现图，每张透视图通过对场景中的不同素材进行有针对性的处理（如人物行为、屋顶种植、垂直绿植等），表现不同时间段的空间主题。而将不同场景连续排列后，静态场景状态具有了强烈的动态叙事性。

10:00

地点：绿色社区集市
要做的事：上午10点，伴随着熙熙攘攘的人群，社区内正式开集。在充满绿色的市场里，人们交换着种植的作物，体验收获快乐和喜悦。
心情：忙碌中，无暇顾及
补充：景观节点3，主要集市
种植：集市垂直绿化；路前小麦

14 : 00

地点：屋顶花园
要做的事：今天略有阴霾，然而屋顶上的花园依然生机盎然。在这雾霾下，绿色生命的张力依然值得赞颂。
心情：看到植物豁然开朗
补充：屋顶种植花园
种植：屋顶种植农作物

12 : 00

地点：绿色社区广场
要做的事：中午是社区最为活跃的时间，大家回到宿舍，穿行于各个楼层及各个街道间，有种植行为的介入，生活内容更加丰富。
心情：转好，与人交流
补充：主要景观节点
种植：楼前小麦；灌木，小品上伴有攀藤植物

12 : 00

地点：社区农田
要做的事：这是每一天忙碌种植的时候，天气转晴，在黄昏之时，看着田里的向日葵掩映在落日的余光中，心情极佳。
补充：主要农田
种植：密集种植，作物不限，可种植向日葵等

地点：宿舍入口
要做的事：黄昏，落日，飞鸟已倦，当时间已入静谧，当喧闹逐渐散去，留下的，也许，才是生活继续
心情：宁静
补充：宿舍入口
种植：皆可

地点：屋顶温室
要做的事：黄昏，落日，飞鸟已倦，完成一天的学习，来到宿舍屋顶温室，打扫卫生，收获果实
心情：宁静
补充：屋顶温室
种植：皆可

图 2-138 结合不同时间段内不同的空间使用状态，在透视图中重点表现强调主题的内容素材

2.2 按照表达内容分类

将不同形式和类型的设计表达图式按一般的设计阶段进行分类，利于读者在不同设计阶段选择合适的图式进行设计表达，然而很多时候，不同类型设计项目并非需要用到上述所有类型图式，而且不同类型图式又常会表达相似内容，或者多种图式综合使用演变为“混合图式”。因此，作为对“按设计阶段分类”的补充，将图式依据不同的表达内容进行区分，某种程度上更容易正确地反映设计者的思路和理念。

对于大多数建筑设计案例而言，在分析图绘制之前，要根据不同的设计思路，首先明确分析内容主体：是对抽象的社会历史事件和人文行为分析，还是对客观存在的场所空间、形态功能进行分析。然后，还需要思考不同主体之间的相互关系是什么，递进还是对比。明确了分析内容，才能有机地融入不同设计阶段，清晰地阐释设计构思。

建筑设计的类型多样，表达内容更是种类繁多，在这里，结合基本的设计路线，按照图式的表达内容属性特征划分为软质对象表达图式（即具有一定抽象属性的经济、文化、政策、社会、历史、人文等内容）和硬质对象表达图式（具备空间属性，如场地环境要素、道路交通、功能分区及生态技术手段分析等）两类。

2.2.1 软质对象表达图式（人文、经济、社会）

软质对象类表达图式主要分为以下几个方面：

社会背景——与设计相关的人文、经济、政治等环境的调研。其调研范围取决于设计本身的规模和侧重点，可以是项目所在地的大范围区域，也可以是设计地块的周边区域。

历史背景——与设计对象相关的特定历史文化信息，尤其是历史街区或传统工业地区，对其历史发展沿革的追溯和解读，不仅能够了解塑造其现状的历史推动因素，更能由此及彼地透过历史动因，预测和推断设计对象未来可能的发展方向和趋势，常用时间轴图式。

人群属性——分析人群的年龄结构、性别、职业构成、生活和工作习惯、空间使用方式等，便于推断和定位设计项目的使用者状况，常用饼状图、柱状图和折线图等信息图式进行表达。

社会活动——包括使用者对空间场地的使用方式、活动事件的发生时间和地点等，常用照片拼贴图式（图 2-139）。

图 2-139 对拼贴图式进行色彩操作，表现人物在场所中的行为特征

1）时空和事件

表达空间演变、事件更迭的时空背景分析图式，最常见的便是时间轴图式。将空间肌理图结合事件或实景照片，与横向或竖向时间轴中不同时间点一一对应，再补充以文字及数字说明，图文并茂可以系统地对地块的空间形态发展变化进行展示说明，揭示空间演化的动因和规律，也为后期设计概念和策略的提出做良好铺垫（图 2-140）。

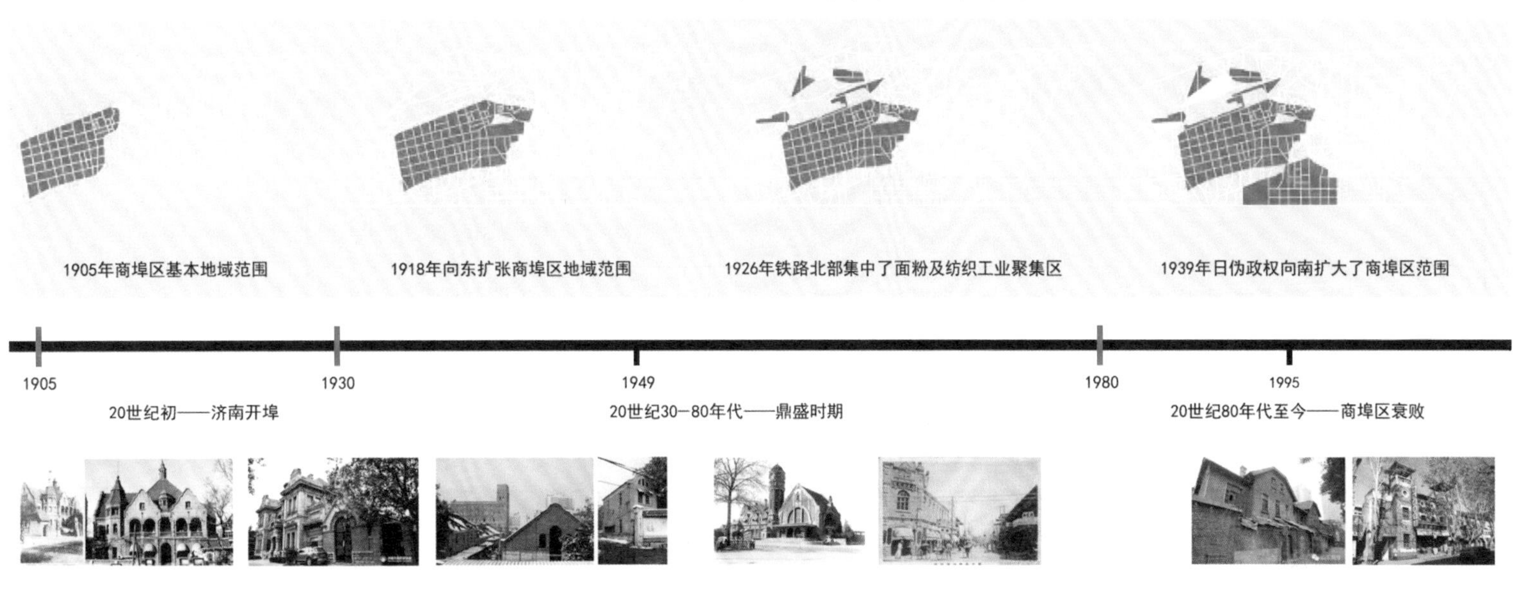

图 2-140 济南商埠区街区肌理演化分析

2）行为活动

对不同人群在不同时间段内活动内容的表述，利用有代表性的图片素材或符号简图，通过时间轴图或图表图式，可以更有效地对人群活动行为内容进行表达。

图 2-141 采用素材拼贴的方式，借助时间轴图式表达不同时间段内人的行为活动方式和特征。经过特定裁剪的代表人群行为类型的图片，与月份对应并被组织到横向时间轴之中，结合关键词，表达了不同月份的城市活动主题。相较于文字说明，图像素材对人群活动方式的描述更为直观，与时间轴结合则使得设计内容的表达更为简明生动。

图 2-142 使用代表各类人群行为的各类符号简图，与竖向的人群年龄结构及横向时间点一一对应，对使用者的日常行为活动进行分析展示。同时，将人群的必要性活动和公共性活动，运用灰色和彩色进行区分，以强调表达不同年龄人群公共活动的类型特征和时间分布特点。

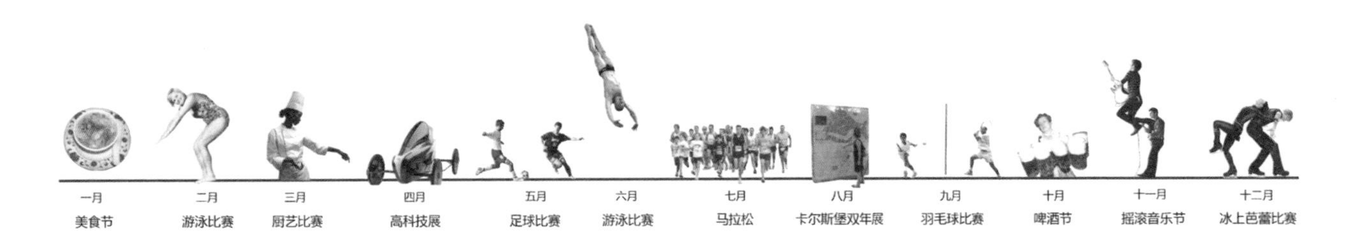

图 2-141 卡尔斯堡市在不同月份的节日及活动主题

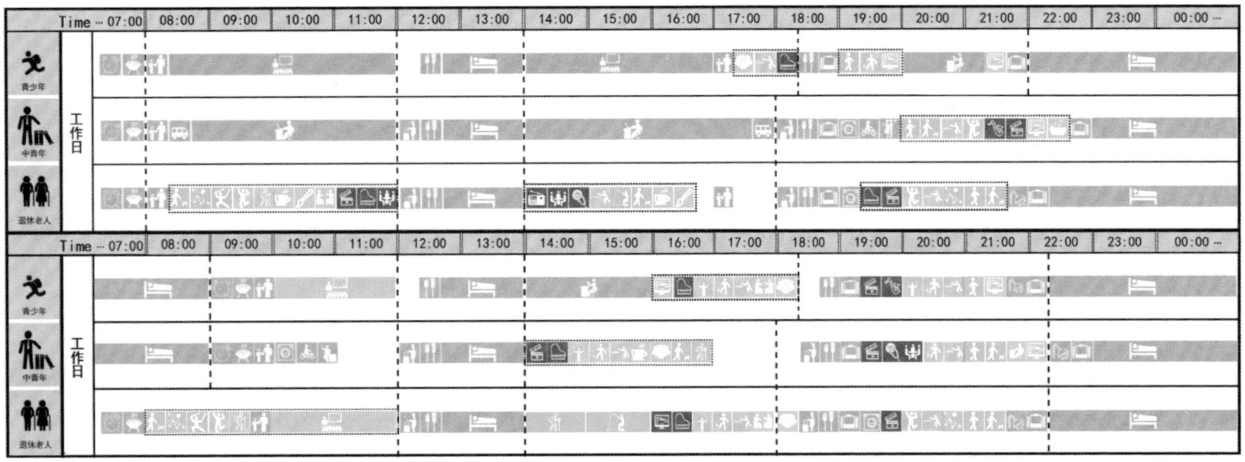

图 2-142 威海刘公岛旅游度假养老中心方案设计中对于人群不同时间段活动行为的调研分析

对于空间使用方式和人群行为活动的表达，实景照片拼贴图是绝佳的表述方式，能将动态活动场景、地点位置和场所特征等信息进行综合表达。如图 2-143，对代表使用者行为活动的场景图片（跳舞健身、下棋、聊天攀谈等）进行选择性裁剪（一般利用 Photoshop 等软件操作），并与不同的场景图片关联，动态再现了不同空间场景和其所容纳的活动类型。

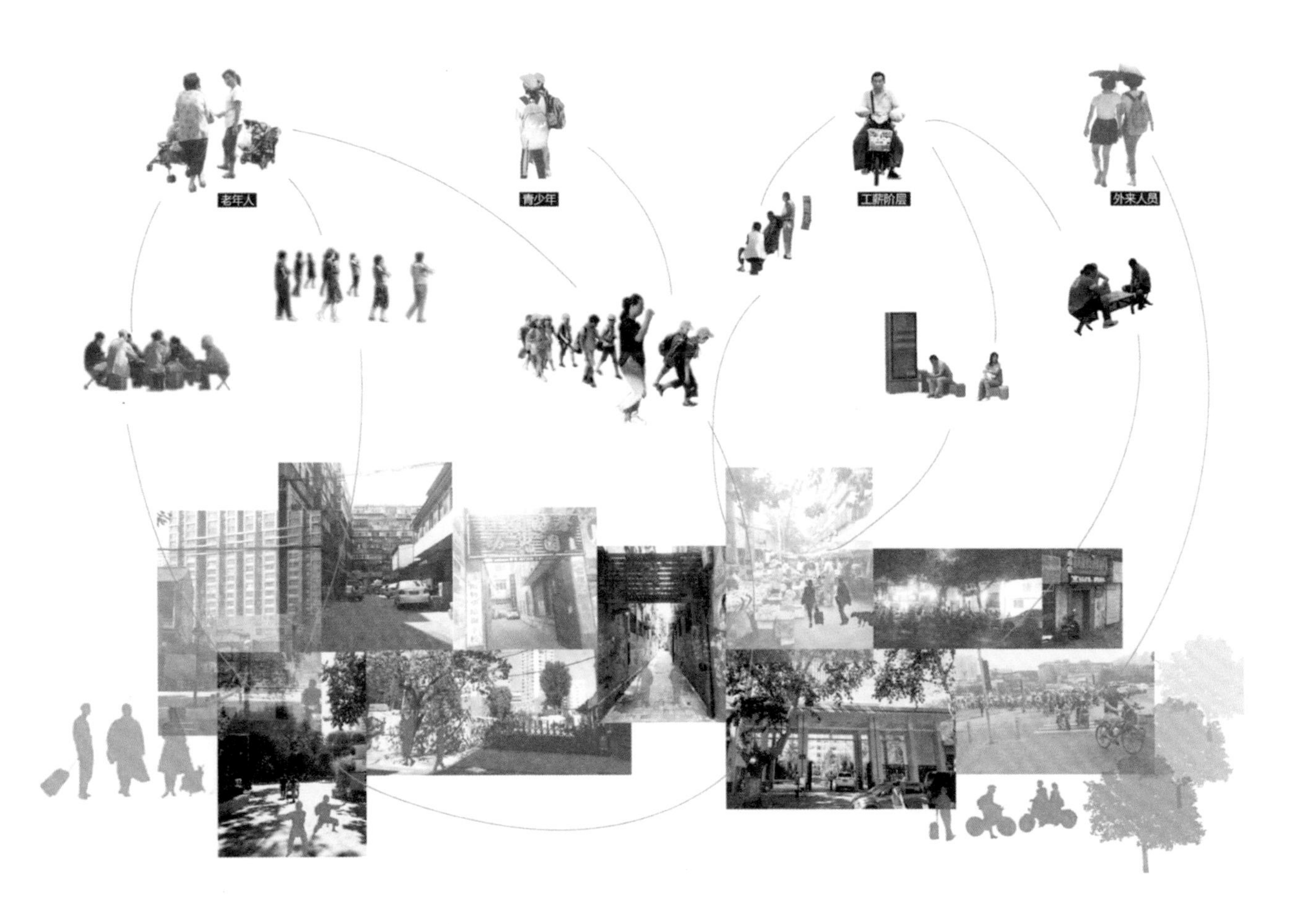

图 2-143 济南商埠区人群行为活动与空间关联性分析

图 2-144 采用了类似的表达方式，但增加了不同场景在区域中的定位，此外，特意将引发行为活动或使用者场所感受的重要设施元素（如长椅、布棚架等）在黑白图片中用红色予以强调，结合文字说明，突出了特定空间设施对行为活动的影响。

3）人群构成分析

物质空间图式也常作为载体，对软质层面的人群活动或空间分布状况等信息进行量化表述，此类图式常见于各类人口统计机构的研究报告（如各个城市或机构的统计年鉴）。如图 2-145，为意大利 Campo 地区 2004 和 2010 年的外来移民人群变动状况分析。地图上不同深浅度的红色区域，表现出不同区域的移民密度，2010 年的整体图面色调较 2004 年加深，说明该地区移民数量总体呈上升趋势。

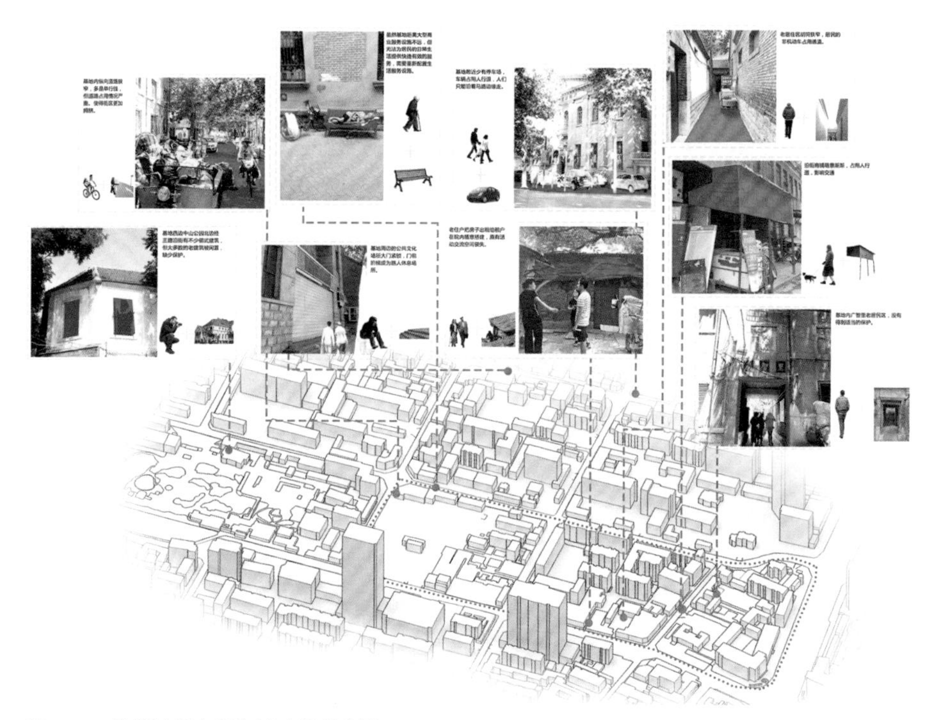

图 2-144 场所特征与行为活动调研分析
特定场景图片连线在轴测图中定位，红色将图片中引行为活动或表现场景特征的空间元素予以强调

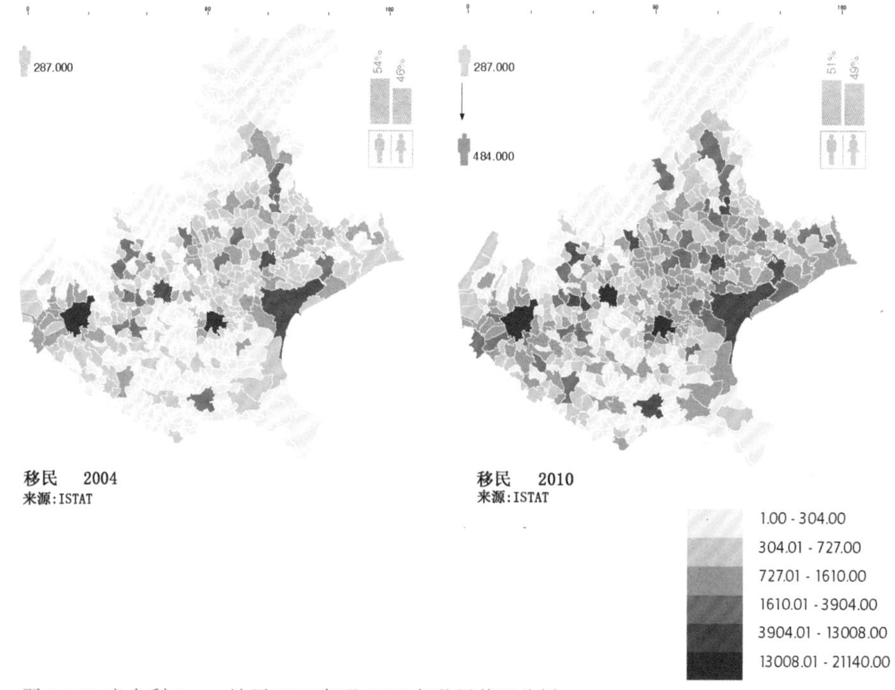

图 2-145 意大利 Campo 地区 2004 年及 2010 年移民状况分析

2.2.2 硬质对象表达图式

硬质对象主要包括与物质空间相关的地形地貌、街区尺度、道路交通等空间环境类要素，此类对象是设计中最为常见的表达内容，其表达图式的种类和表现形式也较为多样。主要包含以下几类内容：

环境因素——指设计地块周边区域或所在城市的环境分析，主要指自然气候状况，如日照、风向、湿度和温度等。尤其在生态建筑设计中，环境因素分析某种程度上会影响建筑的形态或立面塑造。

周边建筑——建筑的边界形式、建筑朝向、建筑出入口设计及建筑立面设计都需要与周边的环境建筑寻求呼应关系，由外而内地梳理确定。

地形地貌——平地、起伏的丘陵等不同类型的地形特征，结合水体、绿植等景观自然条件，会直接影响建筑与场地结合方式及建筑结构布局。

道路交通——对于总平面而言，主要包括人流聚集点、交通来向、机动车交通流线及交通密度等内容的分析，与总平面设计中各类型功能区布局、出入口设置、停车设施布置及建筑轮廓变化等方面密切相关。而针对建筑单体而言，流线分析主要分为内部的人流类型（公共人流、后勤服务人流、办公人流等）、垂直及水平交通、流线与功能联系等。

空间类型——这里主要指公共空间的定性或者定量分析，包括公共空间的位置、形状、规模尺度、与交通结合方式等内容，是关系到设计对象总平面布局的重要因素。

功能业态——顾名思义，就是对于建筑（场地）的功能类型、使用方式和布局形式等信息进行展示分析。

生态技术——生态技术图式是针对设计项目中绿色生态内容的表达分析，常见于成果表达阶段，以平立剖面图或轴测分层图为载体，对建筑的生态技术和理念进行阐释。常用的图式类型为日照分析、水体使用、物质循环、能量系统、绿植系统和保温状况分析等。

1）尺度分析

建筑的长度、高度、规模及内部空间的尺度分析表达，通常会运用数字进行量化标注，虽然精确，但形式枯燥单调。将定量描述，借助人体等某些特定元素作为参照物，转化为不同类型的定性分析图式，则能够将抽象的尺度数据表达得更为生动、形象、直观（图 2–147）。

比如作为在微观层面最为人所熟知的尺度元素，各类人体图形常用于对比表现建筑内部空间或器具设施的尺度。同时也可以借助动作多样、形态生动的人体，表现空间或器具的使用方式（图 2–146）。

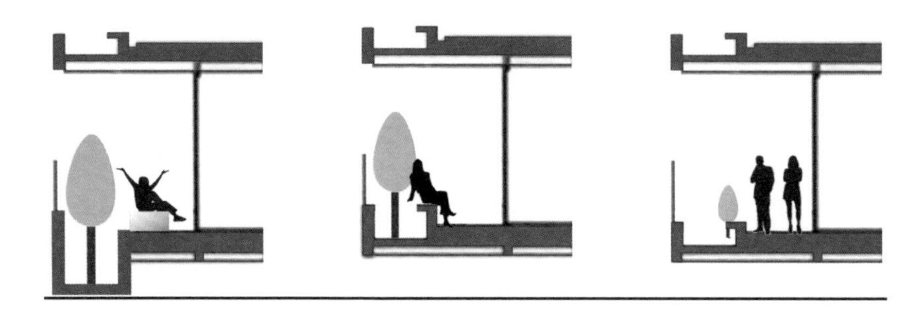

图 2-146 人体作为标尺，表现空中庭院的尺度

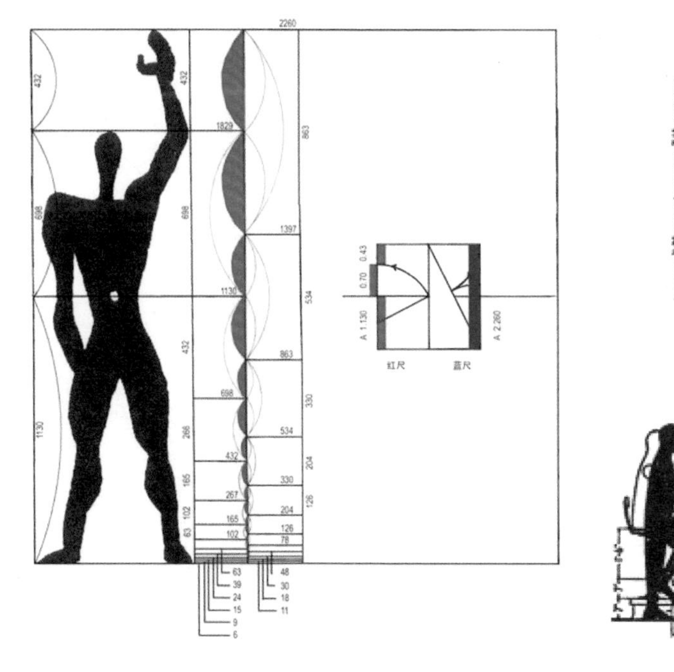

图 2-147 人体基本尺度

（1）规模

用以说明项目用地或其自身规模尺度的图式，常依托影像地图等形式，通过在相同尺度下与相关案例比对的方式进行阐释。数字或文字描述尺度数据较为单调枯燥，而规模（尺度）图式具有直观、形象、生动的特点。但此类图式传达的信息较为概括，适用于感性描述和定性分析，不能用于精确的指导设计。

图 2-148 所示的某城市中心商务区的设计范围（图中黄色轮廓线所示），通过与具有相似业态的伦敦金丝雀码头、巴黎拉德芳斯新区、上海陆家嘴金融中心区相对比，使读者能够迅速了解该地块基本的空间尺度、地块容量等信息。

将相同尺度下巴黎、伦敦、阿姆斯特丹、威尼斯中心城区空间的影像地图放在一起，不仅可以展示相同范围内不同的城市肌理尺度和空间特征，甚至其建筑尺度和形态特征也一目了然（图 2-149）。

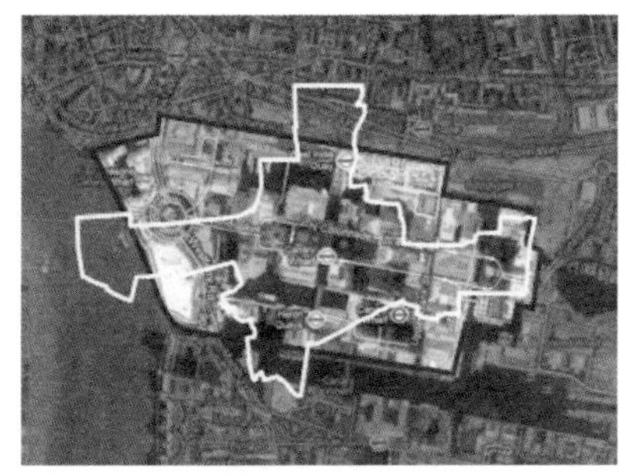
伦敦金丝雀码头

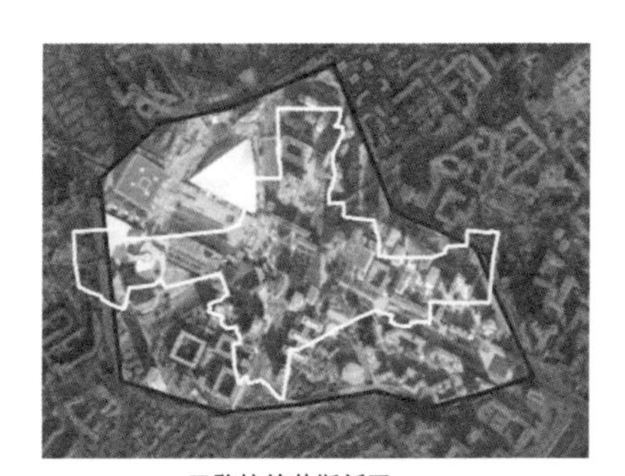
巴黎拉德芳斯新区

上海陆家嘴金融区

图 2-148 将设计地块轮廓（黄色线）与不同城市的商务区用地的影像平面图进行比较

伦敦

巴黎

阿姆斯特丹

威尼斯

图 2-149 相同尺度范围内不同城市中心城区的影像肌理图对比，从中可以看出其城市肌理、建筑密度、场地环境的显著不同

（2）密度

对于设计地块（空间）的密度表达，可以将数字和文字定量表述内容转化为实体模型或平面图等二维和三维图式，便于理解和识别设计中的各类量化指标。

图 2–150 中，利用泡沫实体模型的鸟瞰图，对容积率 3.1 和 4 两个数值在空间上进行对比模拟展示。同时配合具有相同量化指标的实例照片，将抽象的指标数值转化为易于感知理解的表达图式。

（3）宽度

将数值精确的比例尺结合到实景照片中，是表达道路宽度不错的方式。图 2–151 中 4 个并置的街景照片，红色标识街道的范围，底部放置相同比例、不同长度的比例尺，以标明街道的宽度尺寸。

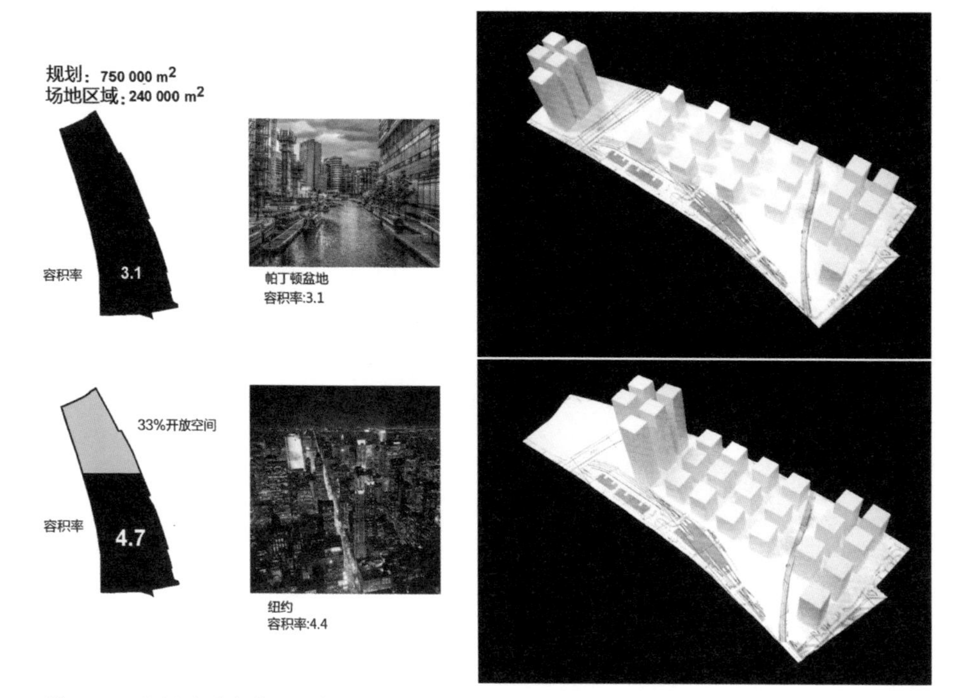

图 2–150 不同容积率条件下，地块内建筑密度比较

图 2–151 街道尺度对比分析

（4）高度

斯蒂文·霍尔在其万科中心的设计方案中(图2–152)，为了突出“水平综合体”的设计理念并体现其建筑尺度，将代表建筑形态的黑色图块，与水平横置的上海金茂大厦进行比较，二者在相同的长度中展示出万科中心真实的水平尺度规模。

将不同案例以相同的地面高度进行横向排列，是比较建筑设计方案高度的常用表达图式。如图2–153，将不同的高层建筑底部对齐，并以相同的比例尺度置于统一的标尺网格中，对比展现高层建筑主体部分及底部裙房的高度。

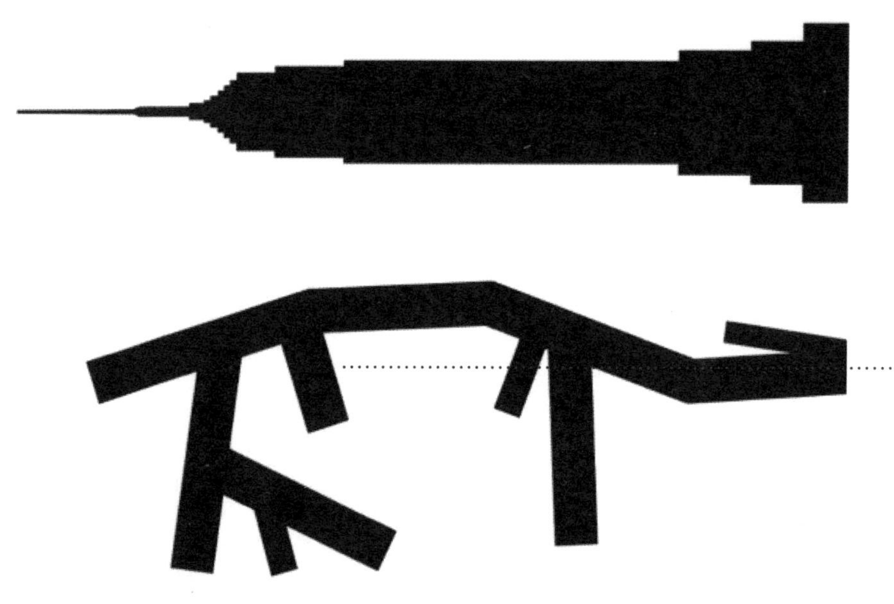

图 2-152 设计方案的水平尺度与高层建筑高度的对比分析

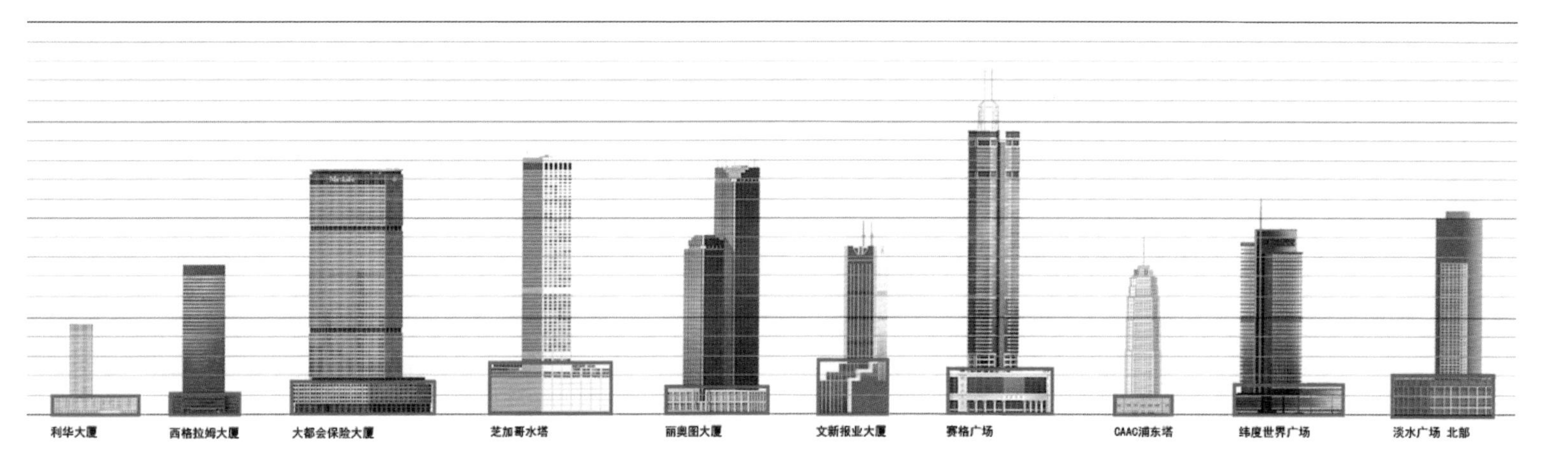

图 2-153 知名高层建筑高度对比分析

2）场地分析

（1）场地位置

在大多数建筑设计案例中，设计对象的区位图往往是最早出现的图式，通常包含以下信息：基地位置，场地朝向，场地内部或周边对建筑设计产生直接影响的地质环境、基础设施等因素。其表现形式多样，卫星地图、地形图、甚至三维轴测图等都是常用方式，目的是让读者能够快速识别其所处的地理位置并了解基本的环境信息。在绘制此类图式时，需要注意核心的场地位置信息要以鲜明的色彩或符号予以表现，而其他辅助图像信息及背景底图则需弱化，以免喧宾夺主，让人无法识别基本的地理信息。

图 2-154 为位于重庆的某设计项目在区域尺度下的位置示意图。基地通过色彩鲜艳的红色圆点标示于具有清晰橙色轮廓的重庆区域图中，背景则是中性灰色调地形轮廓，强烈的色彩对比便于识别对象位置。另外，代表水体的浅蓝色曲线和深蓝色湖泊也体现了重要的环境特征。

按照不同的地理范围层级，由大至小逐层显示设计地块的位置信息，也是一种常见的表达场地位置的图式。此类图式因为将地理信息分解为多个比例层级，便于读者在不同范围尺度的地理图式中，了解地块所处的空间环境特征，或其他影响因素。图 2-155 和图 2-156 都是依托不同类型地图的表达图式。

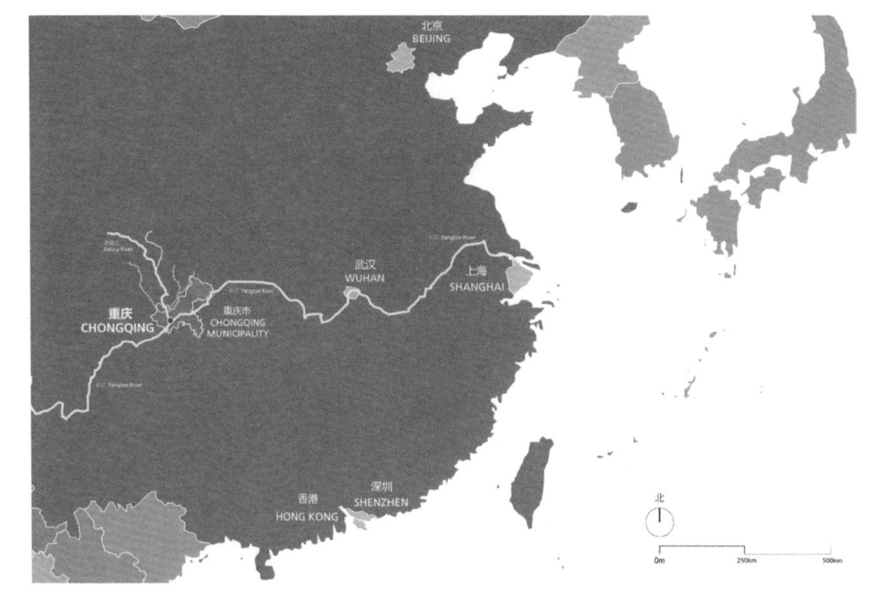

图 2-154 区域尺度下标注设计对象的所在位置

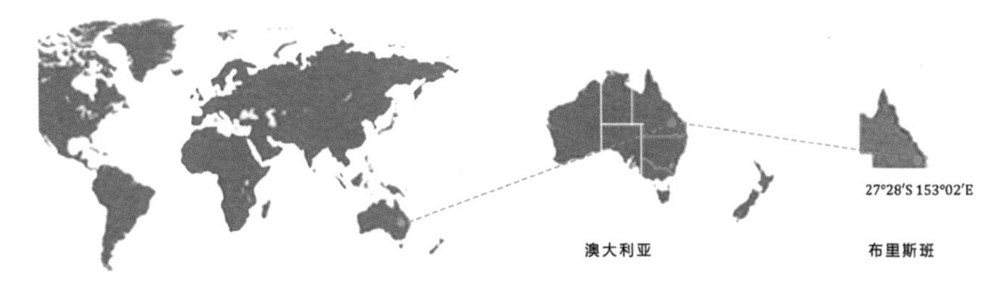

图 2-155 按照地理范围层级，表达设计对象所处位置

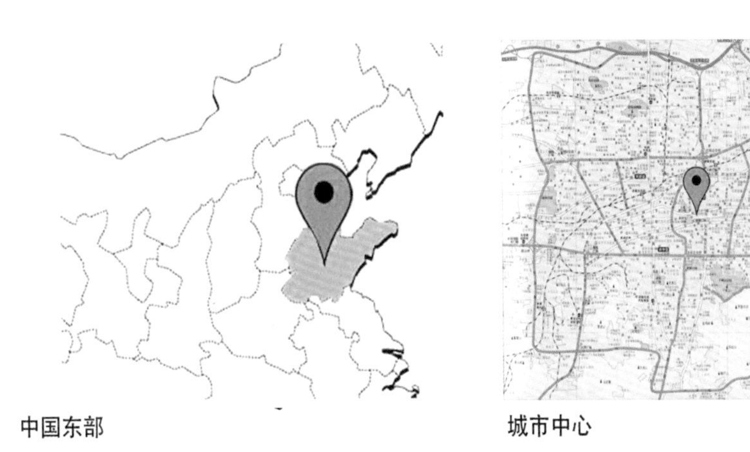

基地位于中国东部城市济南，处于城市的中心地段。交通立体化建设在该市发展迅猛，城际铁路胶济线贯穿该基地，濒临城市主要高架快速路顺河高架路，同时高架路下层南北方向遍布多条主要交通干道。

图 2-156 在不同层级和类型地图中，表明对象位置并表示交通信息

图 2–157 是借助空间肌理图式，由宏观至微观对设计项目位置、周边肌理关系及项目自身的平面肌理特征进行表达。由于肌理图能展示周边地块及建筑的平面形式轮廓，所以在确定位置的同时，也是在逐步构建设计项目与周边环境的肌理形态对应关系、推动设计构思的过程。很多时候，此类图式亦可以表达出设计对象的边界限定、交通组织、视线分析等信息。尤其是在三维空间中的表达，更能够展现设计成果与周边具体物质空间在体量、边界、尺度等微观层面的相互关系。操作过程中，需注意表达对象在色彩和细节等方面，与周边环境的对比和区分。

场景丰富的轴测图式中，仅通过改变设计对象的色彩也是表达项目位置的巧妙方式。图 2–158 表现了对村落中现有民居房屋的改造更新设计，涉及的改造部分较为分散。如增加图式元素对设计部分的位置进行标示，与现状已经较为丰富的场景细节产生叠加，会影响图面信息的读取。在保证整体色彩和图形细节不变的前提下，改变部分色彩，更易于表达其位置信息，且不影响设计细节的辨识。

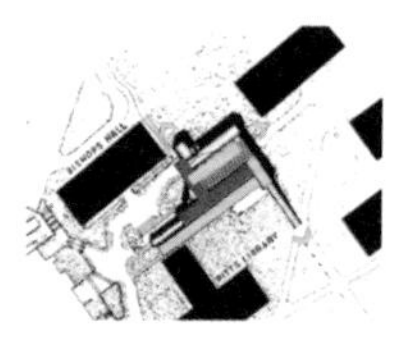

图 2-157 设计项目位置示意

图 2-158 共享乡村设计中对改造村舍的位置表达

（2）场地交通

场地交通主要包含不同交通道路类型表达、多个目的地之间联系路径表达等方面，需要做好“点”和“线”元素的区分表现，尤其注意对不同道路的色彩和线型的区分。

对于只需要标注不同场地之间线性路径的联系，无须区分不同交通类型的分析图，表达内容相对简单。需要注意的是，作为背景底图的各类地图，不是表达重点应尽量弱化，但需要表现一定的如地理环境或者建筑肌理特征，常选用降低饱和度的卫星地图或者简化的总平面肌理图。

如图 2-159，卫星地图示意基本的环境状况，黑框红色图块表示地块位置，周边重要的功能地块也用红色白框图块予以标示，点状线标明了连接路径。因该图中信息层级有限，因此利用统一的色彩，对比鲜明的图形和卫星图底，信息传达明确。

图 2-160 是基于城市肌理图，表现了较大区域范围内快速公交系统（BRT）及其所连接的重要空间站点。中性灰色肌理图较好地衬托出蓝色的线性交通线路和圆形标注的站点图，具有一定半径的圆形站点又表达了其服务范围。

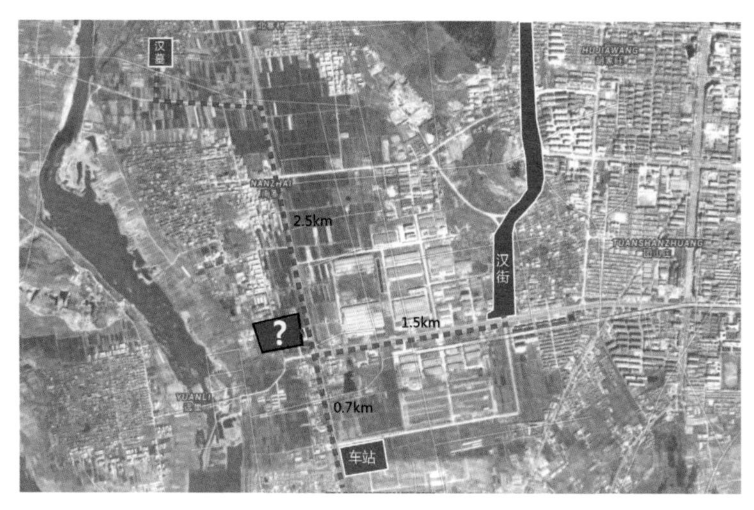

图 2-159 设计地块与周边重要场所的交通联系

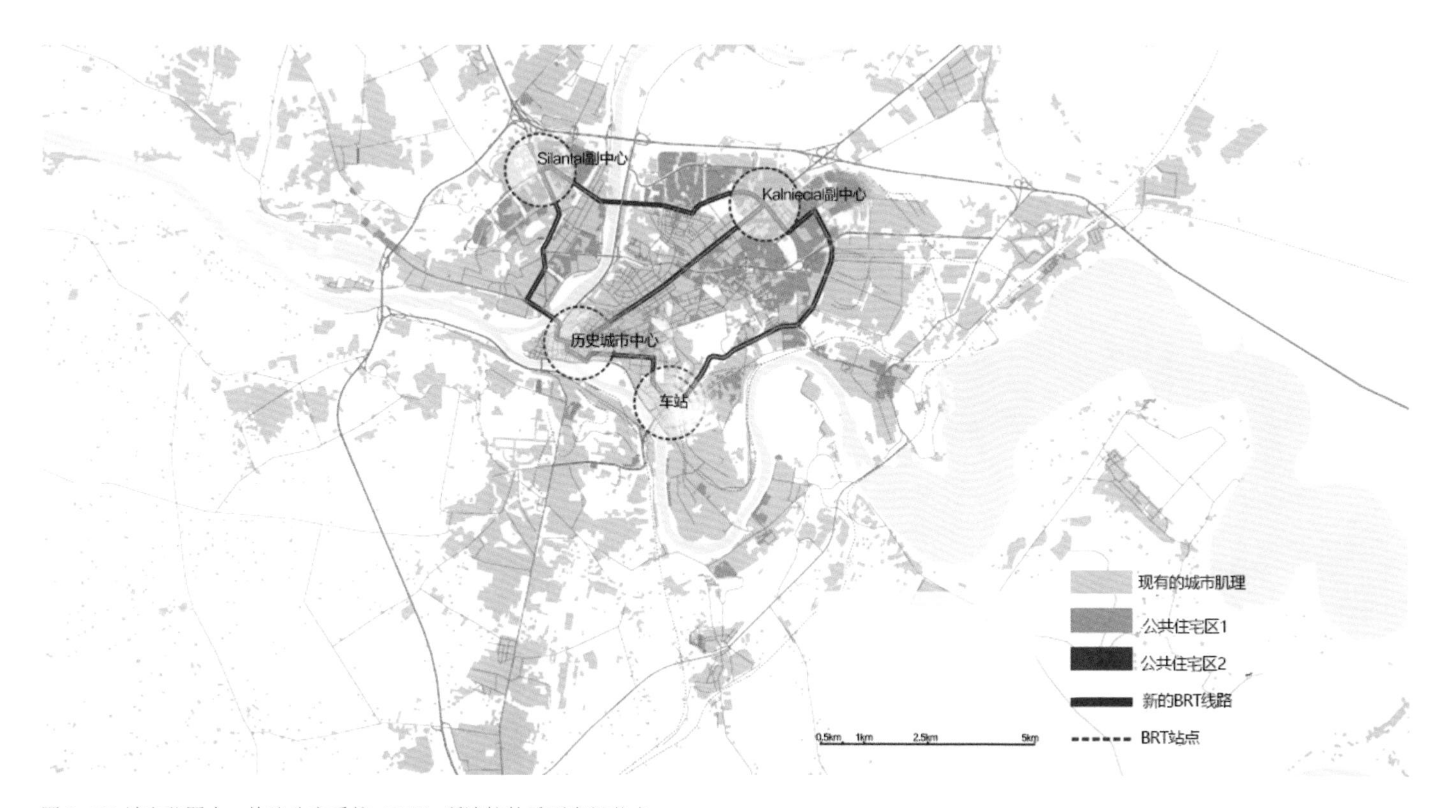

图 2-160 城市范围内，快速公交系统（BRT）所连接的重要空间节点

对于交通等级分明、交通类型差异显著的区域，利用图式进行表达的时候，不同交通方式之间的颜色差别越大越好，并考虑用线的粗细区分不同交通类型。

如图 2-161 的某村落路网结构分析图，主要道路由色相鲜艳的红色粗线表达，其他类型交通则由色相较弱的细线表示，沿交通分布的桥梁由桥梁的符号图式予以标识，而地形等高线和建筑肌理则用浅灰色弱化表现。

（3）地形地貌

大量设计方案（尤其是山地建筑）都是由变化的地形地貌生成设计构思，将建筑平面或屋顶平面与地形信息叠加，利于更清楚地阐释方案与环境的互动关系（图 2-161）。

表达地形地貌特征的图式，多是依托于地形等高线，借助等高线疏密所呈现的深浅肌理，展示设计所处环境地形的起伏状态。在运用等高线地形图时要注意，所有的等高线色彩一致，不要出现过于复杂的色彩变化，以免影响地形判断。一般而言，基于测绘的等高线之间的高差绝对值相同（根据图纸比例，多为 1m、2m 等数值），地形变化越剧烈，线性便越密，颜色就越深（图 2-162）。

图 2-161 村落交通路网系统分析

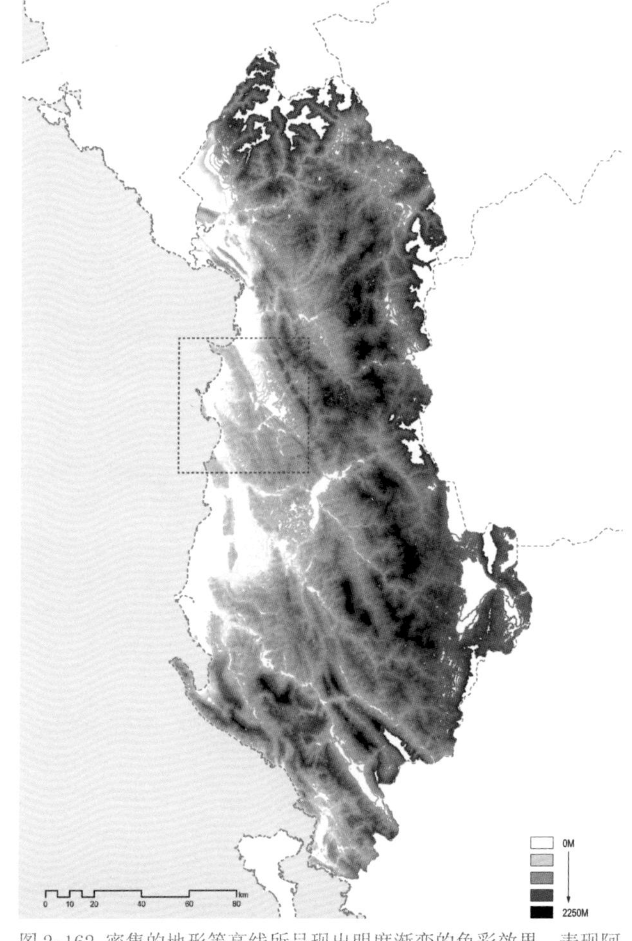

图 2-162 密集的地形等高线所呈现出明度渐变的色彩效果，表现阿尔巴尼亚的地形地貌变化特征

（4）场地元素

基于三维轴测图或总平面图，常用符号图式或标签化文字表达建筑类型属性、空间类型、场所使用方式等信息。为便于设计信息的读取和识别，代表对象属性的符号图式常作为主要表现方式，结合简短的文字或关键词，对设计内容进行解读说明。

如图 2-163 为某城市街区既有建筑及场地空间的生态化改造设计。基于线框轴测图，响亮的黑色和绿色分别标识出改造的建筑及场地，在轴测图外围，运用符号图式结合文字说明，通过引注的方式直观生动地说明了各种生态技术措施的改造内容及应用方式。

有时候，由于图形本身容量有限而无法容纳足够的设计内容，或过多的表达内容会影响图式表现效果，可以如图 2-164 所示，在不改变原始底图的前提下（总平面肌理图），将代表不同功能的标签文字以一定的秩序进行组合排列，引注在底图一侧。

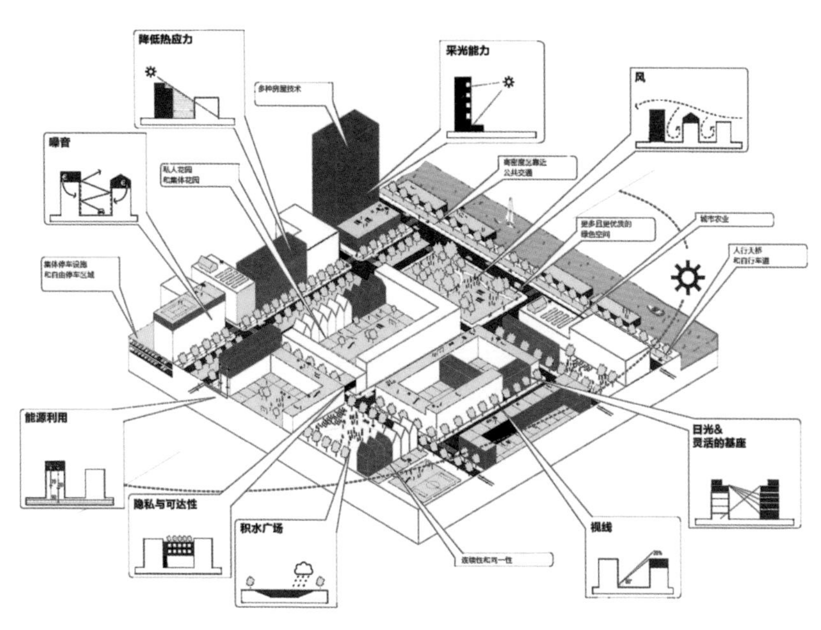

图 2-163 抽象的符号图式结合文字标注，表达与场地空间及建筑改造相关的各种生态技术措施的应用方式及使用位置

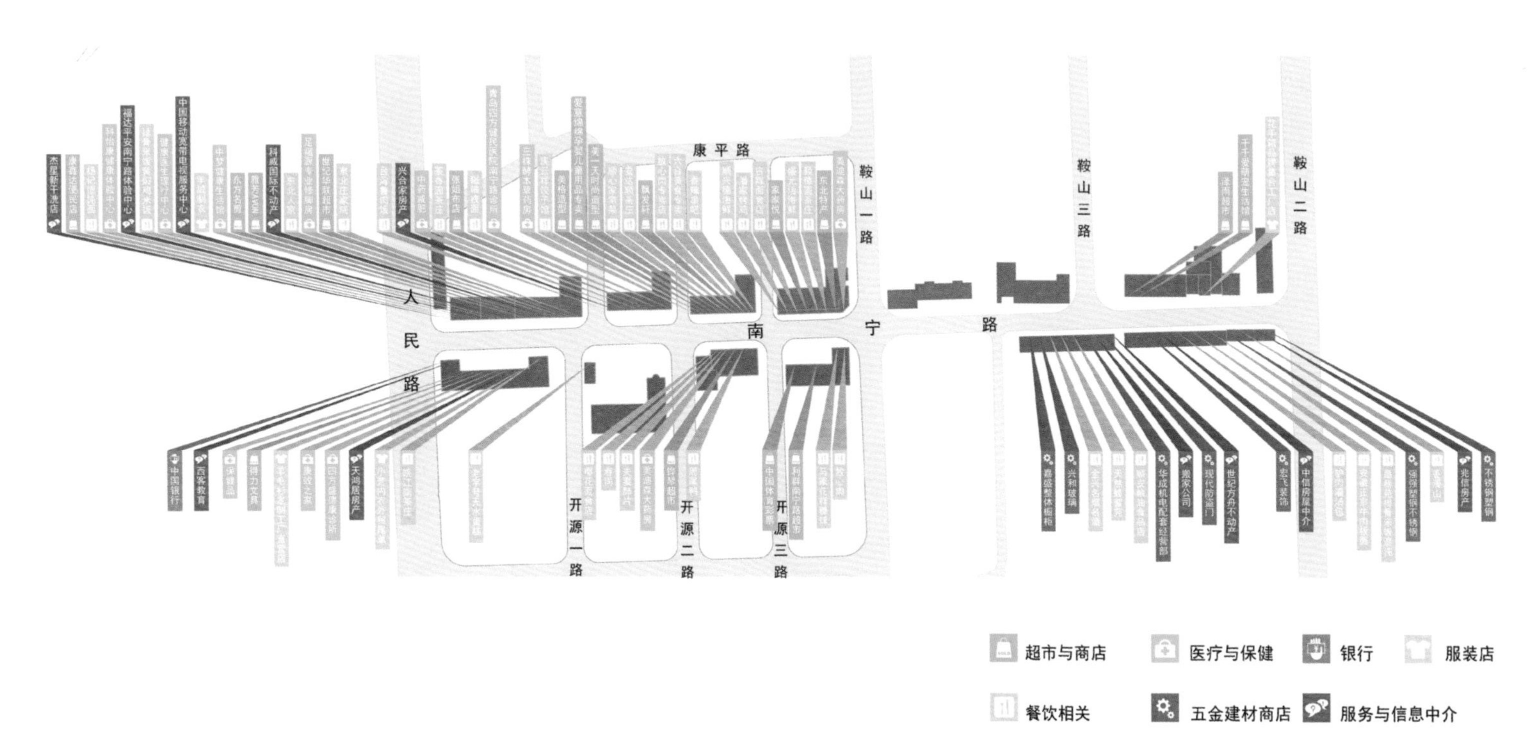

图 2-164 标签化文字表示建筑类型和功能属性

3）视域景观分析图

一般而言，很多处于自然环境或城市特定区域的设计案例，都或多或少地受到周围环境的影响。建筑或空间既然要为人所用，使用者的视觉感受便成了需要着重考虑的因素。在很多情况下，使用者的视觉感受，会对建筑形态、空间设施及场地环境等方面产生重要影响。因此，分析建筑朝向和视觉体验的视域景观图式，成为很多设计方案表达构思起点和空间特色的重要图式类型。

如斯蒂文霍的深圳万科总部设计方案中对建筑景观朝向的分析表达（图 2-165）——项目背山面水，地形起伏，环境优美，设计师基于此，构思融于自然环境的水平形态建筑。在第一个总平面图中，他运用形体简化但景观丰富具体的总平面图，结合橙色的景观视觉轴线表达建筑水平延展的主要面水和面山界面，并隐性表达建筑自由曲折的平面轮廓与山水自由穿插的互动关系。而后，又基于剖面简图和实体模型图，在人视角度展现底层架空设计所产生的开阔视觉体验。三种分析图式——总平面、剖面及手工模型，由整体到局部细节，通过视觉分析图一步步传达设计中对于环境和景观视觉的设计构思。

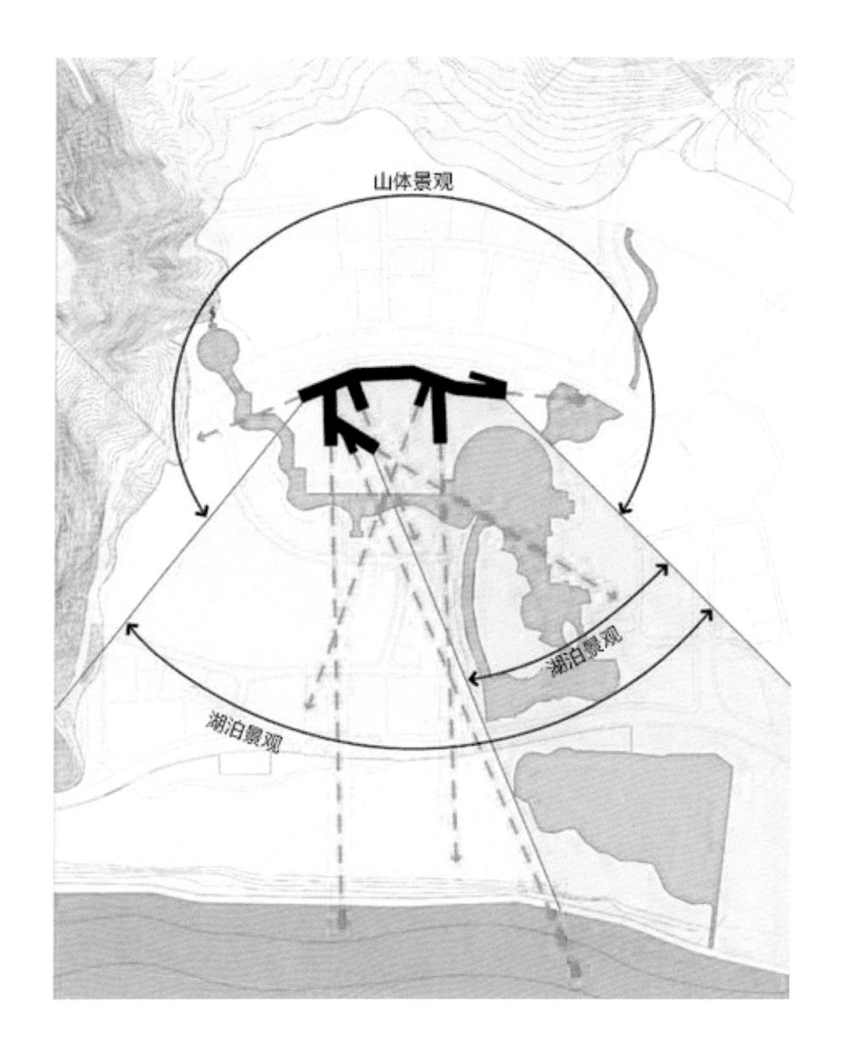

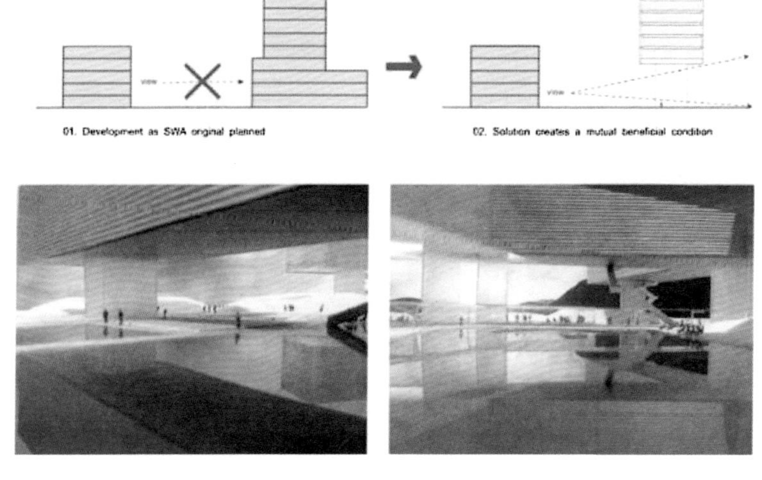

图 2-165 利用总平面图、剖面简图及实体模型进行建筑朝向和景观视线分析

视域景观分析图式多用来分析初始的设计构思，常将设计对象抽象为二维简图并以黑白灰单色呈现，以免与彩色视觉分析线混淆，影响内容表达。如图 2-166 将原本较复杂的建筑形态简化为黑色二维图形，然后再设定位置叠加红色视觉分析线，以表达取景的位置和景观主界面。而后，又通过实景照片拼贴图式，强调在真实环境尺度下的景观感受，也是对抽象视觉分析的形象补充。

图 2-167 借助前后对比的两个立面简图，在强调视觉朝向的同时，阐释了设计结合起伏的地形，将传统的落地裙房建筑垂直反转，形成底部架空的开放形态。

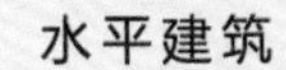

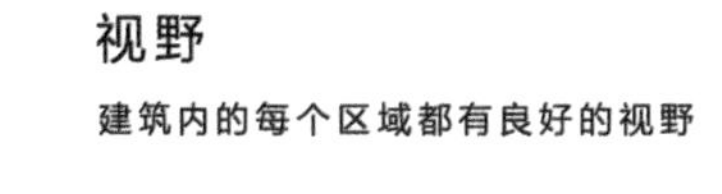

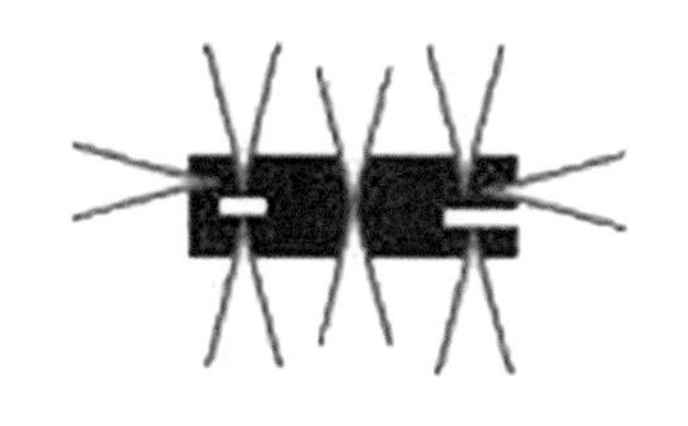

水平建筑

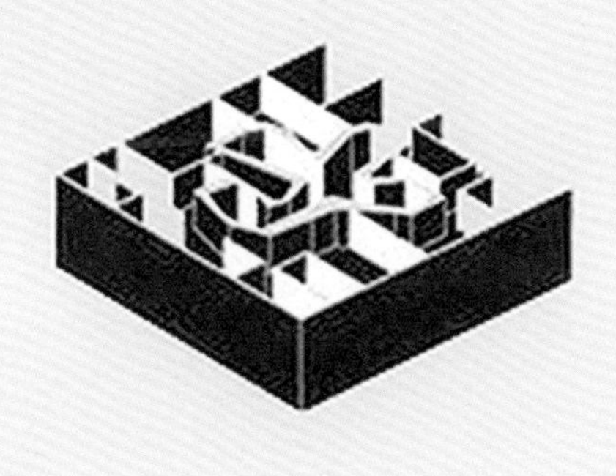

视野

建筑的中心区域并不能获得外面花园的视野

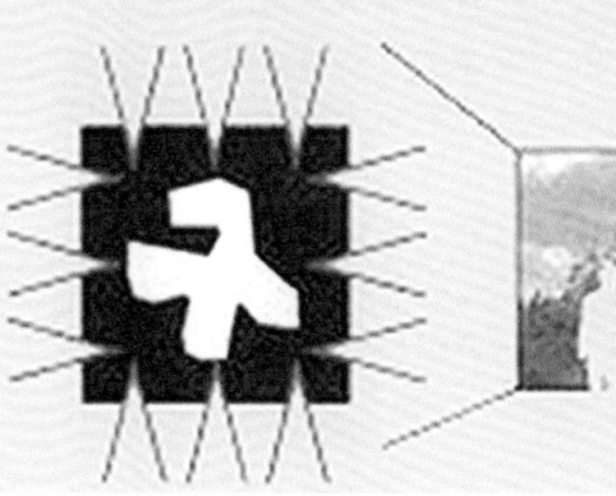

图 2-166 景观视线方向及真实景观空间效果的模拟

图 2-167 基于建筑立面简图表达底层架空、景观渗透、视线开放的空间设计概念

4）功能分析图

功能分析图，顾名思义就是分析说明建筑功能状况的图式，平面图、剖面图和轴测图等都是常见的分析图形式。与在图形上通过文字标注功能名称的方式不同，这里所说的功能分析图式主要通过颜色及体块变化结合文字进行表达，不仅展示出不同功能的空间布局逻辑，而且可以表达不同功能与建筑形态的对应关系。

如今常见的能够清晰表达功能的图式具有以下规律：

首先，依托的背景底图，具有从方案形态抽取的完整的平面或体块结构，很多轴测三维体块也都显示出内部的结构线；

其次，作为分析的背景底图，细节简化，往往为黑白色的轮廓线框图，利于突显附带颜色的功能分区；

再者，功能分区的表达，通过色块填充或功能符号标注的方式在背景图形中予以标明，易于读取。

（1）二维功能分析图

常见的平面功能分析图，主要运用色彩填充表达水平层面的功能分区。如图 2-168 的万科中心设计，第一张平面功能的色块简图通过 4 种颜色明确区分出 4 大功能分区。而第二张平面图在原有基本功能分区的基础上，对细节丰富的平面图作为底图进一步填充，细化各类功能细节。

在建筑设计或城市设计前期的调研分析中，常需要对特定的功能业态进行归类标注，以判断区域的业态比例特征或街道两侧空间的职能属性。图 2-169 中的“济南商埠区的眼界业态调研”中，除用特定的颜色对不同功能的建筑肌理进行填充标识外，还运用环状饼图表达沿街各类功能的总体比例。平面定性标识结合定量比对，使得调研结论更为准确清晰。

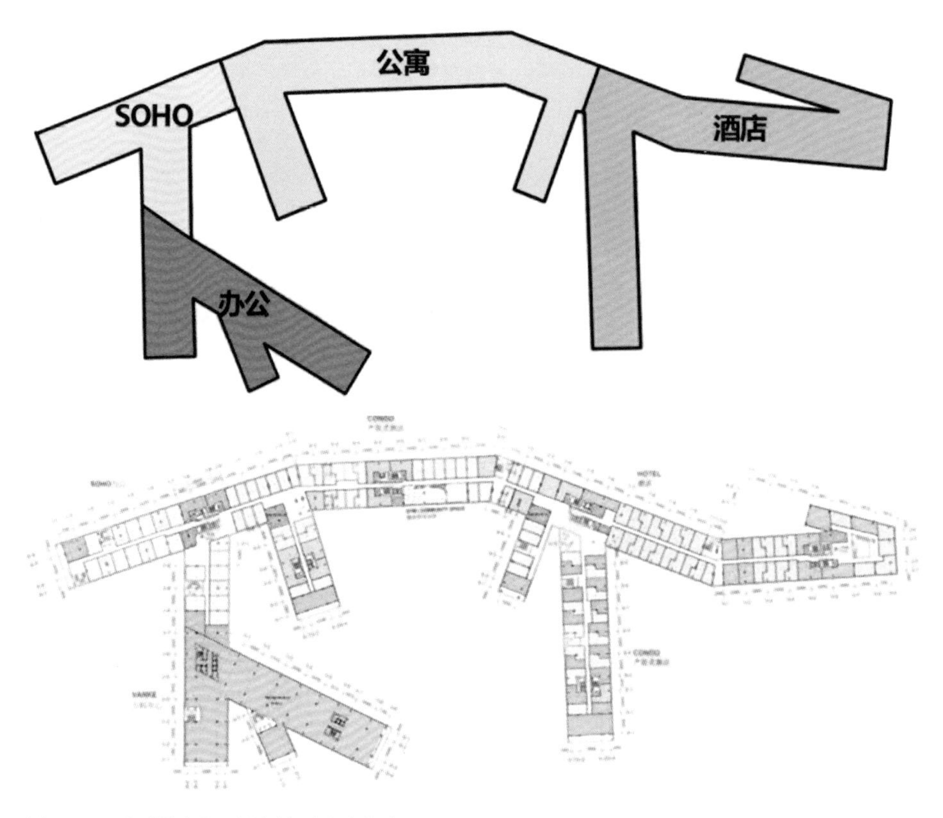

图 2-168 平面图式中运用色块区分功能分区

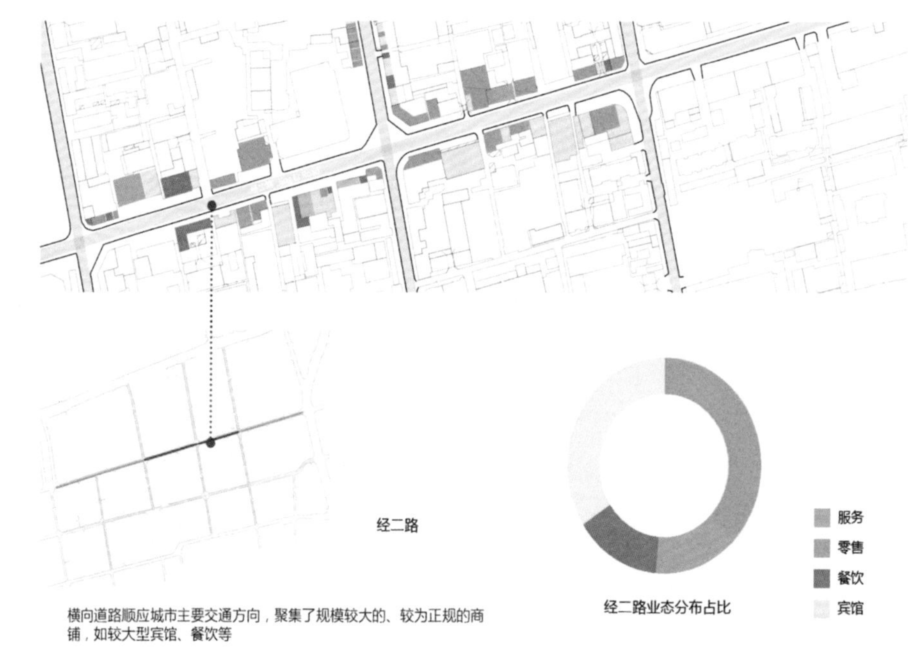

图 2-169 总平面图中的功能色块表达不同业态的沿街分布状况，同时通过圆环饼状图表达不同功能的面积比例

（2）三维功能分析图

三维图式的功能表达更为直观生动，且可在多个空间维度展现建筑内部功能的组织关系。运用此类图式需注意色彩搭配及表现对象的刻画深度，以免表现的功能信息过于繁杂，不易辨识。

图 2–170 和图 2–171，都是借助三维图形表达建筑功能的典型案例。两者都是依托高视点鸟瞰图的表现，所不同的是，图 2–170 中央电视台总部大楼的设计方案中，内部功能被转化为真实比例下的色彩体块，置于完整的建筑形态体块（建筑表皮透明化）之中，易于读者定位各类功能在建筑形体内的位置关系。而图 2–171 主要借助家具布置表达了标准层的内部功能布局，相较于简单的文字标注，更传递出建筑空间的尺度和比例信息。

图 2–172 的轴测体块图，是采用传统的填色方式区分不同的建筑功能体块，能在总体上表达建筑功能体块的空间衔接关系。

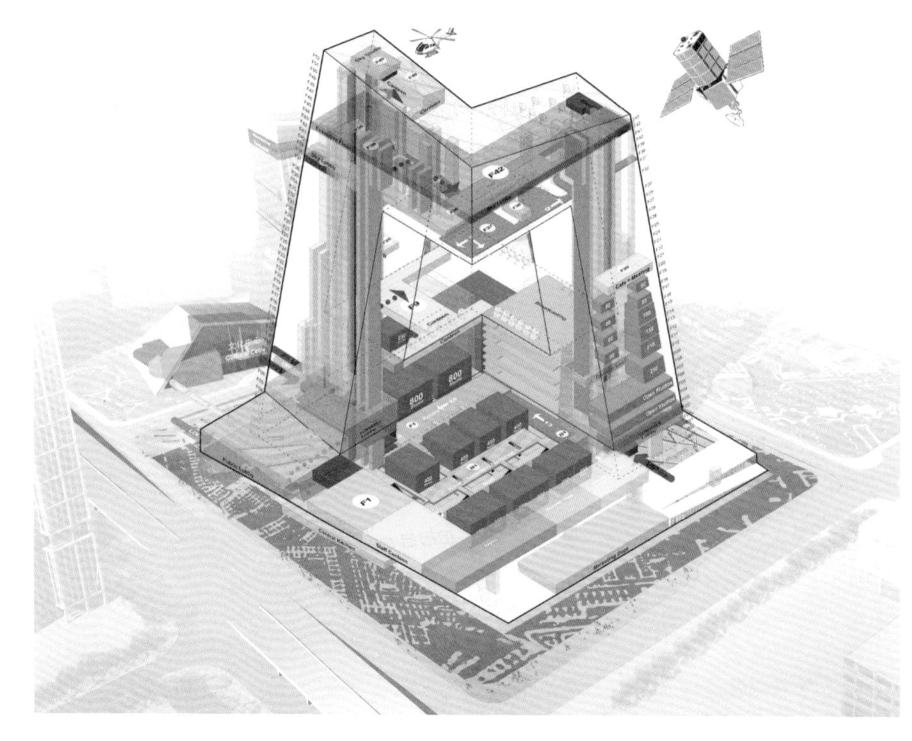

图 2-170 CCTV 央视主楼功能表达轴测图

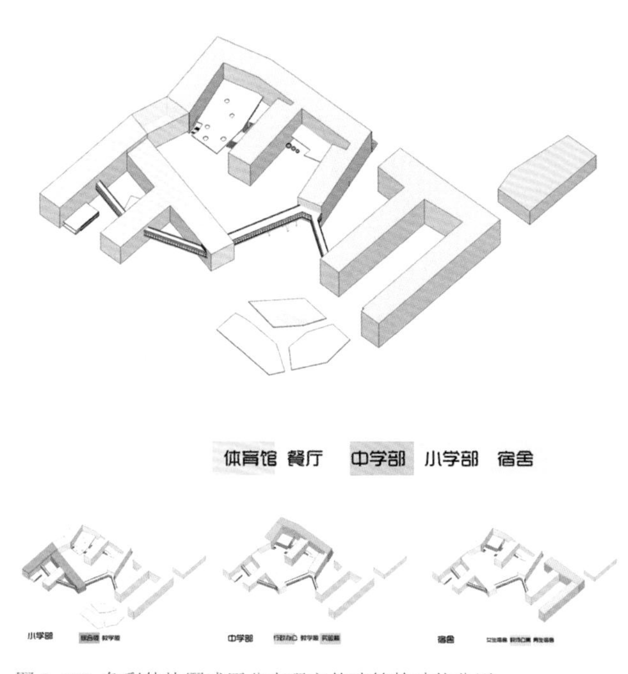

图 2-172 色彩体块图式区分表现主体建筑的功能分区

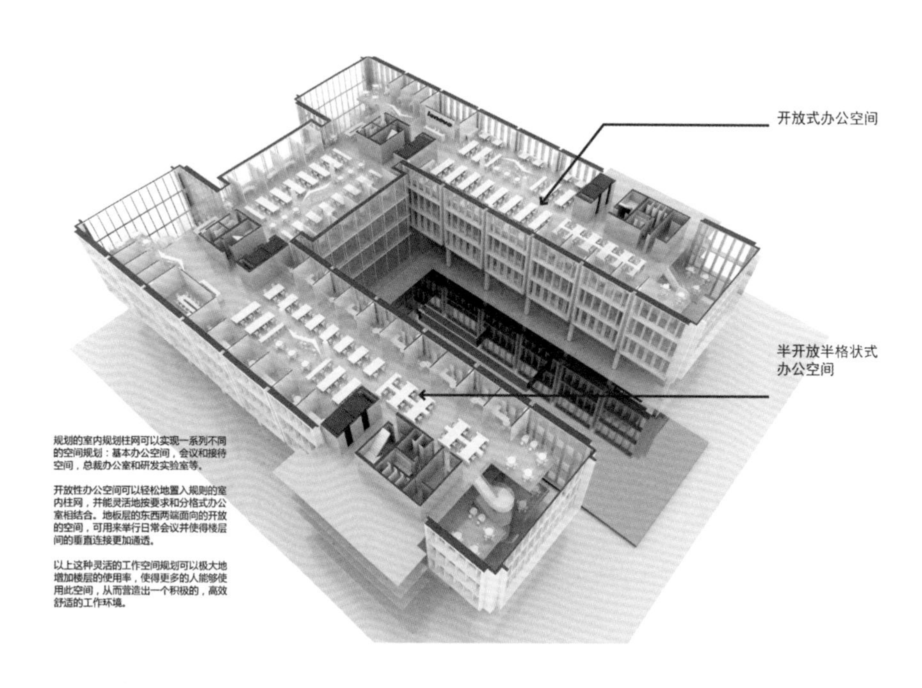

图 2-171 建筑单体水平剖切，以鸟瞰方式展示内部功能空间的划分方式

5）流线分析图

流线分析图的作用

每一个城市和区域的道路状况都有区别，不同功能和形态的建筑实体在流线组织上亦有差别。通过在不同尺度和维度的图形上绘制流线分析图，可以使读者快速了解城市的道路等级和街道布局特色，同一区域不同时间段各种交通方式的变化状况（步行交通、机动车交通等），以及建筑内外在垂直和水平层面的交通联系状况。

（1）流线与空间

交通流线常与建筑轴测图或叠层图相结合，在表达不同类型交通在垂直及水平层面分布状况的同时，也可以展现建筑功能空间，尤其是公共空间的设计特色。操作此类图式需注意，表达建筑或城市空间的背景底图需要合并或者去除某些信息元素，必要时对其进行弱化简化处理，以免影响主体交通流线的表达。

图 2-173 表达了建筑群体之间的交通流线组织关系，黄色和红色的交通流线及节点与半透明的建筑体块叠合，勾勒出多元复合的慢速交通系统的服务范围，以及与建筑空间的互动关系。

流线有时还可以强化形体设计概念的表现。如图 2-174，建筑形态的绿色屋面与表现慢速交通流线的自由曲线结合，强调了折叠连续的造型概念。

图 2-175 中，以分层轴测图的方式，通过蓝色与绿色，区别表达了内部工作人员与外部公共人流在建筑内部垂直空间的交通联系状况。黑白线框图较好地突出了彩色交通流线，竖向分层图在垂直层面上清晰地展示了两类流线的联系，及其服务的不同楼层。

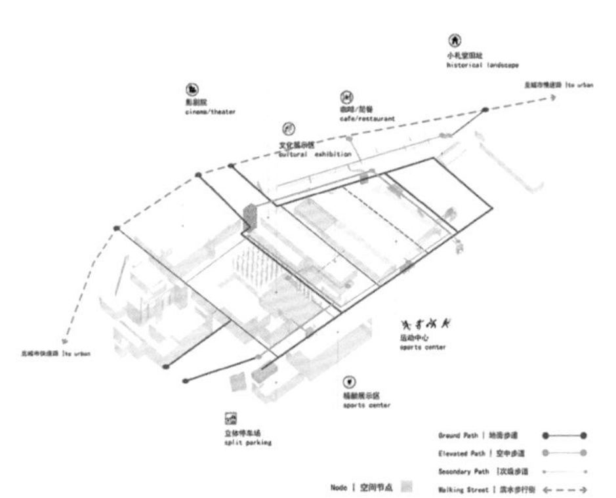

图 2-173 建筑群体轴测图对场地不同类型流线和重要功能节点的表达

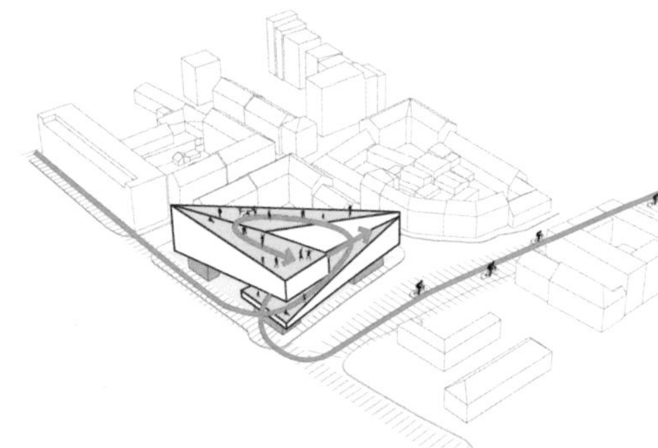

图 2-174 流线表达强调了形态设计概念的表现

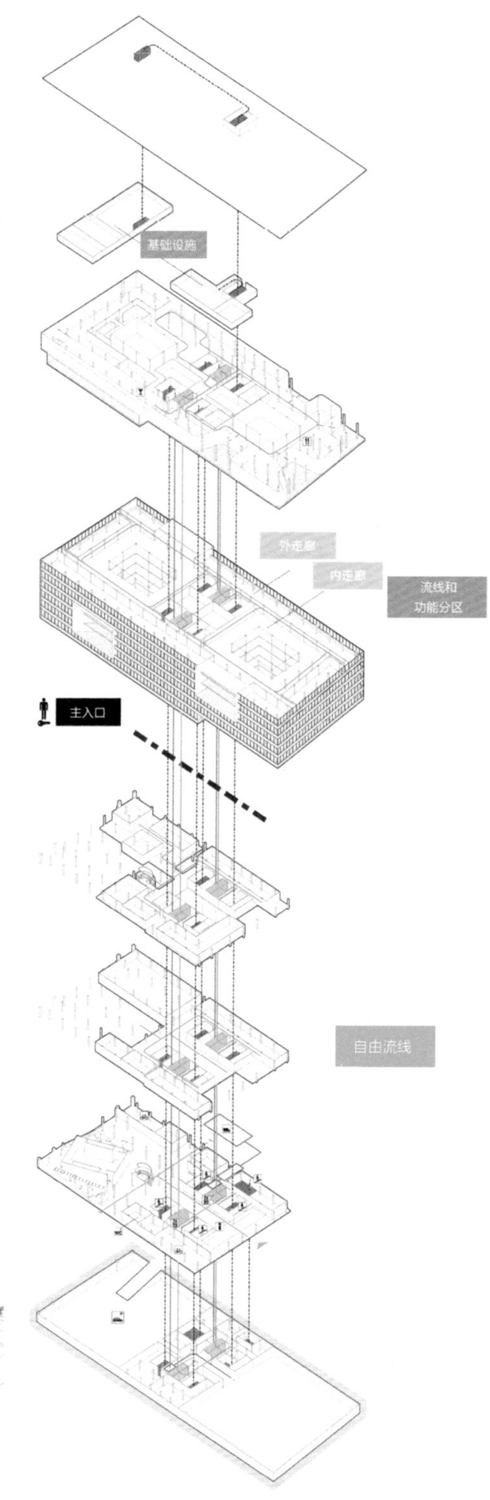

图 2-175 利用分层轴测图对垂直空间流线的表达

（2）流线的类别与层级

任何城市的道路都分为主干道和次干道，直线及曲线的形式不一，在不同类型的空间肌理图中可以明显地感受线性交通空间的尺度差别。一般而言，交通流线多借助不同色彩和不同类型的线条进行表达。同一颜色的线条在不同位置的粗细，可以让读者迅速了解到空间主要干道及次要街道的分布状况，甚至空间的形态特征。有时，结合形象的“符号图标和图形”所表示的具体道路使用方式，更便于设计者提取影响建筑总平面布局的交通要素。

需要注意的是，此类图式中，作为主体表达内容的线条及点状符号元素较多，要注意彼此之间的色彩及类型区分，环境底图（尤其是卫星影像图）要进行适当弱化（比如降低饱和度以减少图面元素），以免喧宾夺主，影响交通内容表达。

图 2-176 基于地形图提取出重要城市交通结构，并以一种概念化的方式表达了比利时科特赖克的内外道路联系。图面以黑和灰作为肌理地形底图色调，较好地突出白色的交通网络，不同等级道路类型则通过线型（实线与点划线）与线条粗细进行区分。整体画面的风格简约明快，内容清晰易读。

图 2-177 是基于卫星影像地图绘制的城市道路与交通设施分布图式。卫星影像图去色之后作为底图，既能表现基本的城市环境特征，又不会影响交通分析和设施符号的表现。色相接近、粗细及线型有别的线条，可以让读者迅速了解道路等级（主次干道）和类型属性，以及在城市内外的空间分布特征。而形象的点状交通符号图式，则进一步明确了交通设施的分布状况及与线性道路的联系。

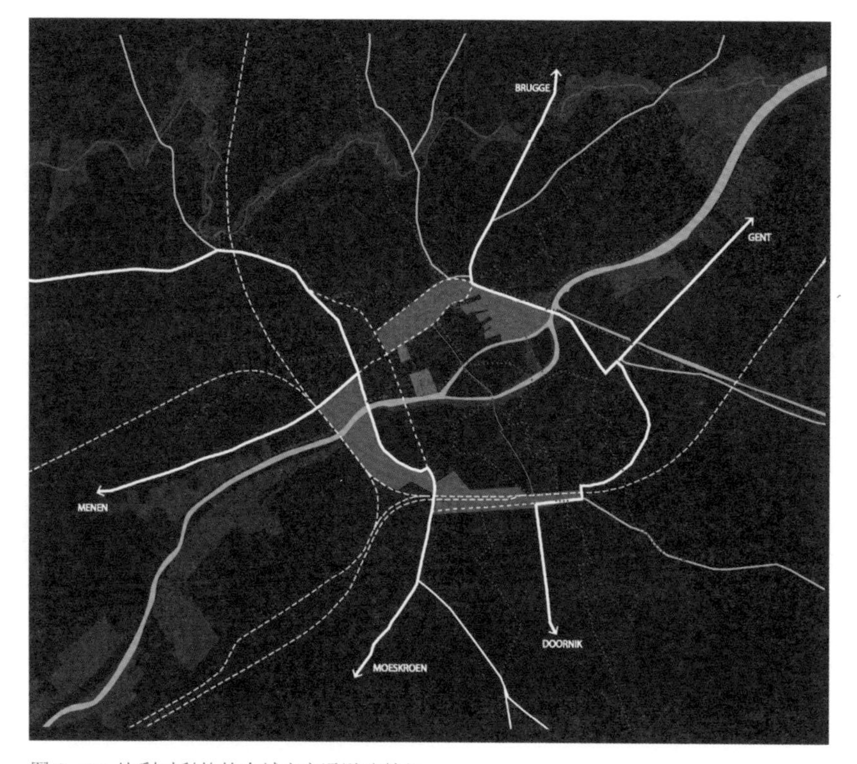

图 2-176 比利时科特赖克城市交通道路等级

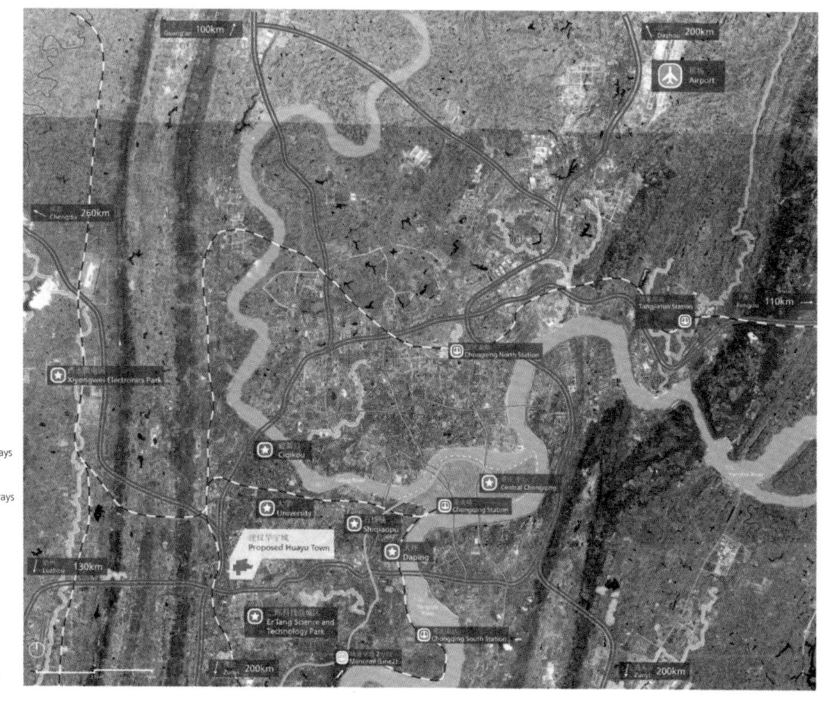

图 2-177 重庆道路结构及交通设施分布状况

（3）交通密度

在建筑方案推敲过程中，场地或建筑的进入方式及出入口的位置设定，是总平面布局和建筑形态生成的重要影响因素，往往需要通过人流（或车流）来向及密度进行确定。一般来说，建筑设计中所指示的人流或车流密度，并不需要统计学测算后进行精确的表达，只需要通过点、线等元素进行大致表示即可。此外，交通密度和强度的表达通常是利用相同颜色的图形元素，通过变化图形大小或叠加而产生的密度强弱展示，一般不需要过多的颜色变化。

通过场地调研观察不同时间段的交通状况，交通密度可以通过形象的“流线”密度进行直观的图形展示。如图 2–178，在浅灰色的场地平面之上，将相同颜色的动态线条不断叠加，线型的疏密和宽窄即可表现道路的使用强度和交通密度。大部分情况下，交通的密度与强度往往与道路的等级相匹配。

除了线元素外，点元素也可以达成相似的效果。图 2–179 是对校园生活区空间人流活动密度进行的测算表达。不同大小的红色点元素，通过相互叠加聚集，以不同的密度表达出校园空间中人流活动的强度和不同地点的热度。

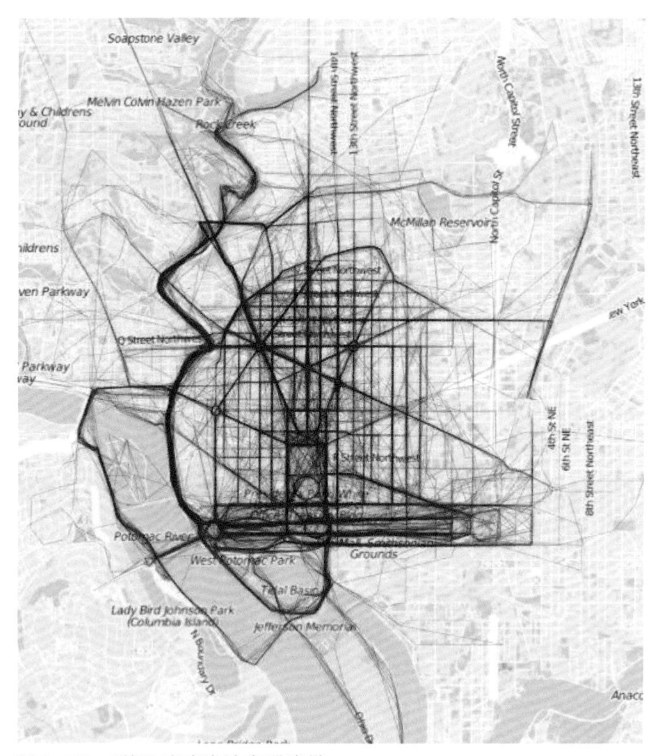

图 2-178 “线”密度表达交通流量

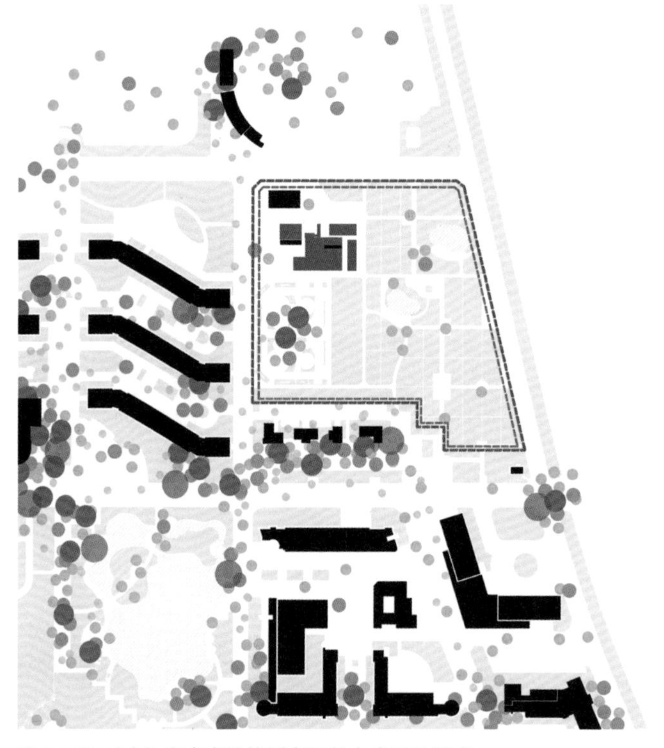
图 2-179 “点”密度表达校园空间的人流活动强度

6）生态设计分析图

如何将融合了社会人文、技术空间的多维度“生态可持续”概念通过图式的方式，从抽象到具象加以表现，是绿色建筑或城市设计中非常重要，也较难实现的方式。平立剖及其他多种图式都是比较直观地展现此类概念的表现方式，此外结合生态概念，也可以将不同类型的效果表现图和分析图一并展示，有的放矢，才能更清晰地表达概念。

在此，基于生态设计中常会涉及的几个技术层面——风、光、热、水等要素，结合不同图式类型对此类表达内容加以说明。

（1）气候响应系统图

①日照

对日照和自然光的运用，是建筑生态设计的重要表达内容。除了对室内空间光环境产生影响外，在某些地块和日照环境下，日照角度、强度和长度等内容对建筑造型和场地环境也起到关键作用。

建筑日照分析的形式灵活多样，一般而言，二维或三维建筑图形（剖面、立面、轴测、透视、手工模型等）作为载体，叠加与日照有关的符号图形（如太阳）、光线照射方向、光源运动轨迹等，综合表现建筑与日照的相互作用状况。需要注意的是，在日照分析图式中，与日照相关的各类分析图形需要通过色彩（黄色、橙色、红色）或图形进行强调，而建筑或场地环境一般只作为背景图式，需要弱化，以免影响日照信息表达。

图 2-180 基于两个角度轴测图，结合太阳运动轨迹，说明了日照对于建筑单体造型体量及群体形态组合的影响。

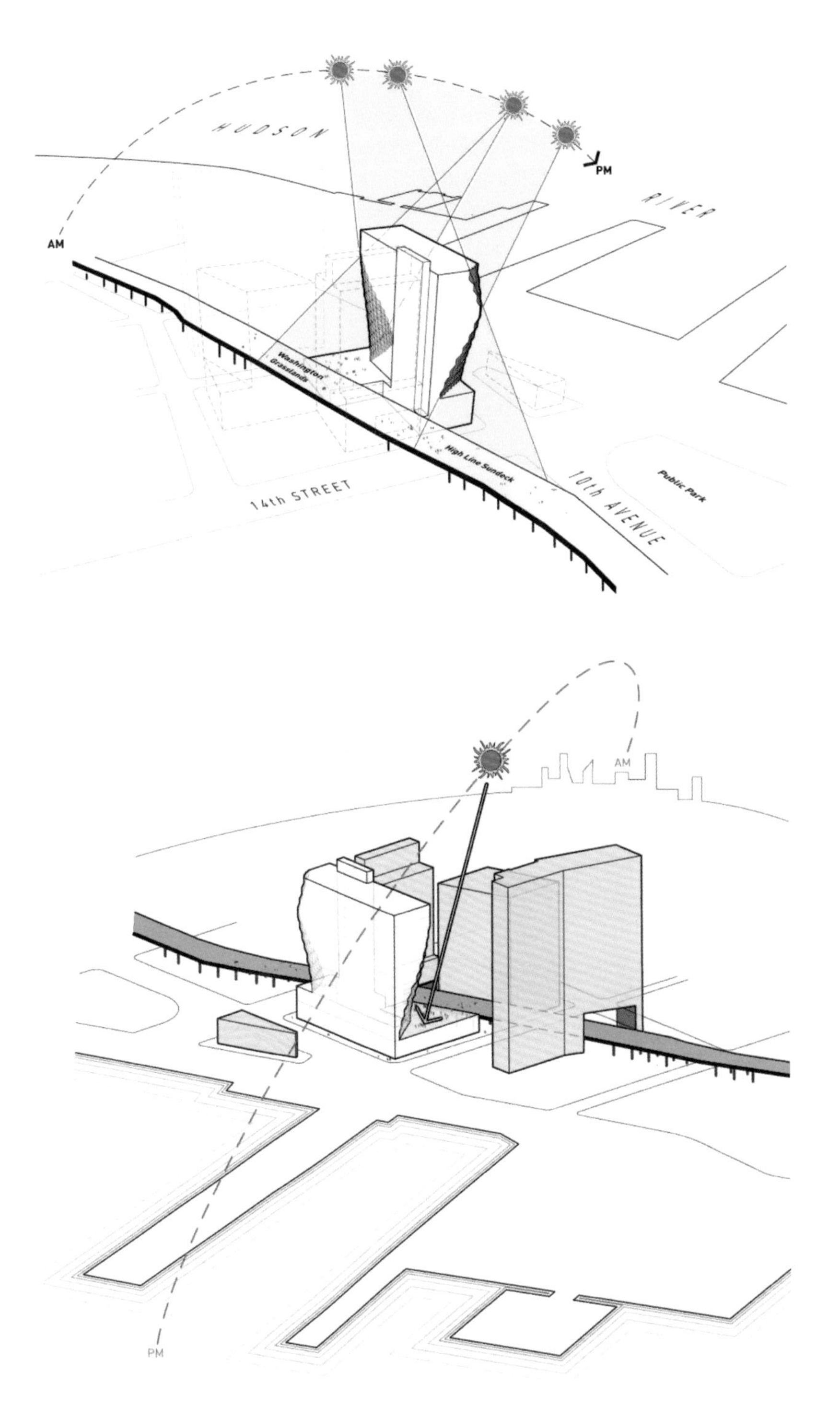

图 2-180 日照轨迹和朝向影响下的建筑形体塑造

图 2-181 通过手工实体模型 + 电脑分析，阐述了如何考虑建筑形态的组合变化及利用日照的直射和反射等产生影响。配合简单的图形符号和文字说明，形象直观，表达形式新颖有趣。

在建筑不同位置选择不同的开窗或洞口开启方式，对自然光线引入和室内光环境营造会产生不同效果。图 2-182 通过矩阵图式，将有中庭顶窗、立面百叶等不同开窗类型的抽象空间剖面简图整合到一起，利用“橙色”强调自然光线反射、折射等变化状况，表达建筑窗洞的造型、开启方式和材料对外部自然光线的利用情况。

建筑设计或城市项目中，常需要对设计对象的周边现状环境（建筑）的日照遮挡评估分析。除了软件的量化分析方式，借助建筑阴影模拟进行遮挡结果的定性表达也具有不错的效果。图 2-183 为某一城市设计项目的阴影分析，将建筑群体在白天日照状况下不同时间点产生的阴影进行叠加，阴影叠加后的深浅变化可以表达出地面不同区域、不同高度建筑的日照遮挡状况。

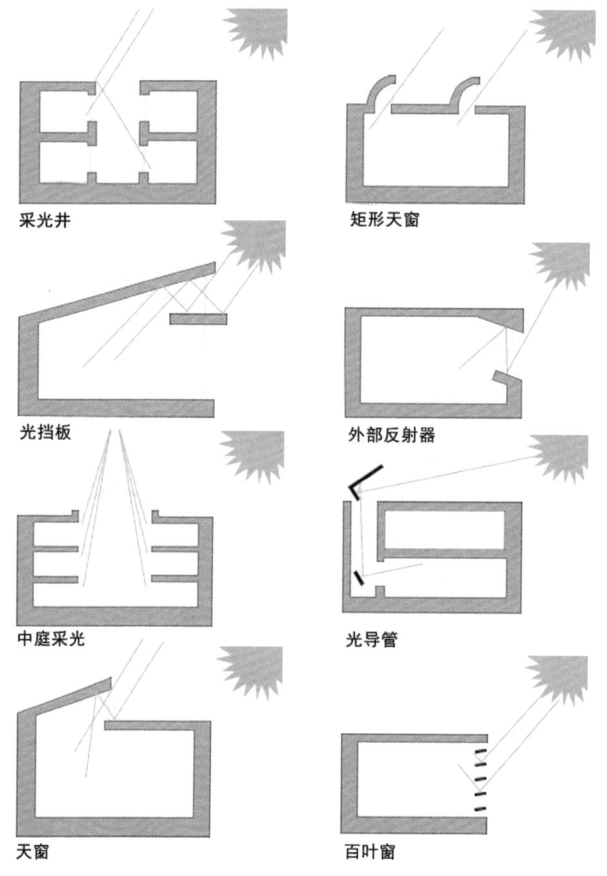

图 2-182　矩阵剖面简图：不同的开窗方式和开启位置，产生的室内光环境和遮阳效果

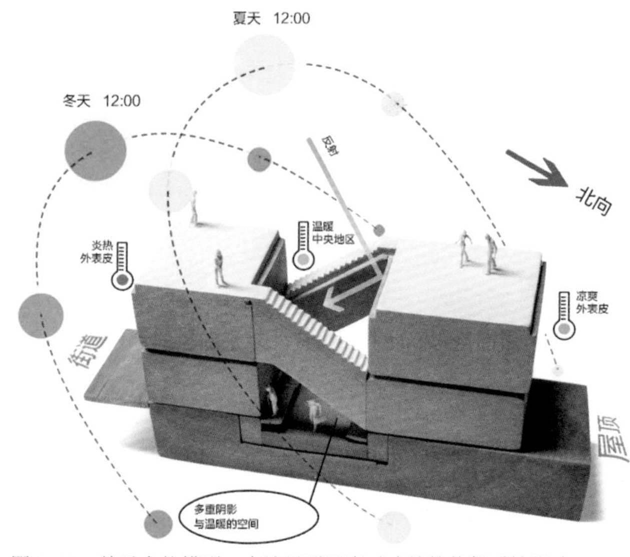

图 2-181 基于实体模型，表达日照因素对建筑的热舒适性影响。

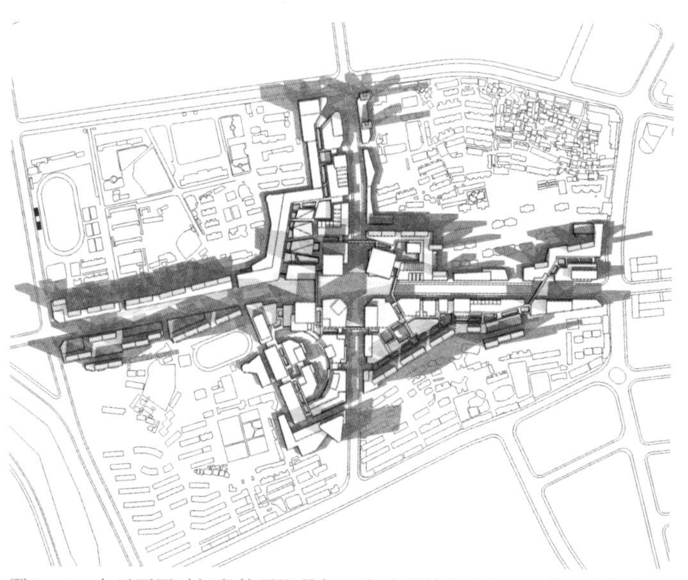
图 2-183 白天不同时间段的阴影叠加，表达区域建筑及场地的日照遮挡状况

②风

绿色建筑设计中对于风环境表现，二维或三维的剖面图式是最常见的形式。风环境评价常与外部日照、热环境质量及绿化空间密切相关，建筑剖面图可以清楚地表达风环境的室内外作用过程和效果。如图 2-184，便是依托剖面简图，对比表现了某建筑室内空间，在夏季和冬季的外部日照作用下风环境表现状况。黄蓝相间、宽窄不一的自由曲线，生动地展现了风的运动轨迹，冷色和暖色分别代表冷风和热风，也进一步分析诠释了热环境影响下的风动规律，及在规律指导下的建筑造型设计（开放阳台、洞口开启的位置和方式等）。

图 2-185 是三维剖面轴测图，展现了建筑中庭利用太阳能进行的夏季通风和冬季采暖的被动式可持续设计策略。代表热风流向和冷风流向的红蓝色箭头，展示了不同温度的气流是如何在热压作用下运动，及其对内部空间热环境所产生的影响效果。

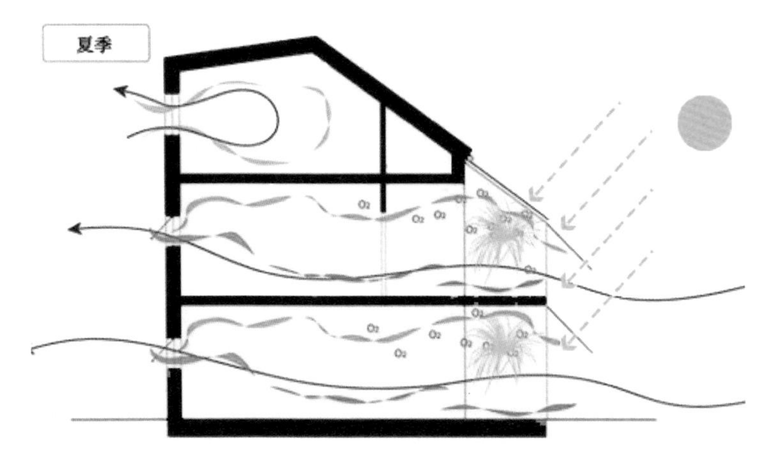

夏季通风策略主要集中在交叉通风。压力差异鼓励交叉通风，也能使建筑物降温

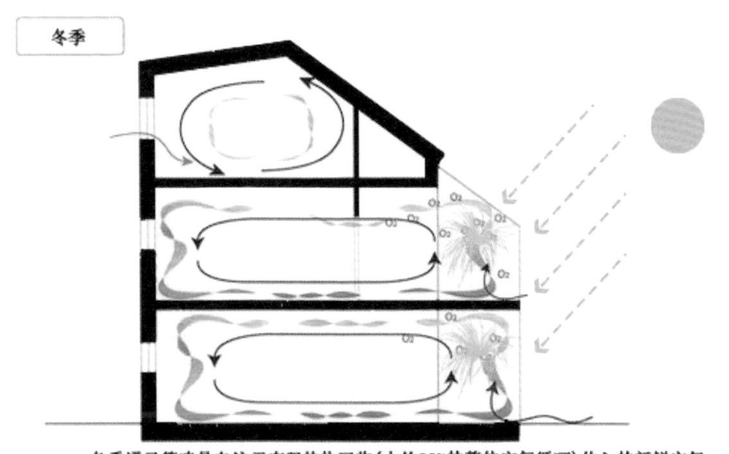

冬季通风策略是专注于有限的热回收（大约20%的整体空气循环）传入的新鲜空气。此外，室内空气净化和湿润的计划在一个温室

图 2-184 剖面图表达基于太阳能的被动式通风、降温等生态设计策略

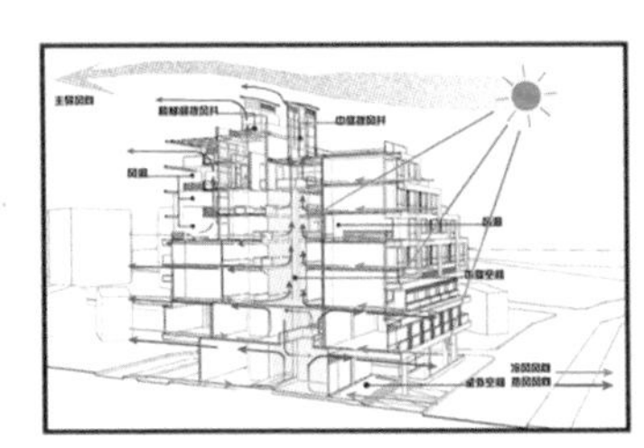

夏季白天通风分析

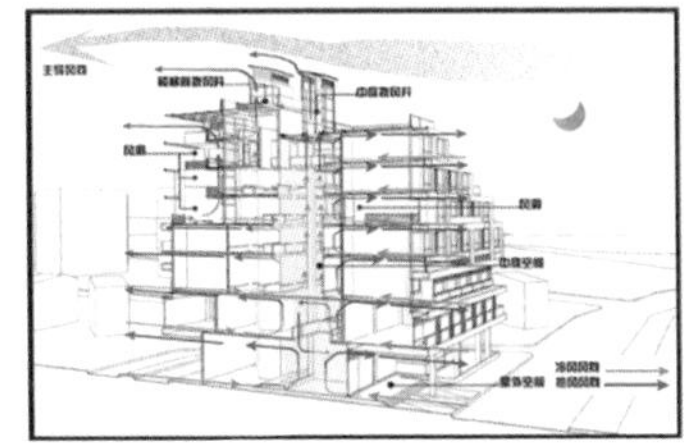

夏季夜间通风分析

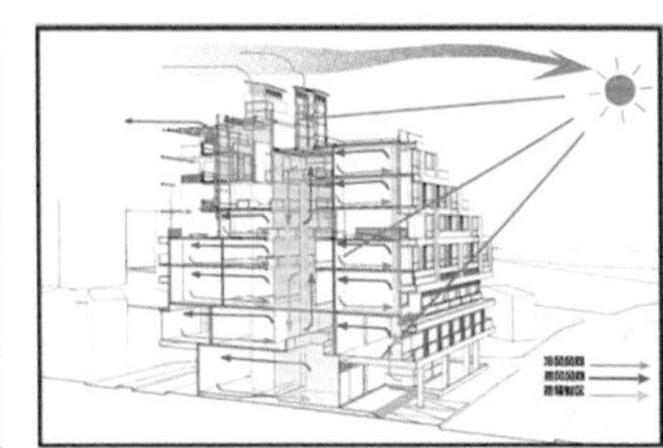

冬季白天采暖分析

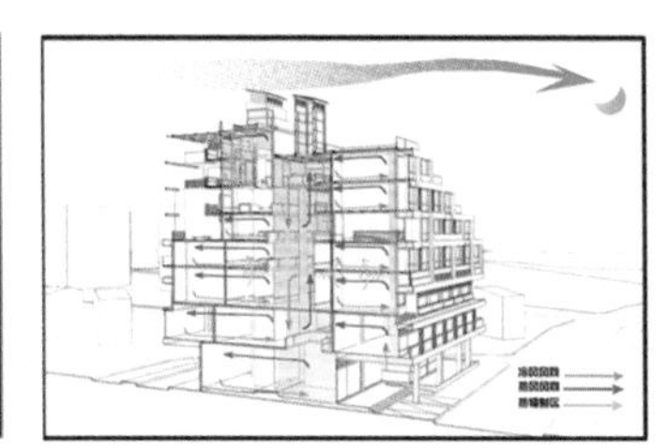

冬季夜间采暖分析

图 2-185 日照影响下的建筑中庭通风及采暖分析

③水

建筑设计中对于水资源的循环利用、雨水收集，及如今城市规划设计中的海绵城市、水敏城市等概念，都包含大量对于空间场地设计中水体利用的分析表达。如图2-186所示的住宅前部雨水花园场地设计的剖轴测表达，轴测图在水平层面强调了场地平面中与水体生态处理相关的各类元素，包括透水地面、贮水池、水生植物过滤槽等。而剖面则在竖向层面表现了地形变化、水流方向等内容。

图 2-187 从类型学的角度将水体的各种生态处理方式,以矩阵图表的形式进行分类呈现。由于是原理示意简图,且图量较多，因此每个图式包含的元素及表现内容要简单明确,便于读者理解和读取,所有图式都运用相同的颜色(蓝色水体、绿色植被、灰色地面层）和表达风格。

水体的生态处理和循环使用是一个完整的动态体系，流程图是表达这一体系内容的常见图式（图 2-188）。借助流程图,代表各类处理设施和水体使用方式的符号图例，按照不同的使用模式，通过曲线或折线串联起来，表达出水体使用的每个环节。流程图具有很强的灵活性，可以根据不同设计构想，将各类与水体相关的图式符号按照不同的逻辑进行重组。

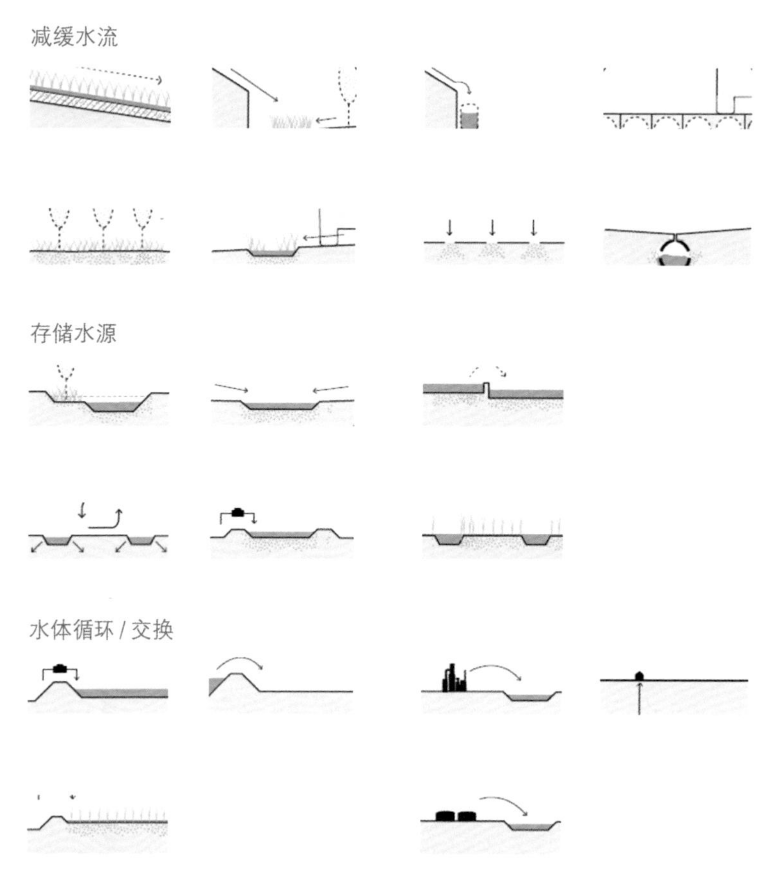

图 2-187 矩阵剖面简图展示水体处理和利用的场地设计策略

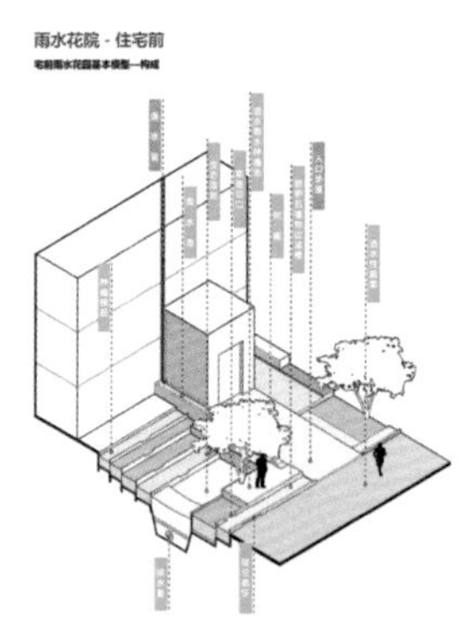

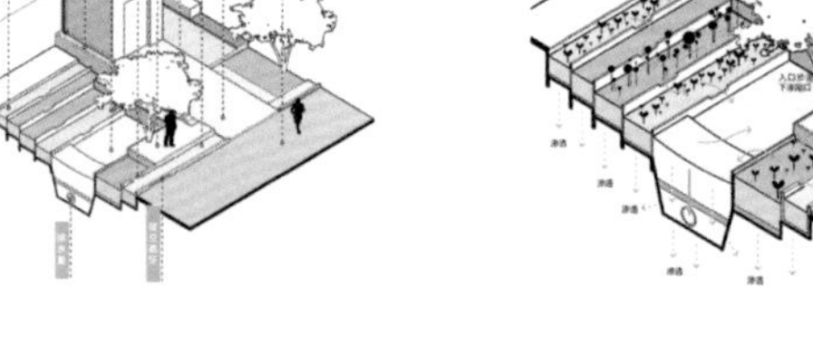

图 2-186 宅前雨水花园基本模型

水
雨水
饮用水
太阳能屋顶
屋顶绿化
灰水
生活污水
保留湿地
湿地种植
浇灌
含水层
污水

图 2-188 水体生态处理流程示意图

流程图表达方式较为灵活，但由于缺少具体的空间载体，表达效果难免有些生涩单调。而借助建筑或场地剖面简图的水体生态设计表达，相比而言更具场景感。

如图 2-189 和图 2-190 表达水体使用的剖面图式。此类图式中，作为背景空间载体的建筑形态、地面、道路等内容，需要被简化为可以识别的抽象简图，而输水管线、储水箱、地形高差、池塘、净水植被等与水体循环处理密切相关的各类设施，需要用鲜明的色彩和丰富的点线面元素进行充分表达。需要注意的是，此类图式中表达水体运动方向和路径的线性元素较多，需要选择合适的线性和色彩加以明确区分，以免相似图形叠加而导致图面杂乱。

当然了，如果觉得剖面简图的水体利用分析图太单调，不够生动，可以将水体剖面图与实景照片组合在一起（图 2-191）。技术图式与真实场景结合，整个画面瞬间生动鲜活起来，水体的各种生态处理方式犹如身边的真实场景，更有利于大家了解整个设计的运行流程。

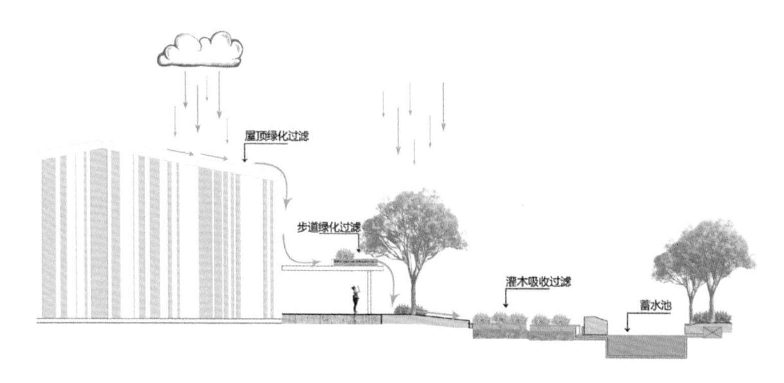

图 2-189 济南啤酒厂园区改造中对雨水收集和循环利用的设计策略

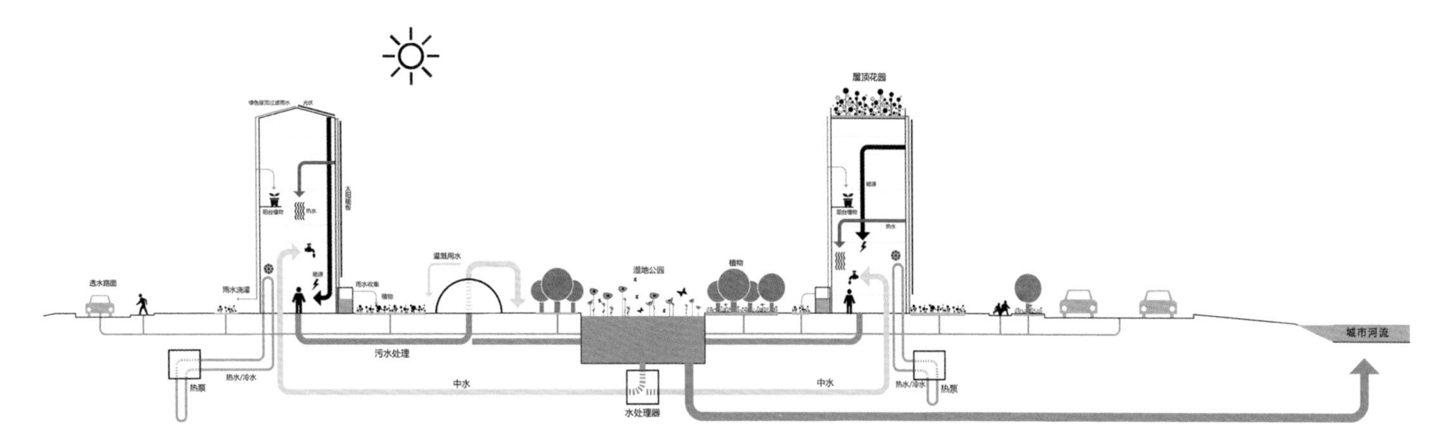

图 2-190 生态社区水体循环运行三维剖面示意图

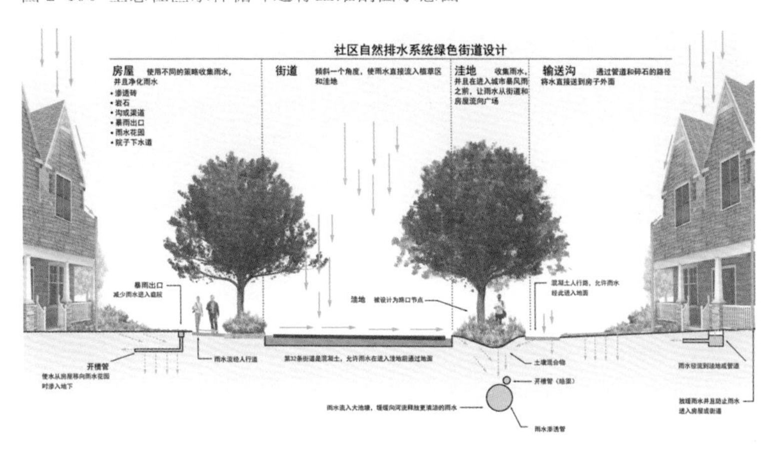

图 2-191 基于实景剖面的雨水收集循环

（2）能量系统图

与水体生态设计图式的表达思路和表现方式相似，表达物质空间能量循环及生态技术运行方式的分析图也常采用流程图的表达形式。如图 2-192，采用统一风格的二维流程简图，表达出利用不同类型原料的能源生产方式，图式简洁，内容清晰。

有时候，对于处在真实建筑空间内的能量循环技术系统，借助三维图式可以使单调的技术内容表现得更为生动立体。如图 2-193，建筑方案中与主被动能源设计相关的各种设施，按照能源的产生和使用过程，借助轴测图进行表达。相比抽象的符号流程图和剖面流程图，轴测图可以反映各类设施管线的实际布局状态，可以更好地阐释能量运行进程与空间的互动关系。

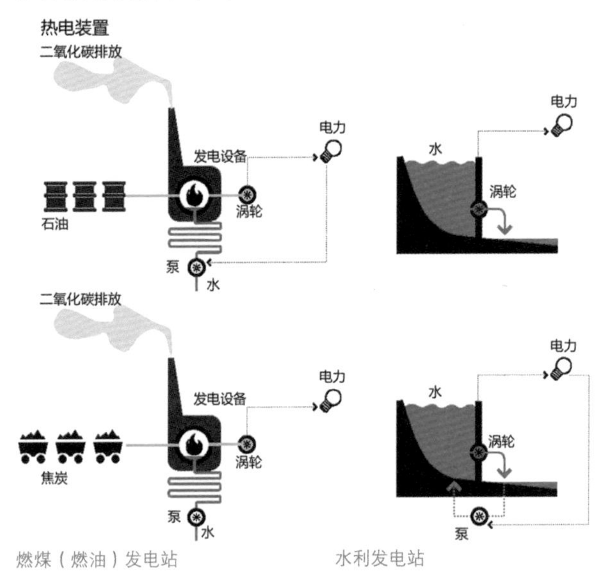

图 2-192 剖面简图结合符号图式表达以燃煤及水力为主要动力的集中式发电站运行原理

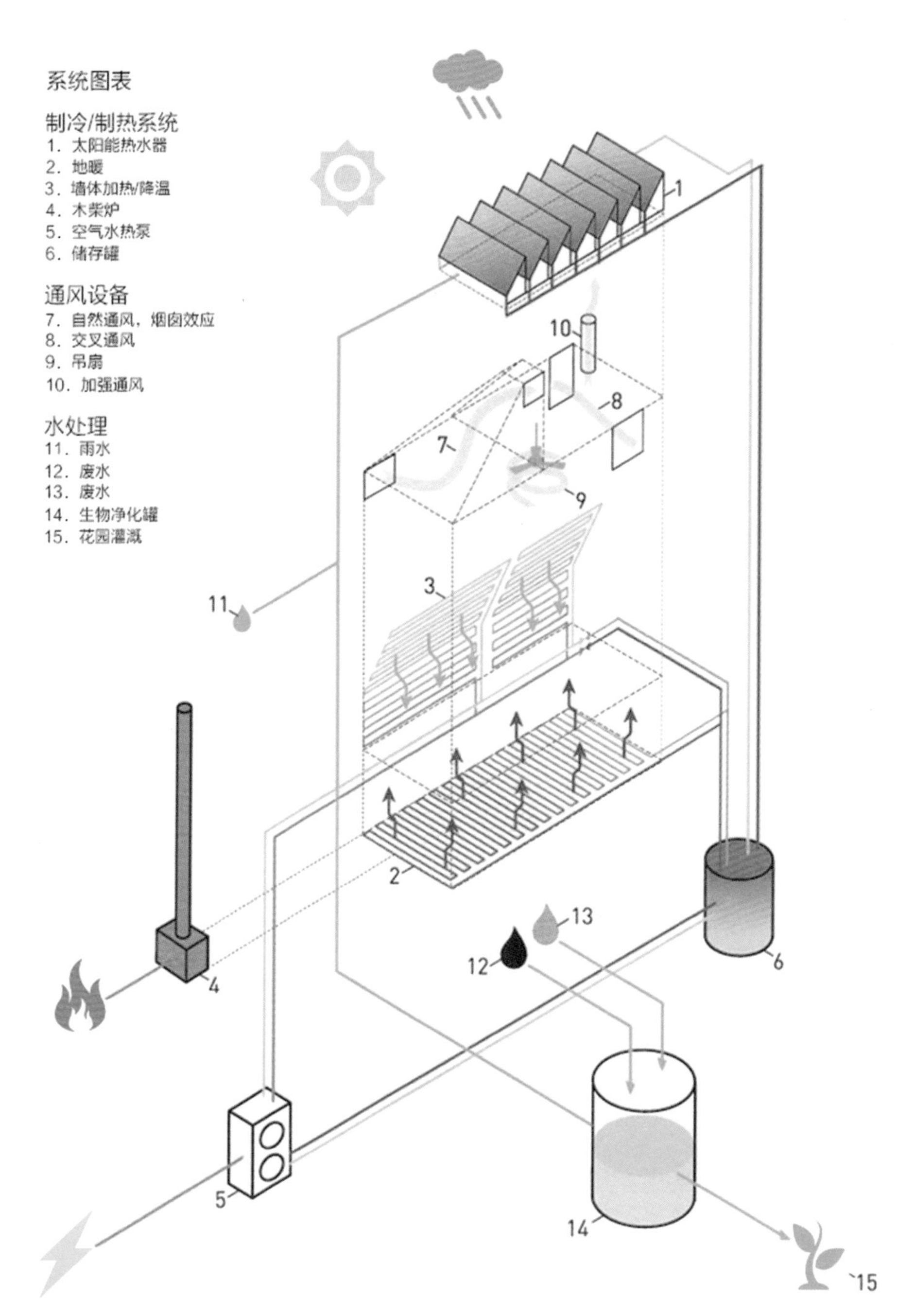

图 2-193 被动式住宅的生态技术系统设计

（3）种植系统图式

①场地种植

在场地环境和景观设计中，植物的种植平面图如同建筑总平面图一样，是设计的重要表达内容。图 2-194 是常见的景观植被平面表现方式：总平面的不同色彩代表不同植被的布局方式，上下部分的植物图片与其相应的平面位置相连，对植被的细节进一步进行说明。

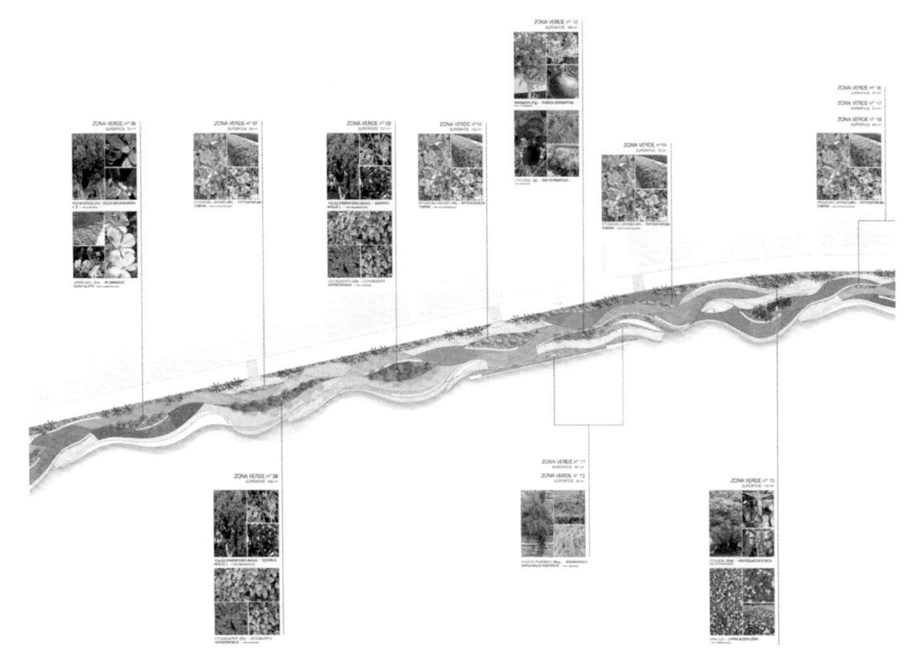

图 2-194 场地景观绿植系统分析

②垂直绿化

在都市农业及绿色建筑设计中，常会将绿植系统与建筑空间结合，以表达垂直绿化的设计理念。

图 2-195 至图 2-197 为意大利米兰的“垂直森林”高层公寓设计的绿植分析图式。整体色调以明度较高的绿色或黄绿色为主，暗示“垂直绿化”以突出建筑设计主题，建筑形体和空间则以简化的黑色线框或灰色图形作为背景图底，以突出绿植系统。

在设计的理念阐释图中，居住建筑空间抽象为深浅不一的灰色房子，与绿色树木由水平组合关系转换为上下层叠的垂直排列，简洁明确地表达出打破传统的水平建筑绿植关系，创造“垂直绿化式建筑空间”的设计理念。

同时，将 3 个同一角度的轴测建筑线框简图横向排列，分别表达出灌溉系统及植被在垂直方向的分布状态，结合准确的剖面图式，浅灰色的建筑背景清晰地展现出植被的空间状态，进一步阐释了设计的技术可行性及空间情景。

这一系列图式的表达过程，首先明确了“垂直绿化”系统的主题，因而以明亮的绿色作为唯一突显的色彩，叠加浅灰色的建筑背景，强有力地对比反映了设计立意。

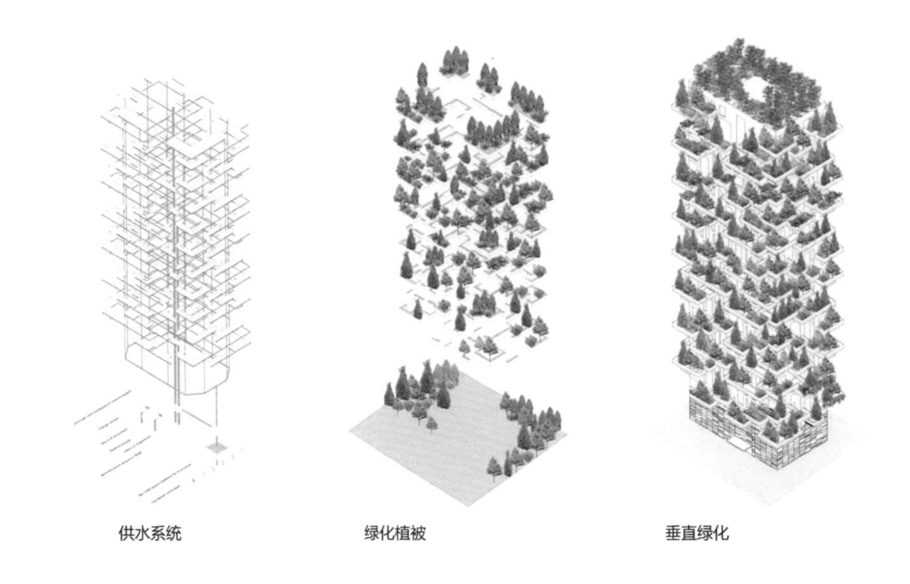

图 2-195 轴测图展示绿植空间的灌溉系统及空间布局状态

（4）生态设计综合分析

虽然前面将绿色生态设计的相关图式进行了分类整理，但大部分情况下，此类分析图式往往将水体处理、太阳能利用、风环境及立体绿化等内容进行综合表达，毕竟绿色设计中的各类生态要素彼此关联，相互支持而又相互制约（图 2-198 至图 2-200）。此类图式的表现内容丰富，形式多样，以二维或者三维的建筑空间图式作为载体，通过点和线元素进行技术分析示意，因前面图式细节做过不少解析，在此不再赘述。需要强调一点，生态设计的综合分析图式中叠加了多种生态技术元素，因此同一生态元素的颜色和线型要统一（如水体都用蓝色，流线都用细实线表达），而不同元素之间的颜色和线型等要注意区分，以免信息过多导致图形内容杂乱，影响表达效果。

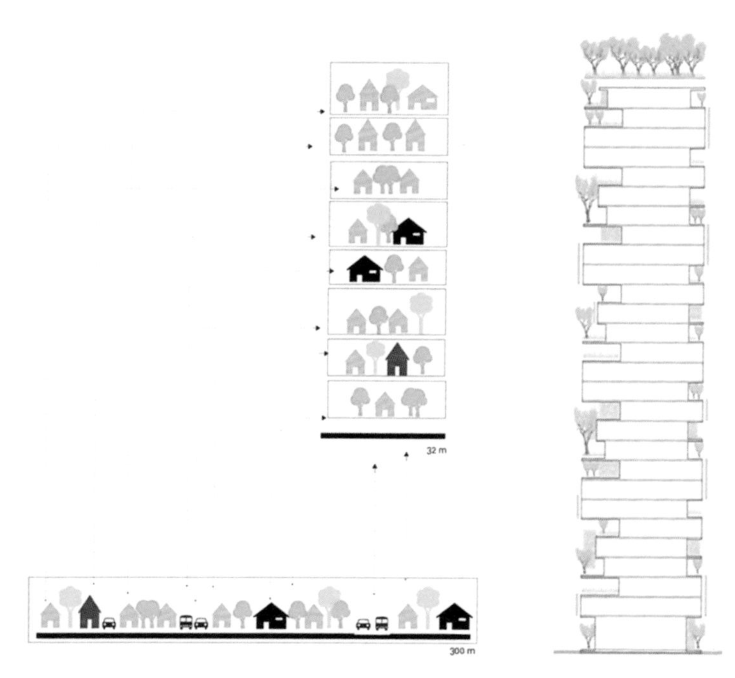

图 2-197 符号图式表达传统的水平单向绿化空间，转化为竖向布局的垂直建筑空间设计理念

图 2-196 在建筑剖面图式中，将真实的人物及植物贴图置入，在微观层面表达剖面空间的使用关系

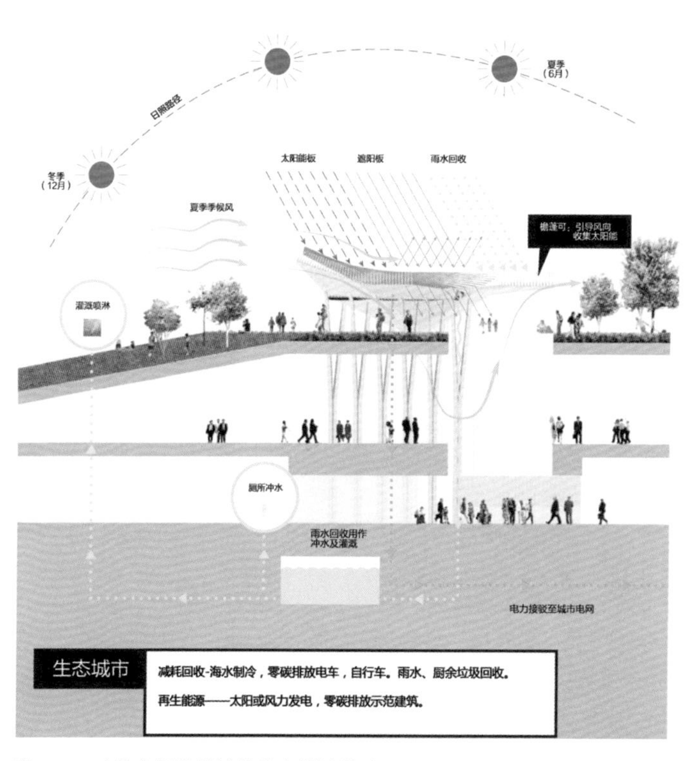

图 2-198 建筑空间及场地的生态设计策略

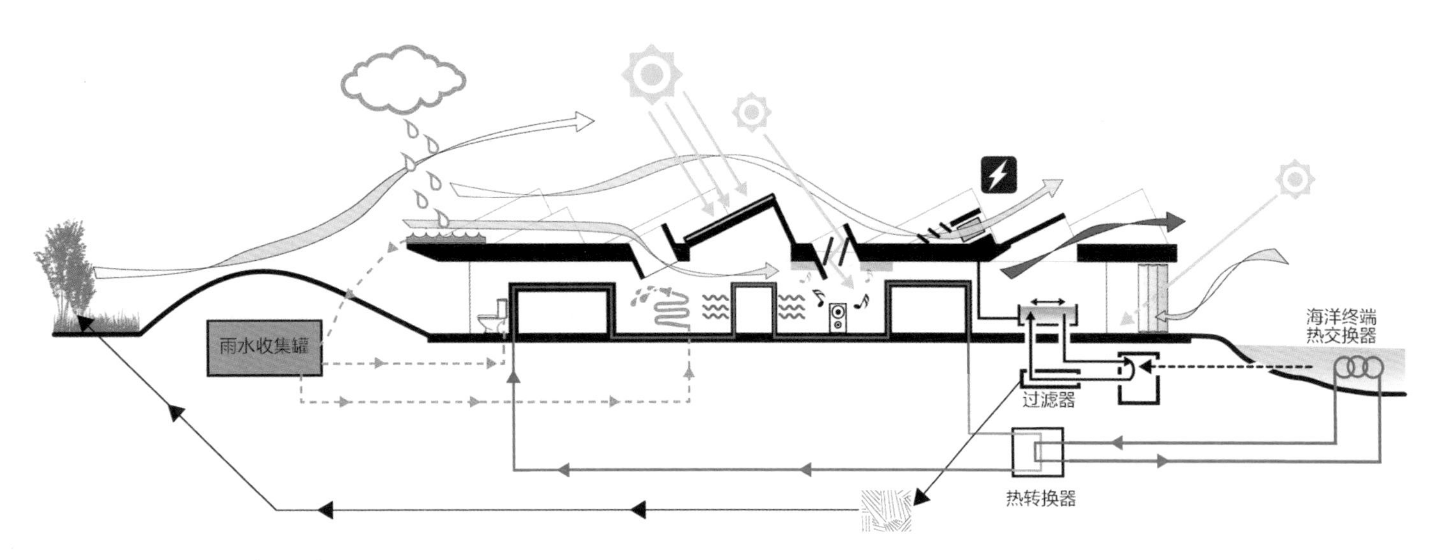

图 2-199 剖面简图表现生态技术流程

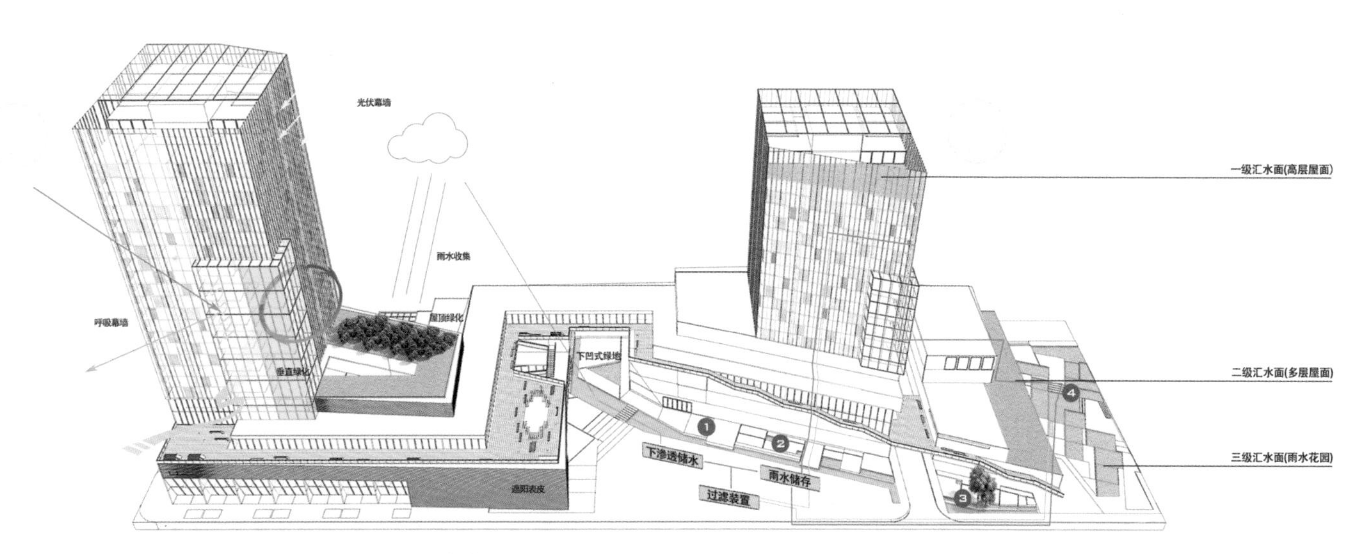

图 2-200 轴测图表现海绵绿色住区规划与单体建筑的生态设计策略

3 设计图式绘制的原则与技巧

设计图式（分析图）既是设计构思的表现形式，也是最终内容表达的重要组成部分，图式的绘制需要选取合适的色彩和图形图样，遵循美学的构成原则，重点突出地反映设计构思和逻辑，需注意以下几点：

1．视觉重构，逻辑条理

2．明确重点，一图一事

3．抽象转译

4．图文并茂

3.1 图式绘制的基本原则

1）视觉重构，逻辑条理

图式绘制，最重要的是遵循视觉路线的一般规律，结合设计理念，将复杂的图形元素按照一定的逻辑进行分步呈现（如从整体到局部、按照设计进程的先后顺序等）。

首先，通过“对比”的方式突出主要信息。从单幅分析图到多个分析图的组合，何种信息最重要，何种次之，哪类信息可以忽略都要梳理清楚。其次，在包含多个图元的图式中，应避免元素过于相似（图元形状、线体形状、字体颜色和大小等），所以需要设计者尽可能强化或者突显分析主体部分，而不要让文字抢了风头，更不能让背景图像或底图过于突出。对于文字与图面的关系，后面会有专门的板块详细阐述。

依托于轴测图的图 3-1 自上而下编排了视觉线索：

第一，下部的主体轴测图占有较大图面比例，结合大面积的不同明度的绿色场地和形态丰富的建筑形体，表达了核心设计信息，迅速吸引读者的注意力。这里需要注意的是，信息通过与弱化的线框环境图产生的强烈对比，设计地块得以很好地突显。

第二，与主图中重要节点相对应的 4 个放大比例的空间分析图横向排列于图面上方，对主体中的空间意向进一步展现，成为次一级的图式系统。

第三，如果读者还有兴趣深入了解，可以关注黑色的图形符号，其中表达出重要空间节点的功能设定。

所以，大家经常见到的不错的分析图，无论是单一还是组合式的，都会按照人的视觉路径做到分析主次分明，位置、色彩及比例精心编排。

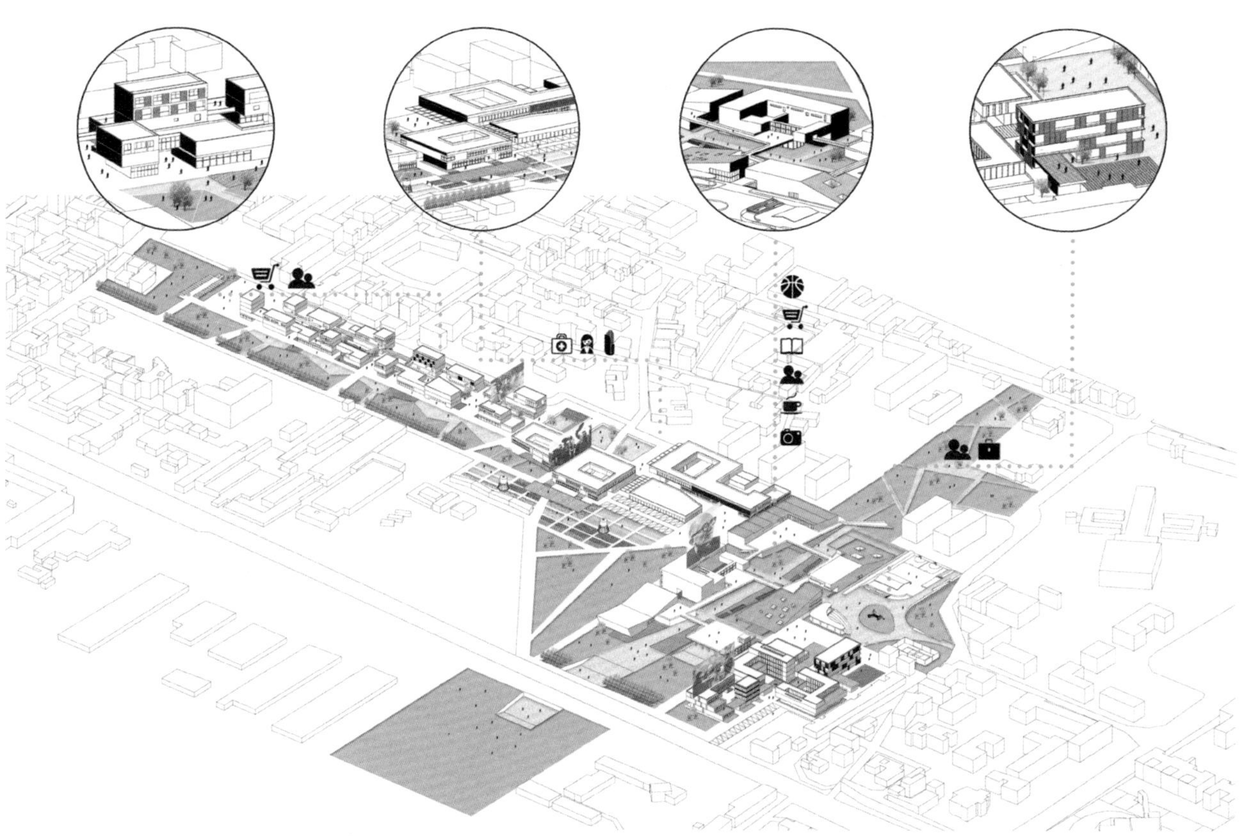

图 3-1 区分视觉层级的轴测分析

2）明确重点，一图一事

当无法将多种设计信息整合于单个图式时，不妨将复杂元素按照一定逻辑（如信息类别、整体到局部、设计过程先后）拆分为多个并列图式，做到一个图式只说明一个问题。在之前的矩阵图式或演进图式讲解中，曾讲过表达同一方案多个角度信息，可以利用其相同比例、角度、背景环境下的轴测或平面图，通过局部图元和色彩的变化，分步表达不同方面的设计信息。其本质便是，一张分析图只表达一个或一类信息，将其他与主题无关或者影响核心内容展示的“噪点”信息进行弱化和过滤，核心信息由设计者根据设计主题本身提取,通过简洁的图形传达给读者。即使在某些情况下（例如图纸版面及展示空间有限，或者想说明几类要素之间的相互关系）需要在一张图上展示多个设计信息，设计者需要控制表达的信息数量用以区分层次,一般建议不要超过3个,以免层次区分不清而产生混乱,使读者无法分辨信息层级差别。

如图 3-2 描述建筑形体生成过程的示意图，因其受到内在指标及外部环境的复杂制约，在一个图中表达多重信息有一定难度。因此设计者将影响因素分类抽取后，将看似复杂的生成过程分解为 12 个步骤图式，每一步的形体变化之处及造成此变化的影响因素，都通过明显的色块或文字符号予以强调。最终，连续单向的示意过程得以分步展示，信息表达简单明确、清晰有序，且能让读者了解设计者的思考逻辑。

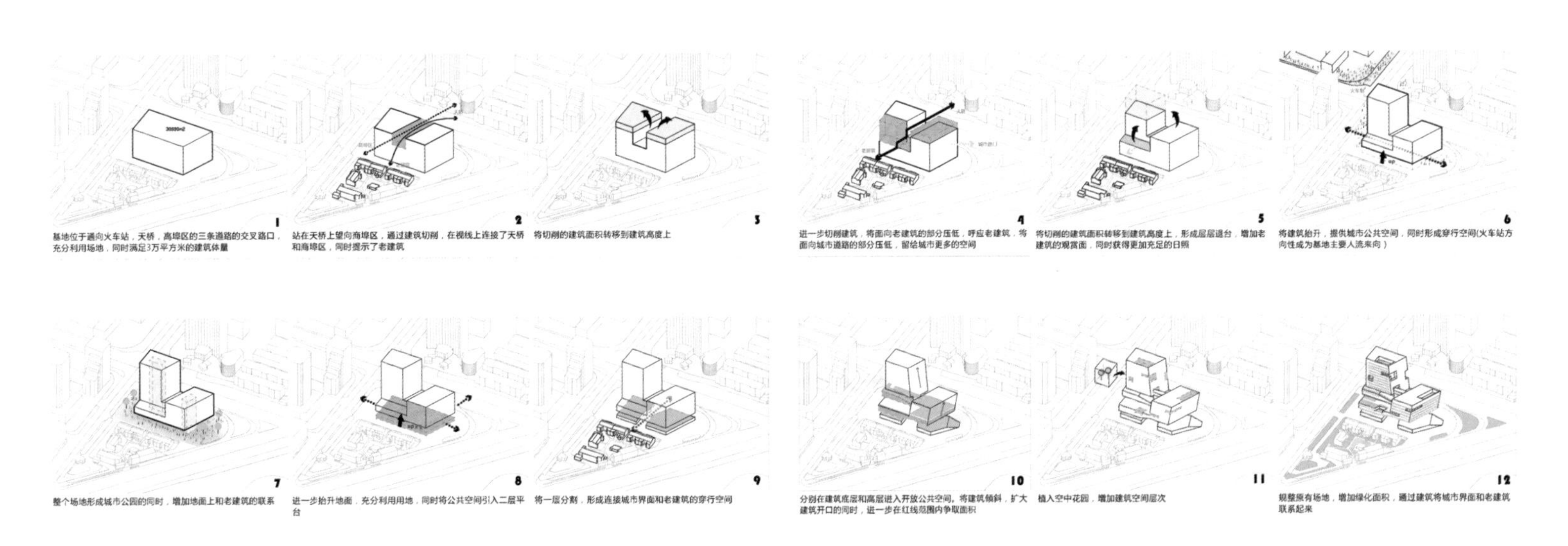

图 3-2 建筑形态生成分析

3）抽象转译

英国雕塑家亨利·斯宾赛·摩尔曾说过："敏感的设计观察者必须感受到形的简洁性，而不是将其作为一种描述或理念。"

图形和图像对于信息的传播比文字更为快捷有效，而未经加工且过于具体的图形信息往往会使得设计的表达干涩乏力。因此，适当地将具象图像进行艺术化加工转化为抽象化、几何化、符号化的图元，会使图面关系更加协调、有特点、有新意，令人难忘。设计师要具备"形"的思维，尝试在脑中将标题、文字、具体的事物进行抽象加工，制作能够传递核心信息的简洁图式。

如图 3-3，信息丰富的场地平面图，经过设计者的再加工，将其中重要的环境及物质空间要素提取（如河流、铁路、开放空间、公共建筑），去除复杂的场景细节，转换为简洁的图形元素进行表现。

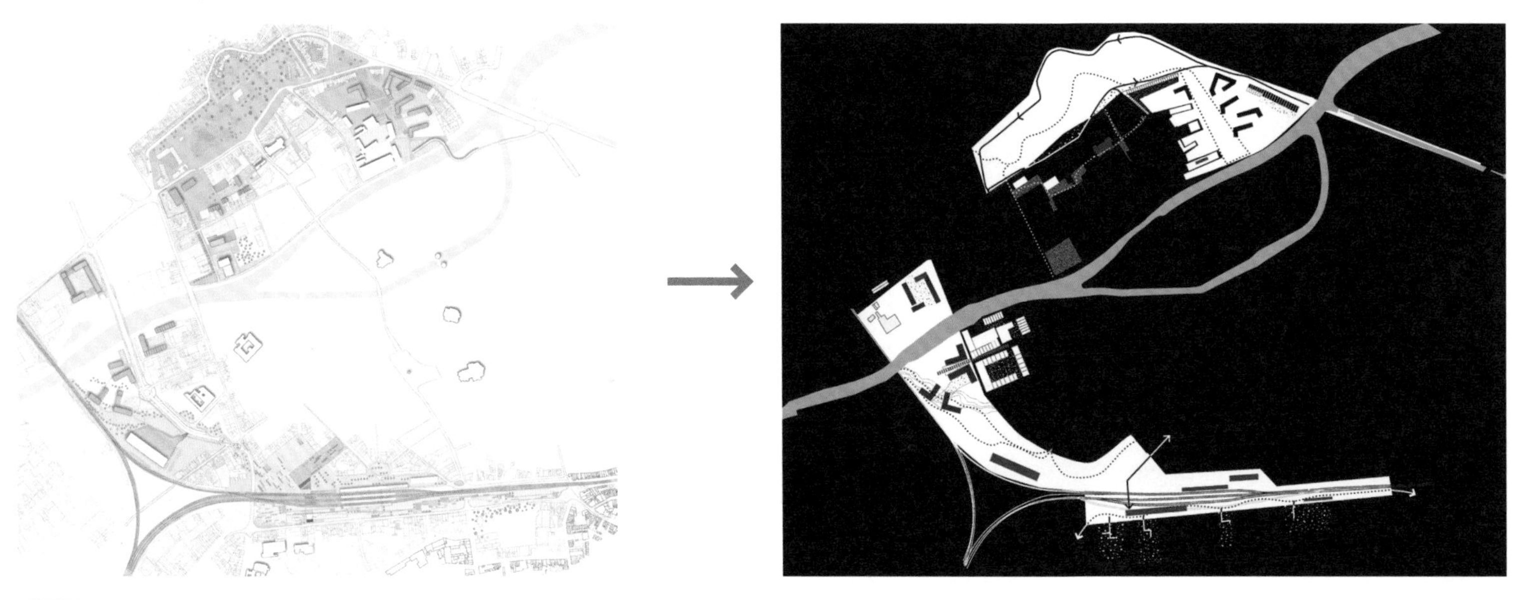

总平面

图 3-3　提取总平面中重要场地空间元素并以抽象的图形进行再现

4）图文并茂

图形图元与文字说明作为构成分析图式最为重要的两个子系统，二者相辅相成，互为补充。图元及其相关联的文字不能随意安放，要与其适当靠近以形成某种视觉联系，这样才能建立一种清晰、清爽的外观效果。

图形图元（如二维、三维表现图、技术图纸、照片等）作为设计图式的核心组成要素，需要注意其内部相关联的多个元素存在物理上的亲近性，形成一个完整的视觉单元和结构体系，有助于组织信息、减少混乱。

文字说明表达重在对设计内在逻辑关系及推导过程的阐述，需要简明扼要，重点突出，概括性强。分析图式本身需要易于被人解读，并具有较强的自我说明、理念阐释能力，相关文字说明主要起辅助阅读、深度解析的作用。尤其是阐述图式图元的关键词和关键句，更需突出要点，语意凝练，并与图形本身形成良好的互动关系。另外一点需要注意，成组的文字本身亦是“形”的一种，切不要随意布置，可通过边界对齐的方式，可以形成引起视觉共鸣的次级图元。将文字图元与图形图像合理布局，可以形成均衡且富有层次变化的点、线、面图式结构，亦能有效突出主题图形信息。

图 3-4 的设计生成过程表达由渐进式的多个相似图元组合而成，彼此对位严整。在相同的轴测角度下，每一步的变化部分由“红色”或“黑色”图形予以强调突出，底部的文字说明亦简洁明了，并以“文字图块”的形式与上部图形对位。

与基地的关系

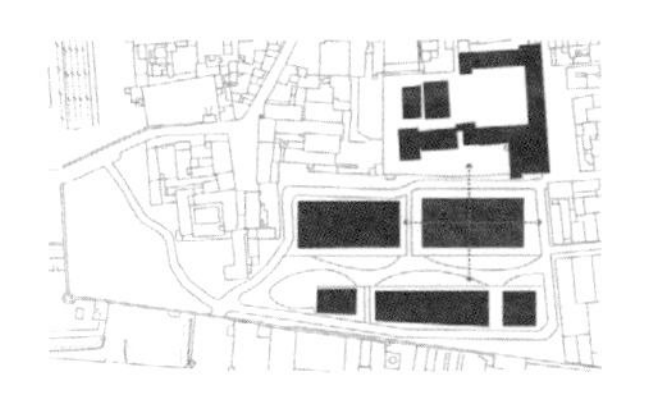

基地位于两个学校园区之间，建筑应联系起二者及图片基地区域

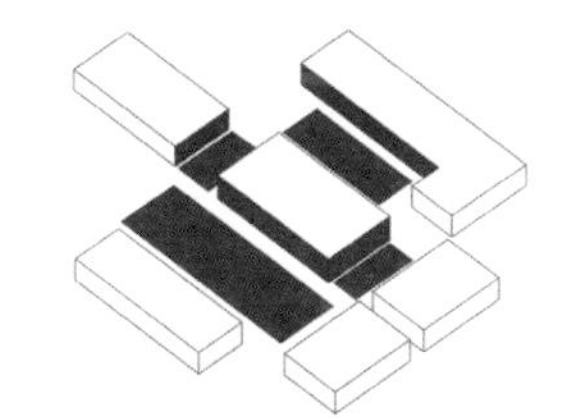

建筑界面与周围建筑间形成普拉托城中普遍存在的露天市场，确定建筑体量为矩形体量

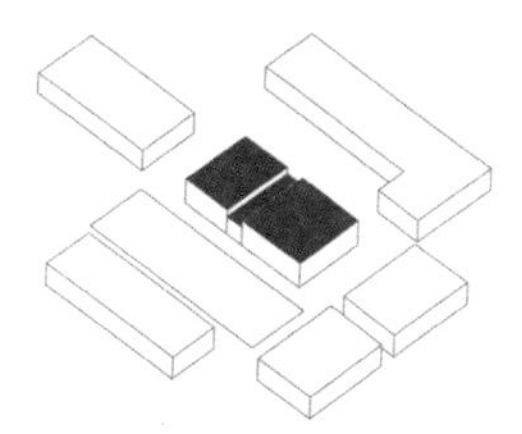

根据建筑功能不同将体量分成三部分，不同的功能部分具有不同的建筑功能属性

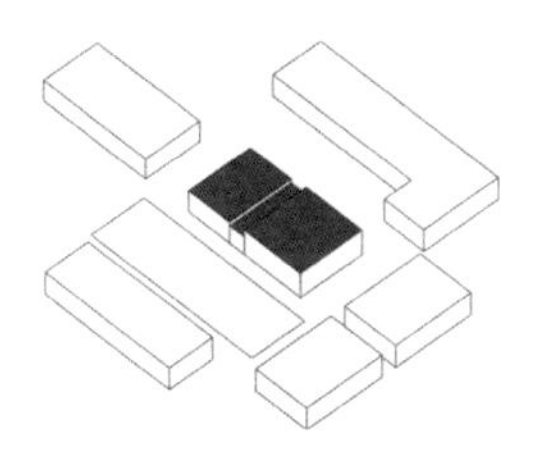

为减轻对西侧低碳建筑的压迫感，将西侧体量压低，不同高度对应不同功能

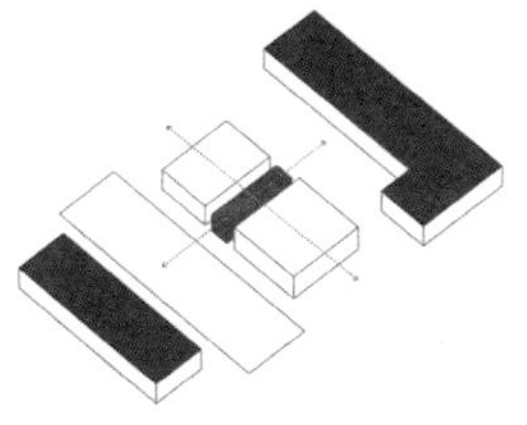

依靠中部玻璃连接空间，使人南北向可以穿越两个校园园区，东西向可以穿越整个建筑

建筑内部逻辑

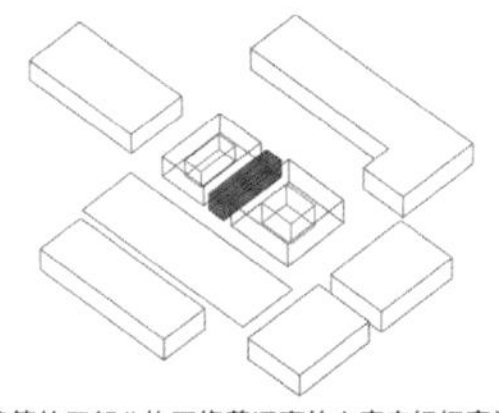

建筑的三部分均围绕着通高的中庭来组织空间，对应的普托拉城中的建筑普遍存在的天井中

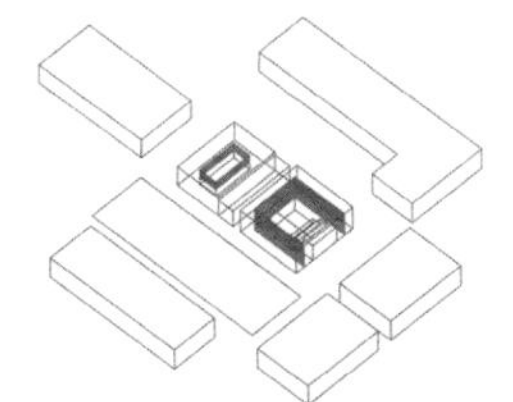

将阅览区空间划分为对中庭开放与私定的两部分空间，教学区顶部空间围绕户外剧场展开

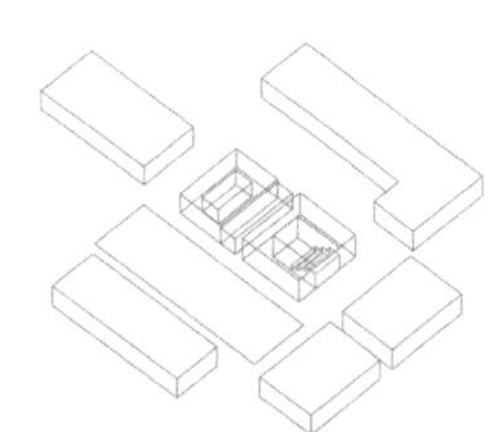

阅览部分为了增大室内空间感，将中庭演变为阶梯状

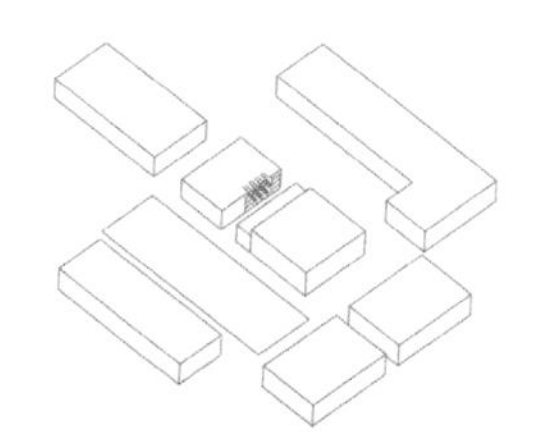

引入阶梯状空间解决黑房间的采光问题，同时时之成为非常有趣味的

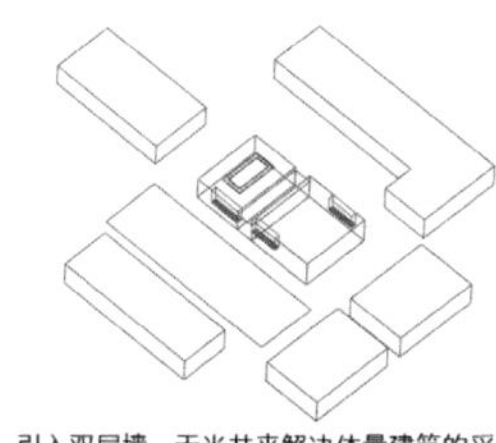

引入双层墙，天光井来解决体量建筑的采光问题

图 3-4 建筑形态生成演进图 + 文字说明

3.2 图式绘制技巧

1) 加工底图

底图，顾名思义就是表达内容所共用的基础图纸，尤其是对于同一主题下具有不同表达内容的多个分析图，需要基于统一样式（或格式）的底图进行绘制。因此，底图的绘制要简洁、明晰、美观，减少或去除多余的点线面元素和色彩样式，避免信息干扰影响主题信息的表达（图 3–5）。

2) 统一标准

对于说明同一问题的多个分析图，尽量运用相同或相似的基础图式进行表达，如都用平立剖面图或同一角度的轴测图等。背景底图要一致，表达过程中的色彩统一，绘制的分析图形（如符号、线型等）的样式、尺寸甚至字体类型等也需统一，这样做可以保证信息表达的连贯性和准确性（图 3–6）。

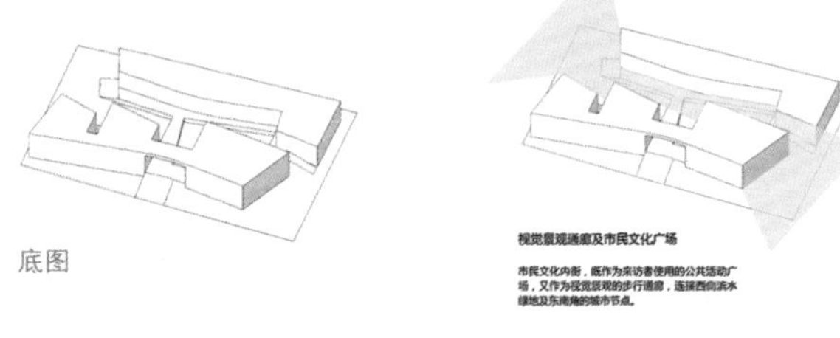

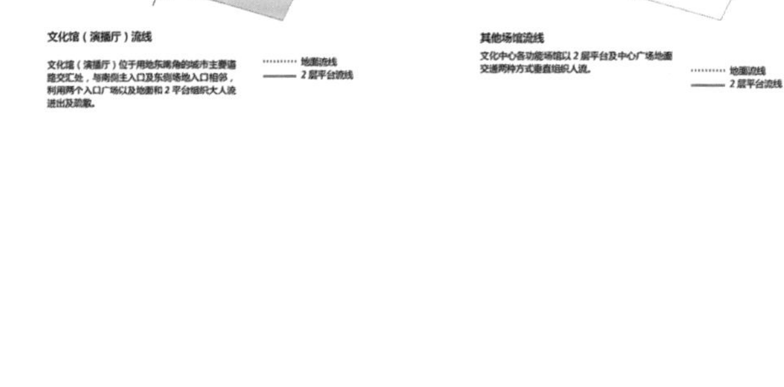

图 3-5 基于建筑体块轴测图的场地环境要素与流线分析图

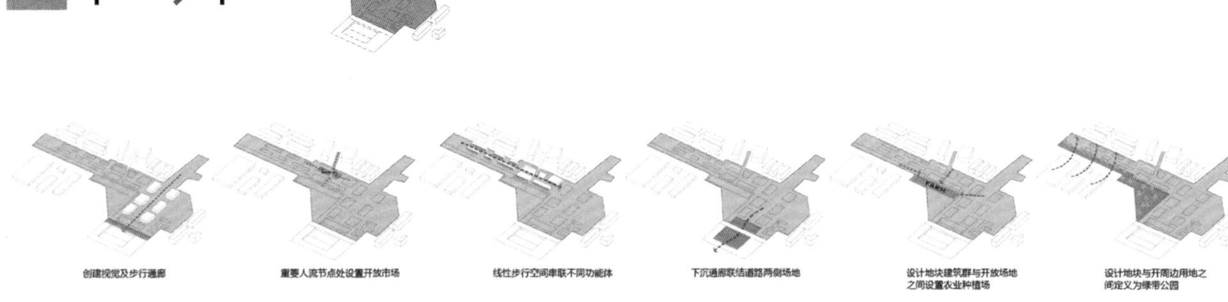

图 3-6 采用统一的图形样式和色彩，从多个方面对方案场地构思进行分析

3) 虚实搭配

一个设计方案中的图式类型多种多样，总体可以分为表达准确信息的图式（如设计地块、范围表达技术信息的平立剖面图和总平面）和表达模糊或不确定要素的图式（如设计理念图）。对于第一类图式，常见准确的线性元素、尺寸标注、数字文字等图元信息（图 3-7 某学校总平面设计）。而表达模糊的概念时，常借助意念图片、几何符号等抽象的图元表述（图 3-8 根特港口更新设计策略）。

4) 模仿借鉴

做到这一点，需要各位在学习模仿的基础上，多积累色彩搭配组合，分析常用的线型，并留心收集表达景观、功能、交通等方面信息的设计案例常用的参考图片、几何化的图形、抽象化的符号等。在对个人设计方案进行表达的时候，参照相似内容的案例，借用或改用案例图式，可以极大地提高绘图效率并提升图式颜值（图 3-9）。

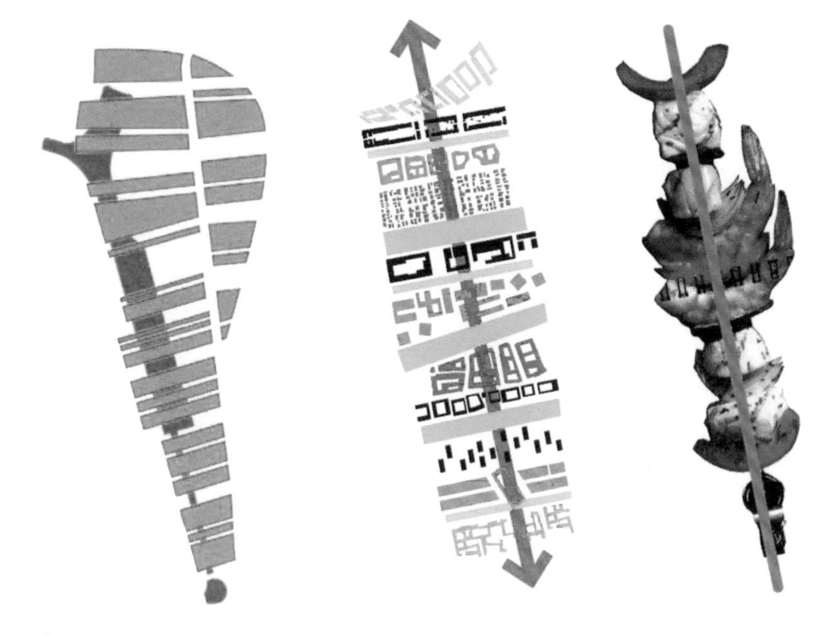

图 3-8 “虚”体表达
大都会建筑事务所（OMA）在其根特港口空间更新设计中，借助与港口滨水线性空间形态相似的“土耳其烤串”照片，寓意其融合了多种公共生活和开放空间元素的更新设计策略。

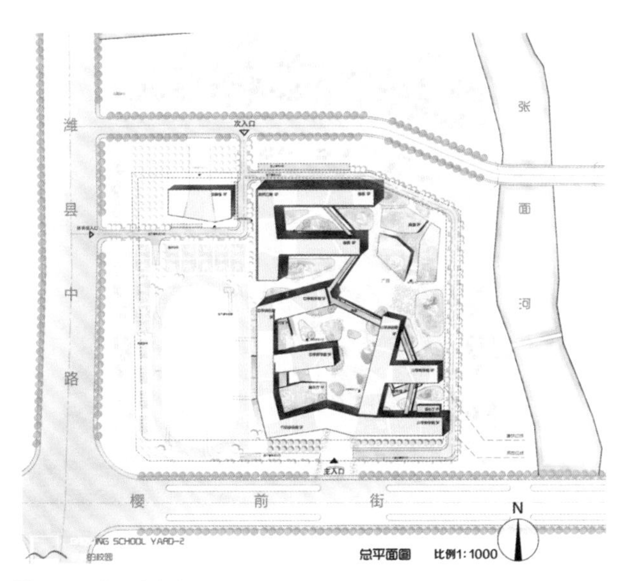

图 3-7 “实”体表达
某学校设计总平面，除区分建筑实体与场地环境关系外，需对设计地块范围、建筑朝向、自然环境信息（绿化和水体）、道路等级和出入口等技术信息进行准确表达。

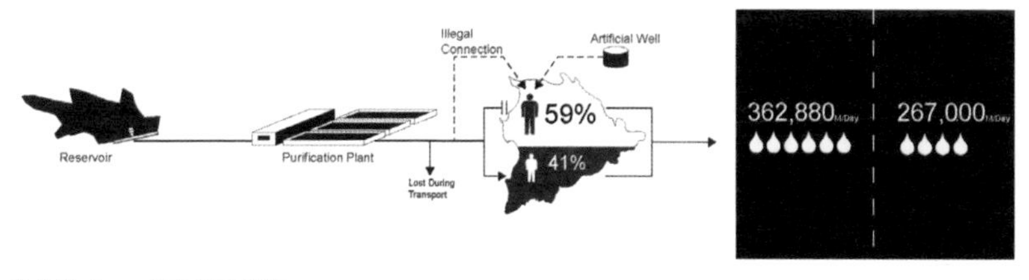

符号图式——表达设计系统

图 3-9 拼贴图式——表达场景特征

5) 手段多样

手绘、实体模型与绘图软件，是制作图式最为重要的工具，单独使用某一种方式或恰当地选择多种手段组合使用，可以提高绘图效率并增强图面表现力。但就目前笔者观察，设计院校的相当一部分学生，对设计分析图的绘制仍然只限于 PS、CAD 等基础工具（严格来说 CAD 都不算是分析软件），但单独使用很难产生令大家眼前一亮过目难忘的分析图式，而且很多人未能将软件用在“刀刃”上：比如用擅长制作分析图的软件来排版，排版软件用于制作分析图等。下面介绍几种绘制设计图式的常用软件，使用简单，效果出色，重要的是，大家需要熟悉软件的特性，并基于所绘制分析图的特点，有的放矢，灵活运用。

Adobe 公司的系列绘图软件 —— Illustrator、InDesign、Photoshop，是大家做各类设计分析图式的必备软件。三类软件各有特点，既能独立使用，又可以相互结合使用，生成“高大上”或“小清新”等不同风格和复杂度的分析图。在实际使用和操作过程中，需要充分利用不同软件的特性，有针对性地对分析图进行绘制和加工。

较强的图形图元编辑功能，有丰富的点元素和线型元素，多依托总平面、平面、剖面、轴测图等二维或三维底图，进行区位、功能、交通流线或景观等内容的分析。

多用于设计表现图或分析图的后期效果处理，有效提升图面“效果”，但对矢量文件的处理能力较弱。

排版利器，多用于包含文字和图形的图版或图册的排版制作，尤为出色的是对文字的编辑功能，极大提高了排版出图效率。

对设计师而言，是最为基础的二维设计平台，鉴于其图形制作的高精确度，常用于为分析图制作并提供基础的二维（或三维）线框底图，如平立剖和轴测图。

简单易用的三维形态操作和制作软件，不仅善于快速表达建筑形态和空间环境，而且可以为三维分析图提供风格和种类丰富的底图素材。结合 PS 和 AI，能够胜任绝大部分的分析图和设计表达工作，但对图形的精确性控制较弱。

（1）Adobe Illustrator

又称 AI，是功能强大的矢量软件，由于输出的图形是矢量图，工作的时候很清晰，没有分辨率掣肘，适用于精确地绘制依托于二维图和三维图形的各类线性分析图。相比于 PS，其对于线图绘制的精度和准确度高很多，可以自由调节线宽线型。此外，还可以直接导入 dwg、PDF 格式文件。

另外，AI 中有各类钢笔工具和填充素材，在绘制分析图中的交通流线（虚线、实线、双线），箭头表达人流来向，或是功能及场地环境分析图中的各种色块及纹理填充，都可以快速而准确地实现（图 3-10）。

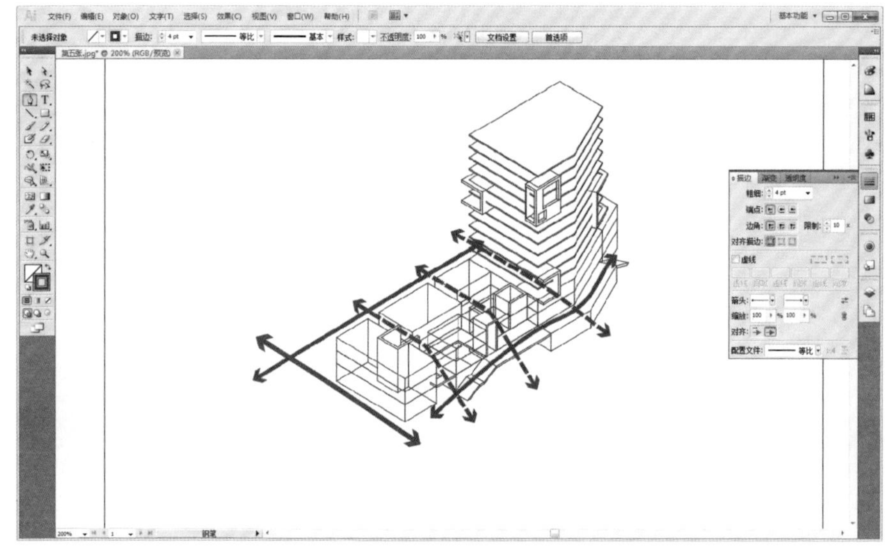

图 3-10 AI 操作界面

（2）Photoshop（PS）

主要对设计成果表现图或分析图进行后期效果处理，更多是对图形图像的视觉美化和优化。很多设计师和学生对 PS 有极强的“黏性”，常用它完成分析图制作、图像处理、排版及文字处理等一系列工作。术业有专攻，还是希望大家运用 PS 的长处就可以了，否则会影响设计表达的效率和效果。当然了，对图形和版面美学要求较高的平面设计和广告传媒行业则另当别论，很多情况下他们需要借助 PS 完成绚丽的图形版面效果，而对于建筑设计而言，PS 主要承担图像美化工作（图 3-11）。

（3）InDesign（ID）

对于设计师而言，无论是单张图纸还是多页图册，在进行大量文字图像排版时，ID 相较于其他软件，更易操作，且更能够提高工作效率。它可以在同一界面上同时设置多个版面，免去了多次新建和设置页面的烦恼。作为矢量软件，ID 对于图片图像的操作模式，是提供一个链接原始文件的、并进行实时操作的“显示窗口”，不会像 PS 那样出现卡顿现象。尤其对于文字的编排操作，可以便捷地设置段落格式、目录等。而且，ID 中也提供了简单的图形绘制功能，可以进行简单的分析图绘制和图式分析（图 3-12）。

（4）AutoCAD

CAD 作为设计师必备的、主要用于精确绘制平面、立面、剖面等二维技术图形的矢量软件，也可完成三维表现。对于建筑设计的分析图式而言，CAD 更多的是为后期分析提供基础底图图形，尤其是分析的平面、总平面、立面和剖面等基础图形。过去在应用软件相对有限的时期，CAD 也常用作流线分析、功能分析的操作软件，由于效率低、操作烦琐且表现效果有限，如今早已被 AI 等软件取代。

（5）SketchUP

SketchUp 是一种快速易用的三维建模软件，虽难以达到逼真的场景表现效果，但拥有出色的建筑细部及空间场景的表现能力，更可以快捷高效地绘制依托于建筑形态的分析图式，如体块生成分析、功能分析、爆炸图等。对于很多基于三维模型的设计分析，SU 可以快速提供空间形态及场地环境的分析底图素材。

就如同再优秀的建模软件，也要有良好的设计和建模思路作为前提进行操作一样，无论使用何种软件和手段绘制分析图，都要想清楚自己到底要表达什么，说到底，还是思维导向和设计逻辑问题。

在软件使用的初期阶段，有人认为只用 PS 可以替代 AI 和 ID 并完成分析排版之类的所有内容，但当图量大、并需要多次修改的时候，出图效率会大打折扣。

结合笔者日常的设计作图经验，各种软件运用的工作流程总结如下：

首先使用 CAD、SketchUP 等二维，三维建模软件，完成分析图的基础素材图形，确定图形角度以及各种点线面的关系。

其次，CAD/SU——AI，PDF 或 Dwg 格式的基础矢量图形素材导入 AI 进行描边、线型调整等操作，而且图层分得很明确，便于精细化控制。当然了，PS 也可以操作，但效率低很多。

再者，AI——PS，对调节线型的模型进行调色等艺术效果处理，也就是俗称的“P 图”。

最后，PS——ID，对于图量较大、版面较多的图版或设计文本，使用 ID 排版，会比 PS 方便太多了，而且文字处理足够强大，图像调整自由，排版过程很具即视感。

从 CAD(SU)——AI——PS——ID，这种类似于流水线式的工作流程，将繁复的设计分析操作过程，切分为多个相对独立又彼此关联的子步骤，当分析图制作出现问题或效果不佳时，可以返回任意一步进行局部修改，避免了重复工作量。较少的图量可能还无法体现它的效率，图形复杂、图量越大、修改次数越多时，此类工作流程的优势就越能体现。

图 3-11 Photoshop 操作界面

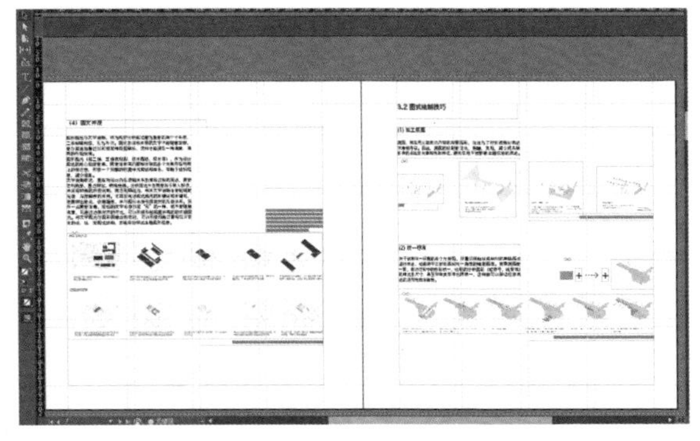

图 3-12 InDesign 操作界面

4 设计表达的版式与构图

建筑设计表达排版与构图作为设计的重要组成部分，既是设计内容的最终输出与呈现，也是设计的延续和升华。很多情况下，两个相似的方案，由于设计表现和排版构图有差异，最终呈现的视觉效果往往会出现巨大差距。

因此作为设计者，在保证设计内容深入，有逻辑的同时，还需通过恰当的排版和美观的构图，将大量的分析图和表现图进行梳理组织，达到设计内容清晰表达的目的。好的图面效果，可以让人很快抓住设计的核心和亮点，让人更好地理解设计，

构图和排版要点总结如下：

1. 紧凑通畅的内容结构和逻辑，即内容编排、图式组织要与设计的逻辑构思过程密切相关。

2. 内容主次分明，明确不同板块的表达重点。

3. 控制好版面的节奏，构思内容表达图式要与效果表现图式合理搭配。

4. 注重细节，运用平面设计的美学原则，注意图形的疏密和整体色彩控制。

4.1 为何要注重设计表达的排版与构图

在建筑设计中，排版表达是极其重要的组成部分，如果说前面讲解的图式分析与表达是内涵积累的过程，那么最终的设计构图排版则是最终效果展现的提升阶段。对于大多数设计竞赛和项目汇报而言，设计师都是借助构图出色的图版形式输出自己的设计想法，并成功地说服评委和业主接受自己的方案。建筑设计师既要创造合理有趣的图形图式，又要构思具有形式美感的平面图，才能让读者把注意力留在自己的设计之中，并透过图纸表现与设计师的思想进行深入沟通。

在很多重要的设计投标或竞赛评比中，面对几十张、几百幅设计图纸，在有限的时间内，评委要迅速做出判断取舍，肯定不会是每一张图都细看，尤其在前期评判，他们站在图版前面几米远，一目数图地去扫视（图 4-1）。此时，方案表现和排版构图出色的作品往往会受到青睐，然后再拼内在功力。经过一轮筛选后，作品的数量减少了，这时候评委才会再细品内容。所以设计在出图排版时表达表现很重要，大家审美的角度不同，我们也很难找到标准范式去遵循，但是仍然希望大家在最终的设计表达排版和构图中，在形式、色彩和细节处理方面能够了解并掌握一定的方法原则，达到事半功倍的效果。

4.2 版式设计要点

首先，排版构图形式要与设计概念构思特点及图式表现形式有机结合，整体考虑，既要彰显个性特色，又要便于读者理解设计。技术类的设计图式，如平立剖面图都有相对固定的表现形式， 而其他类型的图式，例如概念表达图、形态生成图等，都能够以更为灵动自由的形式进行排版布局。尤其是一些构思新颖、理念独特的设计案例，其制图排版风格多呈现出简洁的线条和清爽的图面效果，摒弃了繁杂的修饰和艳丽的色彩，能够与建筑设计风格充分呼应，突出概念构思特点。

其次，整体版面要依据各类图式信息的层级，合理分配位置和数量。排版布局之前，对所要表达的图式和文字信息应了然于心，通过计算版面比例、图形大小等，形成疏密有致、和谐统一的画面感。“密”的图式实体部分作为填充图面的重要元素，要安排合理、比例适当，与实体之外的“疏松”留白之处形成对比、相映成趣，产生整体图面的节奏感和韵律。

4.3 排版构图原则

建筑图纸的排版过程，本质上是将制作的设计图式、文字信息等内容按照既定的设计逻辑和结构，有组织地进行阐释和展现的过程。对于如今诸多的设计竞赛和课程作业而言，最为重要的成果提交方式便是大尺寸的设计图板表现（常为 A1 或 A0 尺寸，少数为规定的特殊尺码）。好的排版构图不仅有助于更加清晰地组织和设计阐释过程，而且在表现效果上能为优秀的方案设计锦上添花，在众多方案中脱颖而出。

图 4-1 某设计竞赛评选现场场景

作为整体设计的一部分，构图排版的过程也是以叙事的方式讲述设计从无到有的过程，最终目的是要让一个事前对项目一无所知的人，在浏览设计图板后，能够清晰地了解设计概念构思、思考过程及最终的设计表现成果。由于作为视觉语言的图式本身具有快捷直观的信息传递特性，因此配合辅助的文字说明，精心组织设计构图和排版，可以有效地提升设计表现质量，甚至能够弥补设计的某些瑕疵，收到事半功倍的效果。因而，作为一个设计师，不仅要保证设计过程的完整出色，更需实现图纸最终表达的清晰有序。建筑设计的排版构图，不仅是一个平面设计问题，也涉及设计内容表达的合理性——通过合理布局各类型设计图式去清晰讲述生动的“设计故事”，因此需要大家重视并遵循一定的原则技巧。

1) 内容饱满

“巧妇难为无米之炊”，设计的排版构图毕竟不是作家写书似的疯狂码字，也不是平面设计师那样借助大量的图形和色彩在美学层面上进行构成拼贴，首先需要设计者准备充足的设计图式素材。因为对于大多数建筑设计图纸而言，排版其实是对已有的设计图式进行组织排列的过程。因此，设计师首先要保证绘制足够数量的能够表达设计过程和成果的图式，而且，表达主要设计内容成果的图式（设计理念、形态生成、效果表现图等），尽量不要借助文字等非图形化语言进行替代表达。拥有充足的图式素材，剩下的工作就是如何将素材按照设计逻辑顺序归类分组后，按照一定的视觉美学原则进行组织，以形成内容饱满的版面布局。

2) 结构有序

这里的结构包含两方面内容：一是图面的视觉逻辑，指图式在图面空间上的对位关系；二是内容的组织逻辑，即表述不同内容的图式，要区分其出场的先后顺序。

对于视觉逻辑而言，很多时候，面对丰富的设计分析图和表现内容，图面的排版却杂乱无章，满满的设计内容更像是各种分析图的“堆砌”，让人无从观起，表达效果大打折扣。何为杂乱无章，具体说来，便是布局没有重心、无中心或轴对称、没有对齐、缺乏空间留白等。很多时候，有些看似放松的自由式图面布局，其实隐含着构图的方法。

在此，参考 Robin Williams 的《写给大家看的设计书》中关于图面构成的四点原则，对于建筑设计的构图表现同样受用（图 4-2）。

第一，亲近

内容存在逻辑联系的同类图式需靠近，没有联系或者关系不强的图式远离彼此，包括图和字的关系。例如表达建筑形体生成过程时，通过图形元素和颜色都相近的轴测图或二维平面图对其进行展示，且通过边界对齐等方式靠近彼此，形成“隐性”的表达区域，方便读者迅速识别该组图式的表达内容和主题。

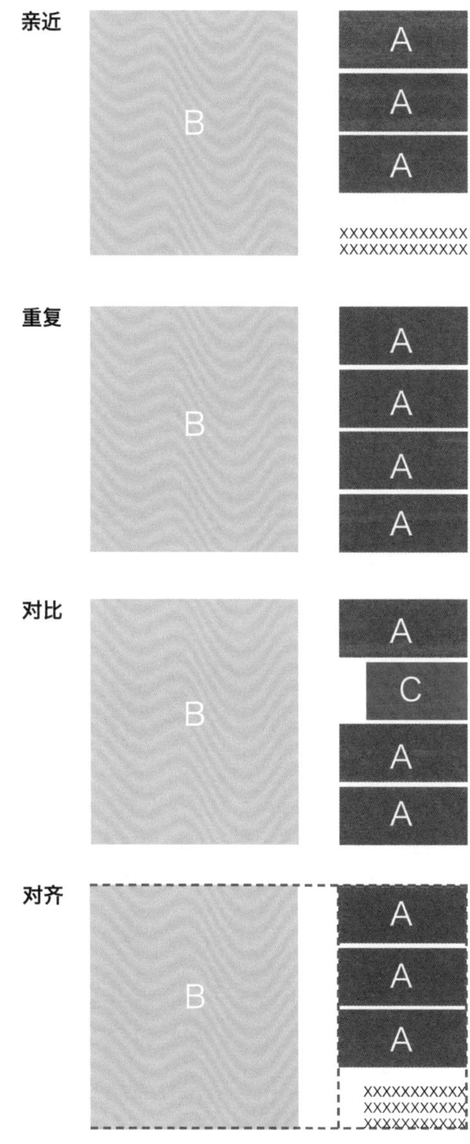

图 4-2 版面构图的操作方法和原则

第二，重复

根据视觉心理学的原理，人眼会对相似的事物或图形产生积极的反应，相同的形状、色彩和文字的重复组合运用，也可以起到突出重点、吸引读者至目的要素的作用。

第三，对比

表达的内容需要区分层次，而层次的体现是通过对比实现的，比如比例大小或者相互关系的远近，用于吸引读者的注意力。通过对比区分图式信息的表达层级，实现对于重点图形信息的强调，让图式更有层次。其实现方式可以是形状、位置、大小、色彩和样式，一般来说，在一组相似或均质的图形信息中，重点要素信息需要通过变化形成视觉焦点，以主导整体版面。

第四，对齐

对齐，通过图形边界彼此之间所形成的明暗边际线的对位关系而实现的。明确这一点很重要，图式或图形的对齐是实现亲近性的基本方式，而且会让整体的表达版式具有秩序感，便于组织和构建视觉路线（图 4-3）。

综合以上几点，首先需要建立版面结构，确定基本元素的布局原则，确保图式内容在逻辑关系上的合理性。一般来说，版面的主体结构不宜分割太多，以免产生琐碎感，使读者无法快速获得有效的主体信息。在总体结构确定之后，局部结构（小的图）可在不打破总体结构的情况下进行变化。

排版构图其实就是结构化的设计，较好的方式便是在图版上建立网格系统，事先确定网格的基本规格尺寸，使图片与文字等内容相匹配（图 4-4）。网格系统是 20 世纪 50 年代在欧洲出现并流行的版面设计类型，如今被广泛应用于设计内容的版面编排，较好地体现了秩序感、比例感、准确性及严密性。网格系统作为版面构图的基本结构框架，有利于塑造连贯、清晰有序的图形文字信息表达关系，结合人的视觉读取习惯，可以形成某种内在亲和力。笔者习惯于借助 Adobe 的 InDesign 软件进行排版构图，通过“创建参考线”命令建立网格，页面被水平或横向划分为若干相等的模块单元，最小的图式或图形限定于其中的一个基本单元模块。通常情况下，简单的网格设置比复杂的网格效果好，数量过多的网格看似提供了更多布局的可能性，但却毫无用处，且网格太小，读者很多时候难以辨认结构。

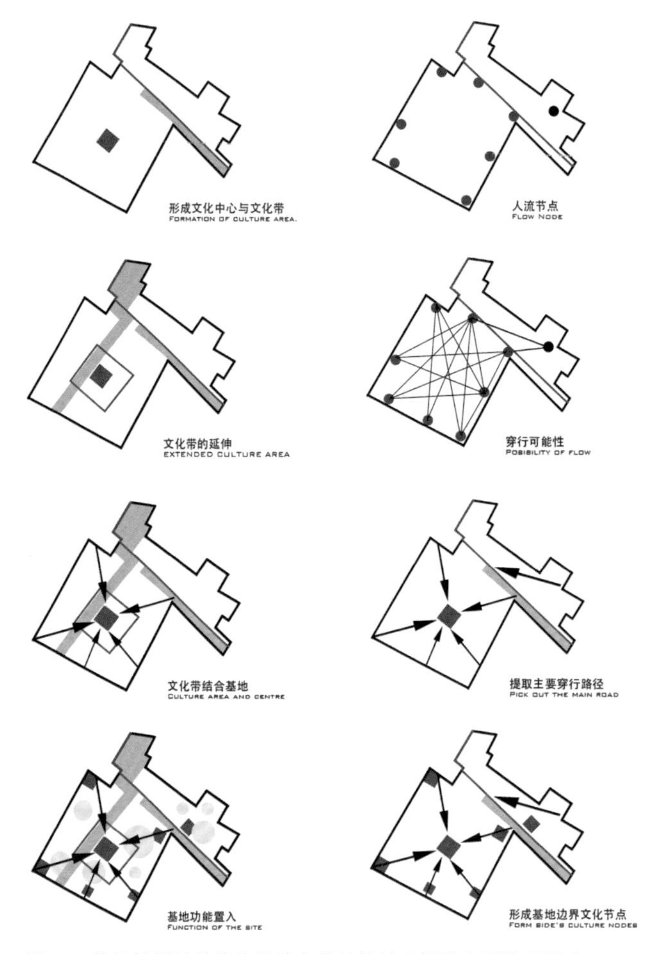

图 4-3 普拉托国际学校片区城市设计场地分析的多图排列组合

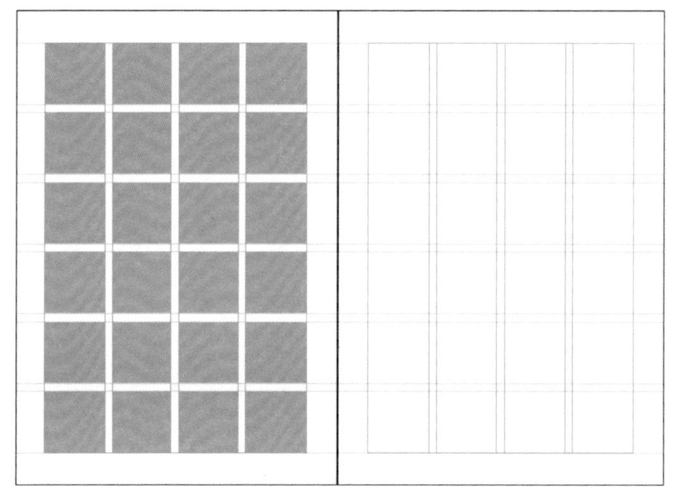

图 4-4 在 InDesign 中对版面进行网格划分

对于内容的组织逻辑，人们观察图版如同读书，也是要按照一定的习惯自上而下或者自左而右去“读图”，这种“阅读”的惯性便要求操作者在排列图纸内容的时候，充分考虑一般的读图习惯。这个时候，排图的人需要结合设计展示的逻辑（例如基地调研—问题思考—设计策略—设计理念—形体生成—技术图纸之类），将归类后的大大小小各种图纸按照设计逻辑进行排列组合，并据此对图纸的结构进行分割，并使总体结构和局部结构遵从一定的秩序，即可在视觉上达到一目了然的效果。

一般而言，介绍项目背景（项目区位、人文历史）和表述设计理念的图式是最早出现的内容。然后是展示设计内容的总平面及一层平面图，其他平面也可以同时出现。当所有平面同时出现时，需要将各层平面按照自下而上的顺序进行排列，方便平面信息的阅读。在总平面和一层平面之后，需要根据建筑的设计特点，将表达空间关系、形态生成、场地景观、交通组织等方案过程构思和成果分析图式依次呈现。对于提升图面表现的效果图，建议选取最能展现空间特色的 2–3 张人视点透视图、鸟瞰图或轴测图进行放大展示，这类效果图式往往是决定整体图面质量的第一印象。

3) 突出重点，风格统一

单个图式表达要做到内容简明、要点突出，掌握一图一事的原则，而同一主题组下的多个图式则需要在统一风格的前提下，突出表达重点并分清主次层级。首先，在同一个设计的组合版式中，不同表达板块所展示的内容虽然各不相同，但各类图式（包括字体）的绘制风格和样式需要协调统一，使得读者能够根据图式的“相似性”原则去理解设计者的整体表达结构和构思立意。其次，可以将表达重要信息的核心图式居于版面的视觉重要位置，增加其面积比重，并相应地减小次级图式信息的面积（图 4–5）。再次，借助文字的样式和大小将图式等级加以区分，如主标题、副标题、子标题、图底标题和正文说明等。

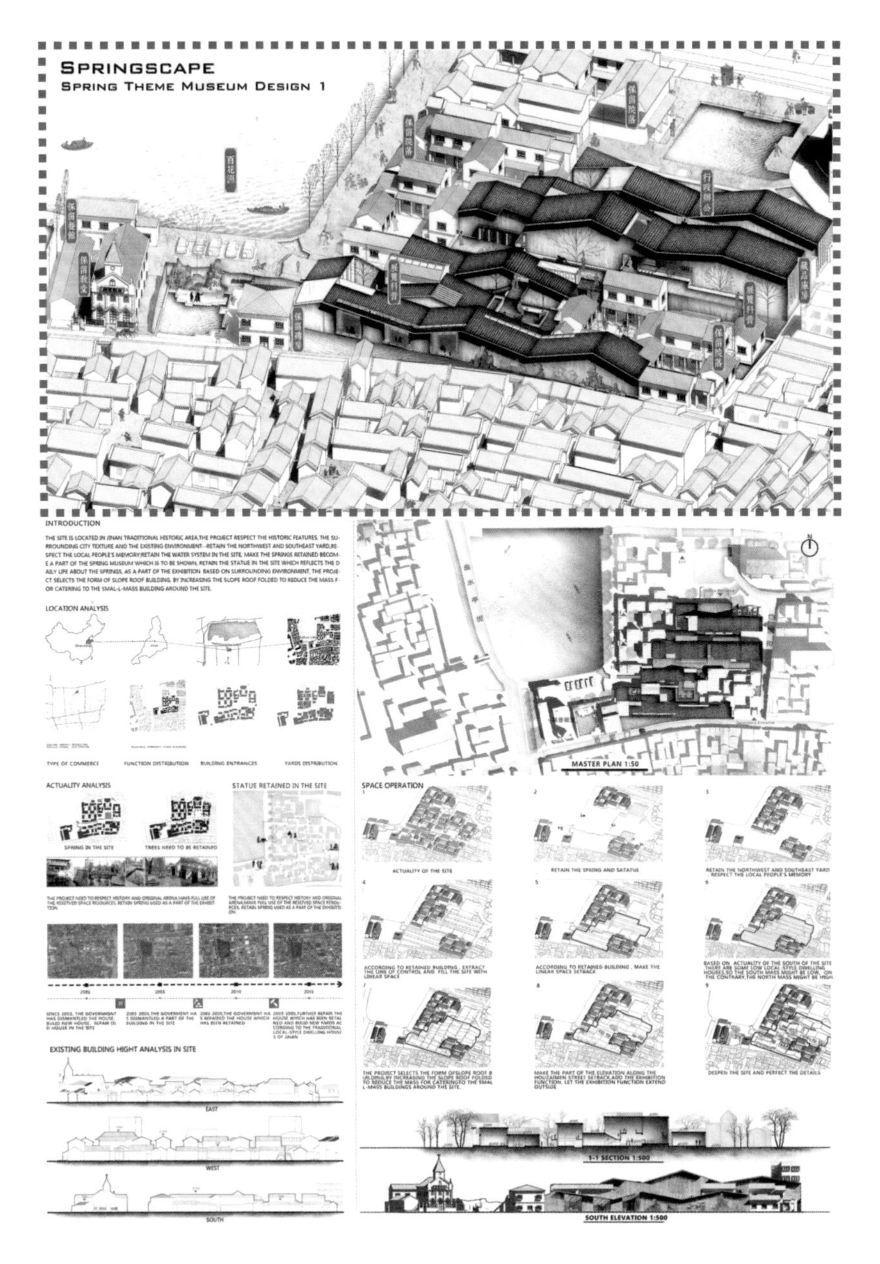

图 4–5 黑白灰色调统一图面风格，调整位置和大小强调核心图式

4) 比例统一

对于有比例要求的技术图式，相同类型图式尽量规定统一的比例，如 1 ∶ 500 的建筑总平面图可以基本表达出场地环境和建筑布局关系，各层平面图采用 1 ∶ 200，剖面图 1 ∶ 250 等。同类图式采用过多的不同比例尺（有时候可能是出于图面空间布局的原因），如 3 个平面图分别采用 1 ∶ 200、1 ∶ 250、1 ∶ 300 的比例尺，不仅影响整体的图面美观，还会妨碍设计信息阅读的连贯性和流畅度。因此，在不影响图面排版美观度的前提下，请勿随意设定图形比例。

5) 图像为主，文字为辅

对于建筑设计方案，要达到文字和图片之间的整体统一、相互协调和视觉互补，而且要以图式为主，文字或其他说明性的符号信息为辅。建筑设计的版式内容首先是图形图式语言的表达展示，对于文字标题和辅助性的文字说明，也需要有“形”的概念——通过选择恰当的字体字号，将组团文字形成线性或者矩形的“图块”。有时候，也可以将集中文字“图块”结合起来，简化设计，减少形的类型数量。但在实际操作过程中，常会出现文多图少，图式图形信息不足，缺乏易读凝练的设计图形，造成图文比例失调的状况。

因此，需要注意以下几点：设计版面的表达，要坚持文字配合图式的原则，不可喧宾夺主；字体种类不宜过多且需统一，主、副标题与大段的说明性文字可以进行区分，以引导读者的读图顺序；非特殊要求，尽量使用软件默认的字体属性设置；根据图面背景及图面的表达需求，选择恰当的字体颜色。

如图 4-6 课程设计的教案图版，包含繁杂的图像内容且文字颇多。这就需要运用“形”的思想，结合前面讲述的某些原则，尽量将版面上所有内容归纳为“图形”，这样做可以使版面内容布局有序，阅读简便。

图 4-6 文字成块，配合图形构成不同的内容板块

6) 疏密有致

在满足图面内容饱满丰富的前提下，各类图式不应排列得过于集中紧凑，彼此之间留有一定空间。中国书法中有“计白当黑”的说法，指字的结构和通篇布局需有疏密虚实，方能获得良好的艺术效果。一张图纸中，不同尺寸、风格样式和颜色的图式及文字混合在一起，除了描述相同问题的图式分类外，不同图式组团之间需要保持一定的空间节奏，通过留白或填充文字说明的方式，提高信息阅读的舒适度。

此外，对于图面版式，也需要注意一些图式排列的细节问题，如图 4-7 所示，现结合自己的经验总结如下：

当平面图和立面图排在一张图纸上时，如果图纸宽度或高度空间足够，将平面和立面在竖向或水平方向上对齐排列。

如没有特殊要求，总平面图尽量按照指北针向上的方向绘制，平面图也需与其一致。

说明性的文字或图形标注，需要成组有序地进行排列布置，并与关联图式相靠近。

透视图或轴测图等表现类图式，通常是图版中的视觉核心图形，通常按照自上而下或自左向右的顺序进行排列。因为无论是横向版式还是竖向版式，左侧及上侧区域都是视觉优先关注的位置。

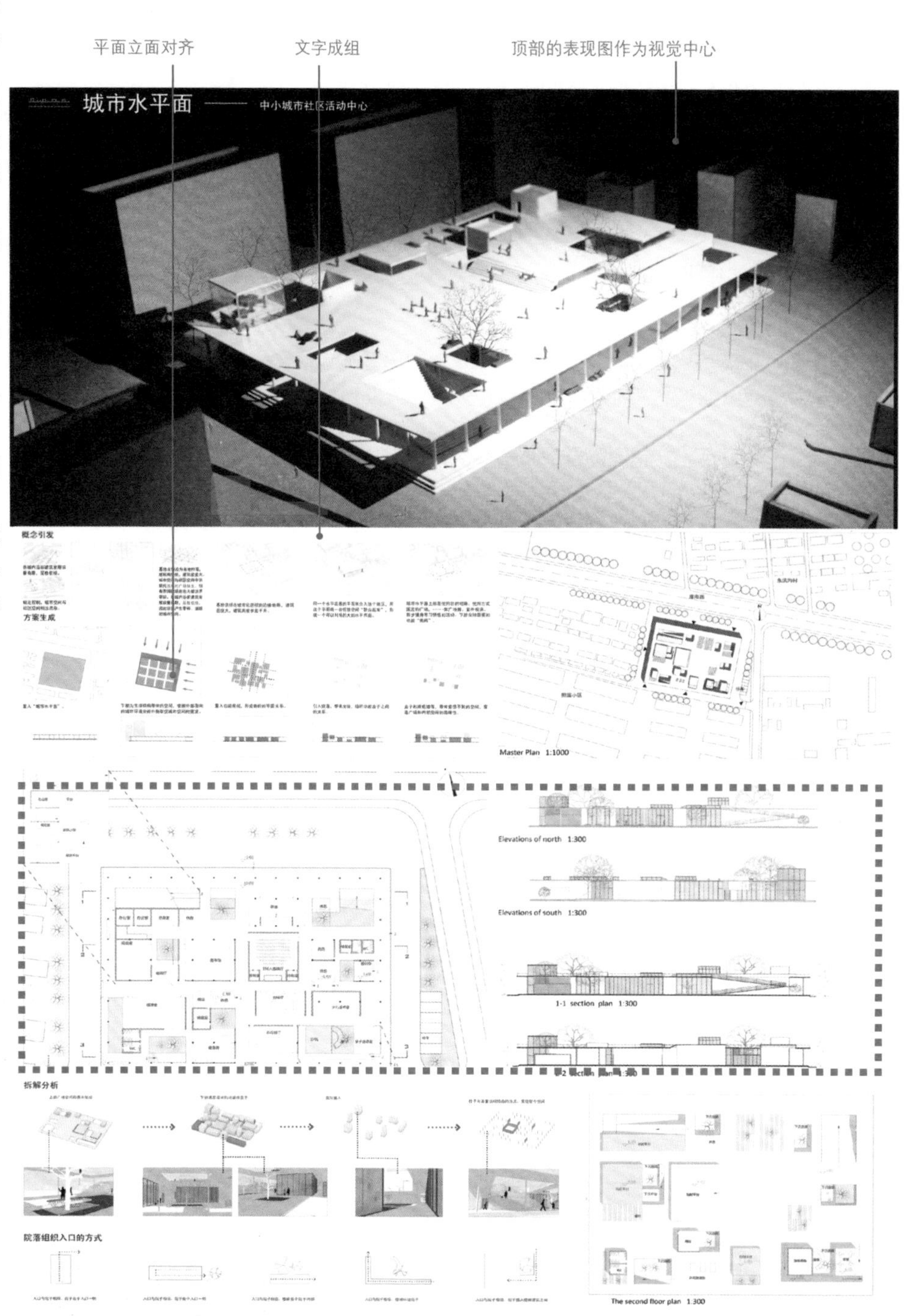

图 4-7 文字成块，图形成组，图文搭配注意疏密比例

4.4 版式类型

经过对大量设计排版案例进行比对研读，有几种图面的分割方式被高频次采用，用于一般类型的建筑设计方案表达，分别是上下式、工字形、C 形、夹心式及左右对称式版面（图 4-8）。每类版式具有共性又各具特点，适合不同风格样式的建筑设计、城市设计以及规划设计的表达需要。

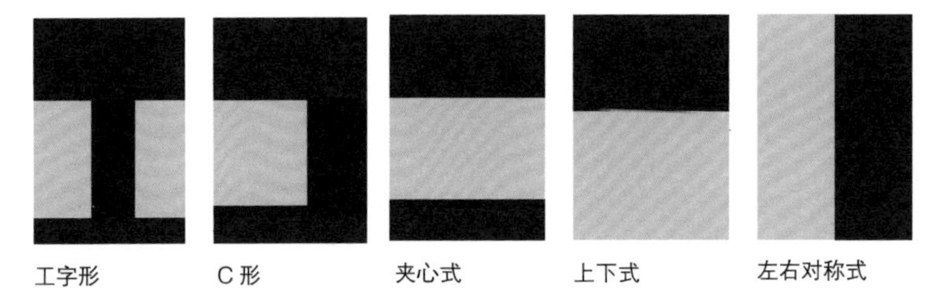

图 4-8 版式类型分类

4.4.1 工字形版面

如果图纸中需摆放大面积且形状规则的效果图或总平图时（矩形或者方形尺寸），工字形版面不失为一种好的版式类型（图 4-9）。除了主题板块内容居于顶部、重要表现组图位于中部之外，其他部分的分割及所占比例，可根据所需摆放图片的大小和内容进行灵活调整。

工字形版面的排布方式不仅适用于摆放形状规律的图式内容，其两侧及下部也适用于不规则图式的摆放。如右侧某小型建筑设计图纸所示，具有核心表现力的效果图色调强烈位于版面顶部，多张手工模型表现图成组结合，灰色条带居于中部，同时分割图纸为左右两部分。其他图式如展现结构的爆炸图、平立剖面图及节点图式则均匀填充空白部分。

在此需要注意两点：一是整体在保持各区块主题明确与统一性的同时，需保证重要的单张图形或者组合图式位于版面上部及中间位置，且色调较重或者对比强烈以突出设计主题；二是其他次要的表达或表现图式相对均匀地布置在图纸的中间两侧部位，且内容有序色调淡雅简洁，避免与顶部及底部区域争夺视觉核心，否则整张图纸将显得杂乱无章且主题模糊。

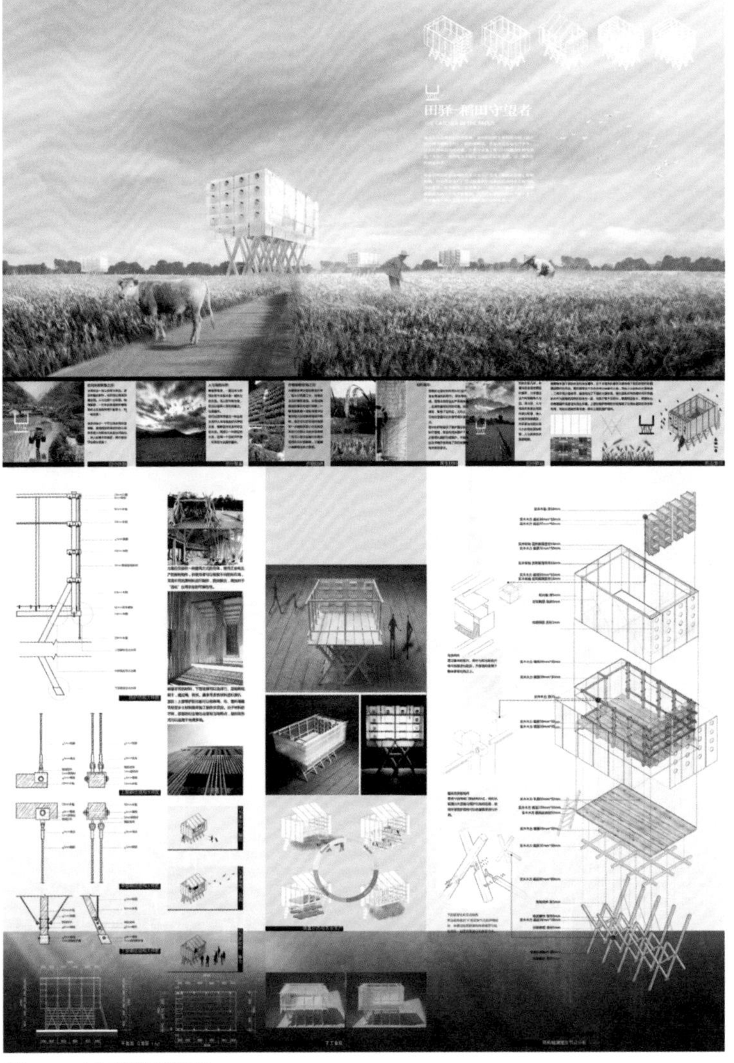

图 4-9 工字形图面排版

4.4.2 C 形版面

对于效果图和实体模型图较多，以效果表现为主题内容的版面，较适用于 C 形的图片摆放方式。此类形式的优点在于可以将多个同类表现图式横向或竖向线性排列布局，整体图面结构紧凑、充实饱满（图 4-10）。

下面的建筑群体设计图纸，巧妙地利用了 C 形的总体结构划分方式，将画面饱满的实体模型表现图成组排列，并与 C 形区域的“上下”部分结合，围绕右侧“留白区域”的总平面图布局，使得整张图纸的结构既清晰又连贯，图面虚实相间，表现有力。

C 形的图式摆放方式同样适用于城市设计的表达，特别是长条形的公共区域设计。上下两条窄长的区域不仅为街景效果图和大面积的总平面图提供了对等的空间，也在色调上形成呼应，使得整张图产生一种视觉上的联系。

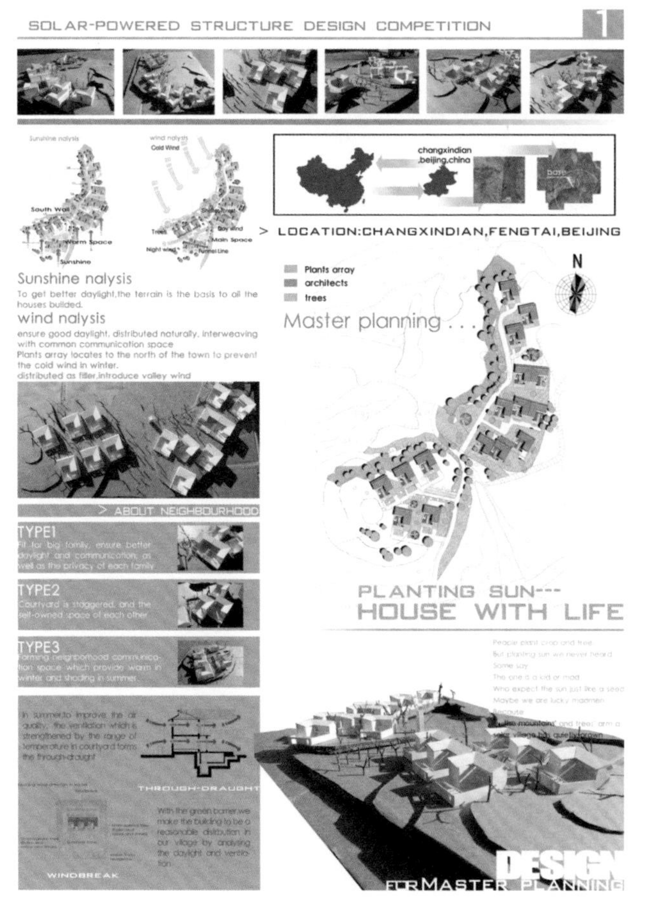

图 4-10 C 形排版，图面中间偏向一侧位置的图形较少，色调较浅

4.4.3 夹心式版面

图面的上下两端形成分量较重的图形表现区域，而将大部分次要或者侧重说明的分析性图式置于中部的做法，称作“夹心式”（图 4-11）。当重要的单个图式（透视表现图、轴测图等）进行强调表达时，经常将其放大并放置于图版的顶部或底部进行重点展示，形成上下两端分量较重的图式或色区边界。另一方面，为了保持图纸版面的整体结构平衡，在建筑设计的表达中，此类版面排布方式有利于强调效果图的表现力，并能较好地体现整体的设计色彩及风格（版面风格接近核心表现图风格）。

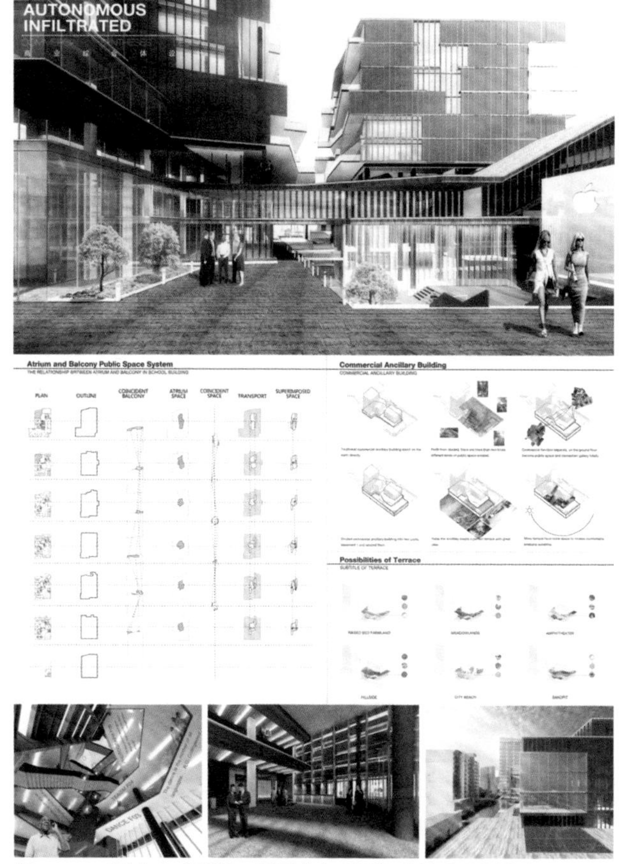

图 4-11 三层夹心式排版，版面的上下两部分以重色调为主

4.4.4 上下分栏式版面

适用于竖向构图，相较于夹心式版面，上下式版面的分隔方式较为简洁，内容分类也较为清晰明了（图 4-12 和图 4-13）。一般来说，这类版式主要用于突出设计场景的表现效果，将大尺寸的人视图或鸟瞰图置于图面上部或下部，作为整个版面的视觉核心，并确定整体布局的色调风格。在确定好主要表现图位置和尺寸后，版面的剩余空间按照设计的逻辑顺序自上而下、自左向右地用于放置各类成组的分析和表现图式，其布局形式可以相对放松自由。除主要表现图外，其他图式尽量以小图为主，尺寸不宜过大，色调也不要过重，以免破坏整体版面的布局比例。

图 4-12 竖向划分版面

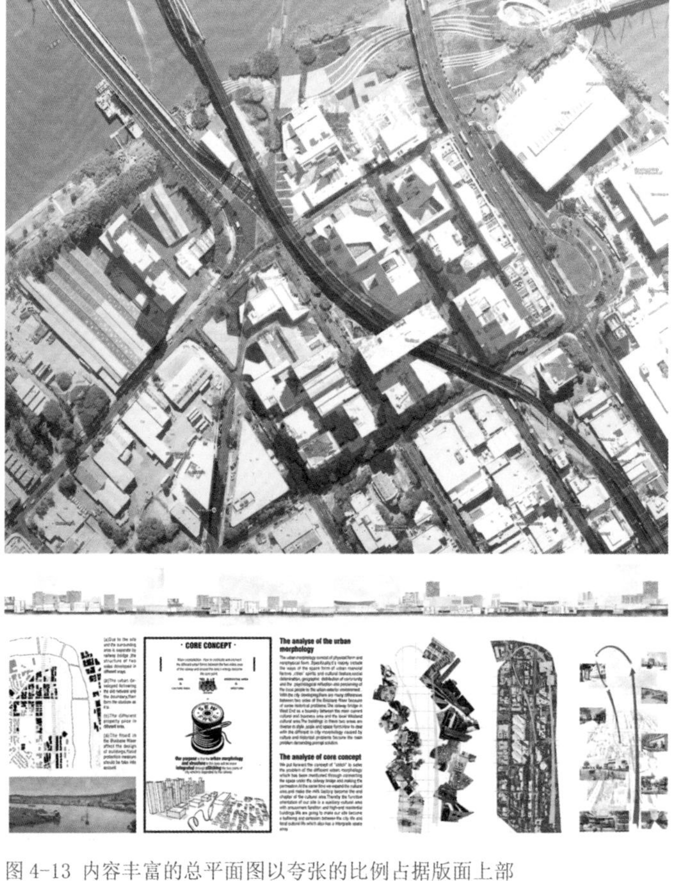

图 4-13 内容丰富的总平面图以夸张的比例占据版面上部

4.4.5 左右对称式版面

左右对称式常用于横向版面布图，横向划分的左右两个版面比例大致相同，既强化了整体结构的延展性，又避免了横向版式中水平内容过长而造成的阅读不便（图4-14）。一般而言，左右两部分在表达内容上有所区分——一侧可以放置大比例的效果表现图或总平面地形图，另一侧则可以布局成组的各类分析图式，两侧内容可以互为对应补充。需要注意的是，两侧的内容布局需要疏密有致、张弛有度，避免两侧内容都过于繁杂拥挤或过于松散，否则难以形成较好的节奏感和韵律感。

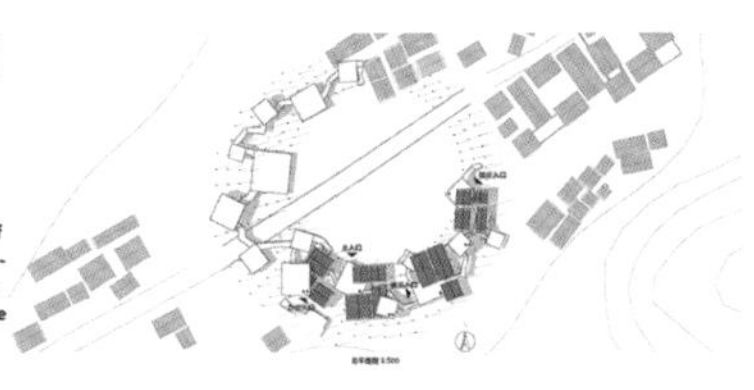

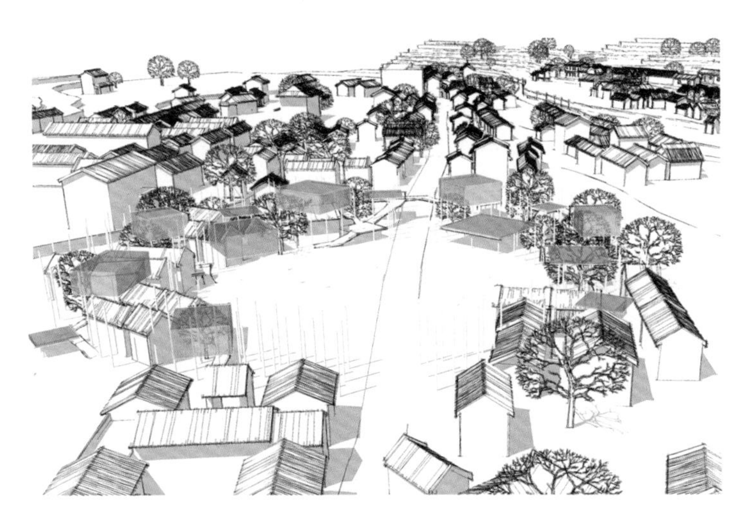

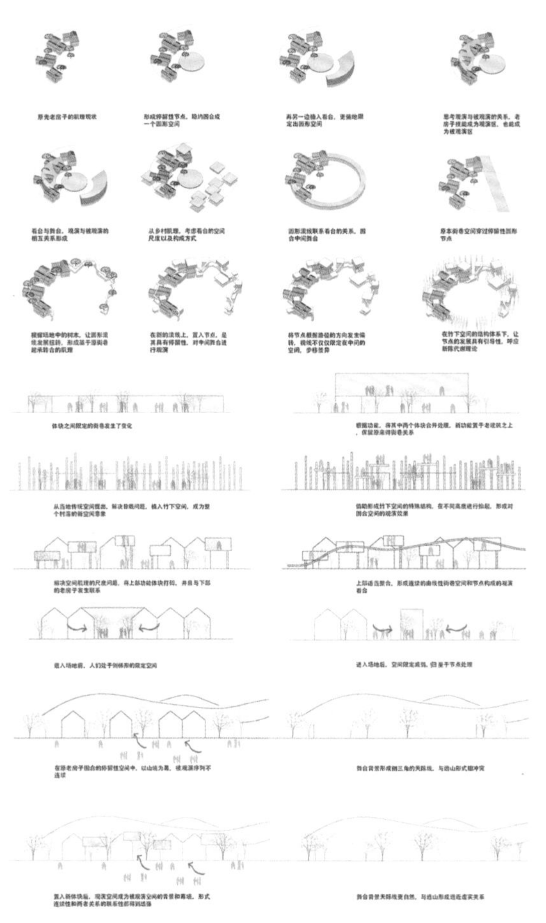

图 4-14 版面内容横向布局，重要表现图式占据一侧

4.5 色彩设计

市面上已经有大量专业图书针对建筑设计、城市规划、平面设计在色彩设计方面进行科普，因此，本节就不再泛泛地赘述色彩美学的基本知识。在此，主要针对有助于设计图式表达和表现的某些色彩案例，结合相关设计案例进行解读和剖析，便于读者在实践中灵活运用，迅速提高图式表达和版面表现效果。

4.5.1 色彩与图式表达

除了在艺术和平面设计角度强调色相、明度等基本的色彩知识和运用常识外，设计图式中的色彩运用亦常常与设计者的设计意图关联——图式中常常隐含设计者对于设计意图的主观阐释。例如，表现水体景观或者生态系统中水循环的图式常采用饱和度不一的蓝色，表达绿地系统或自然环境常常使用绿色，而有关能源的图式惯用红色或橙色等前进感较强的颜色予以表述。图式语言对于特定对象的表述与大众潜意识下的色彩认知相关联，增强了图式信息的表达效果。

例如图 4-15 对于空间绿地植被系统的表达，主导视觉版面的绿色表现主题，而饱和度不同的深浅绿色及叠加的纹理，则是在大的主题下进行细致区分对象的不同属性——田地、树林、草地等。

而在某些特定的设计语言中，图式的色彩则带有强烈的指向意义。例如图 4-16 中，展示的是威尼斯湖区的水系分布状况。基于“水体所蕴含能量”这一设计主题，设计者将水体设定为“红色”，而非常识认知中的“蓝色”，这一看似反常的色彩运用恰是作者意在传递“水体中隐含的巨大能量”这一主旨。

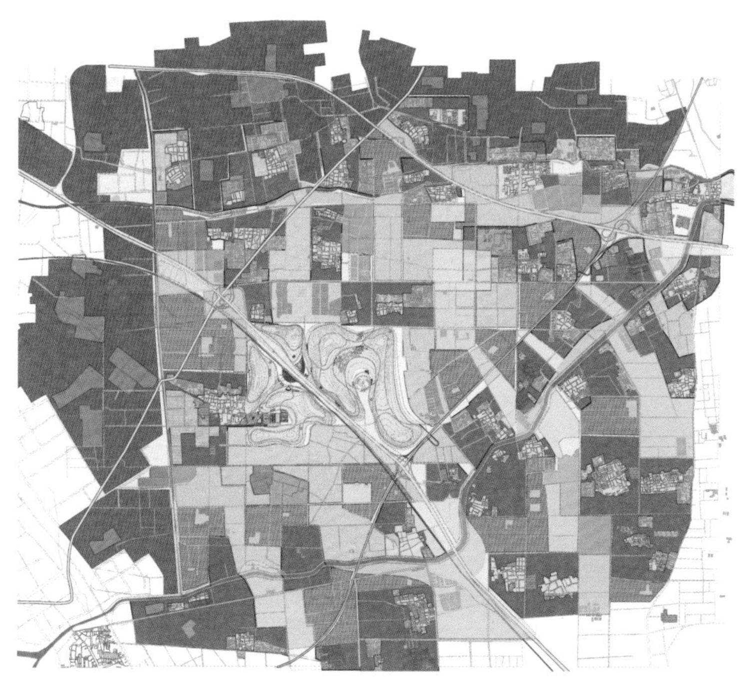

图 4-15 绿色调表达场地景观设计总平面

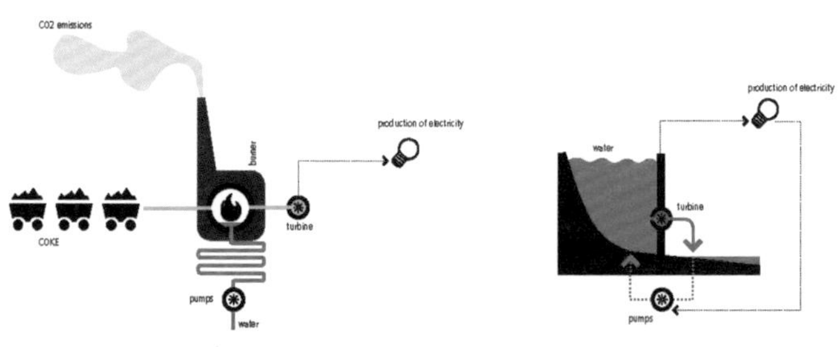

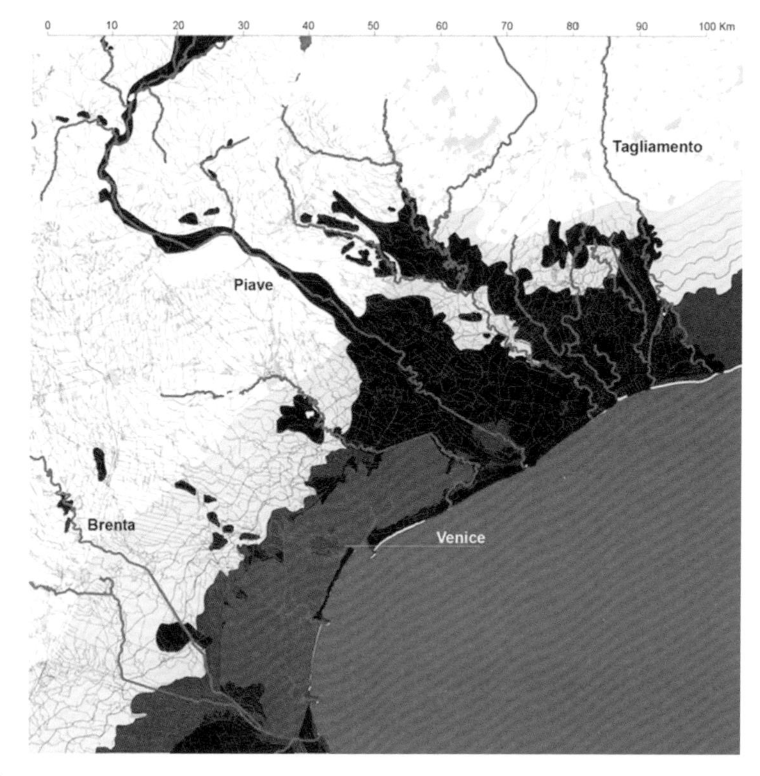

图 4-16 威尼斯“循环城市”（Recycling City）设计中对水体环境的表达

4.5.2 色彩与图面表现

配合设计的内容主题，将色彩进行合理搭配，可以迅速提升整张图纸意境的表达，取得事半功倍的效果。类似于前面所讲的设计图式的绘制及运用，色彩在建筑设计中的使用亦分为两大类：冷色调、暖色调。如果效果图更倾向于材质的表达，冷色调或者黑白灰的图面氛围不失为良好的选择。而暖色调则更倾向于氛围的营造及特定主题下的设计意图表达（如生态建筑设计中常用绿及黄绿色作为主体色彩）。

1）冷色系

冷灰色系作为整体的色彩基调，不仅使得整个设计作品具有了金属质感，还增添了几分时尚和神秘感，整体画面的风格也较容易协调统一。无论是整幅图面的表达，还是单张图式表现，运用深浅不一的冷灰色调，相对容易掌握和控制，而且可以明确地表达出设计对象的明暗关系与轮廓。所以，当你对色彩的应用不是那么得心应手且时间有限的情况下，冷灰色调的表现方式不失为一种好的选择。

冷色调搭配固然好用，但过度单一的色调会使人感到视觉疲劳或情绪低落，甚至难以捕捉设计主题。这时候，可以参考图 4-17 设计策略的总平面分析和图 4-18 整体轴测表现的做法，“万灰丛中一点红”，适当点缀色彩鲜艳且反差大的颜色来点亮设计，吸引视觉注意并强调设计主体。

黑色的底图背景，白色表现道路，不同明度的灰色则由外而内有效区分了不同层级的建筑肌理，醒目的红色强调出设计的核心区域所处位置关系及边界形态。

图 4-17 比利时科特赖克城市更新设计总体策略表达

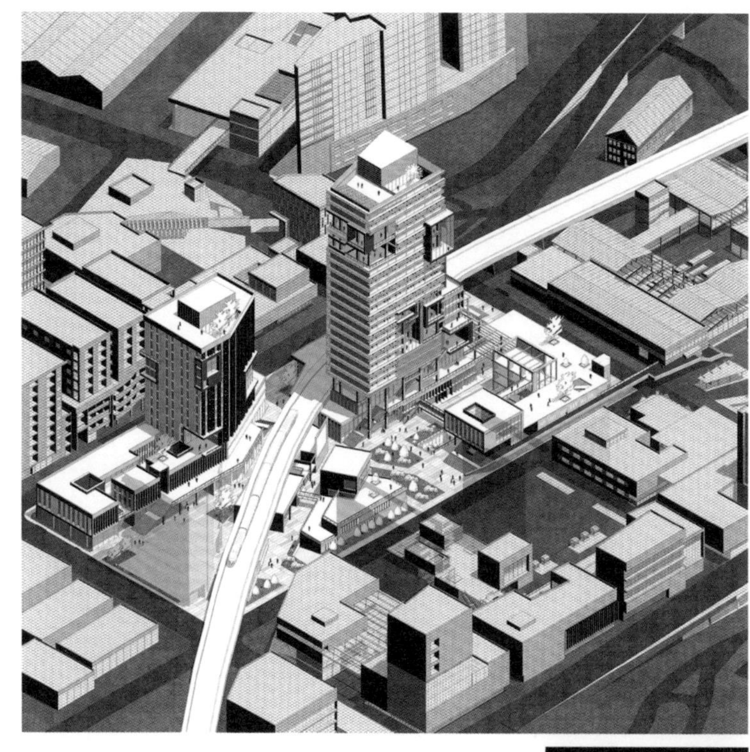

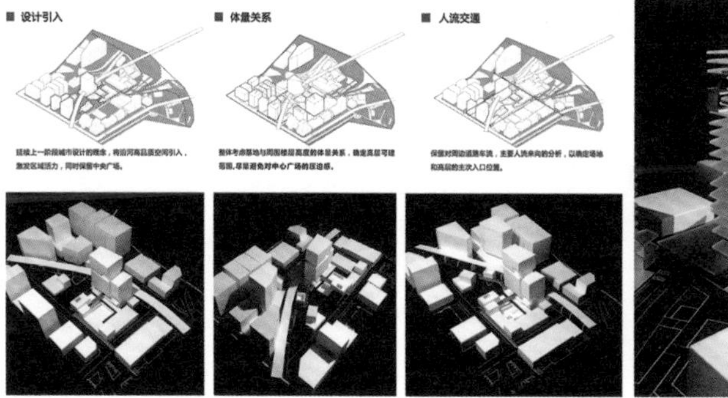

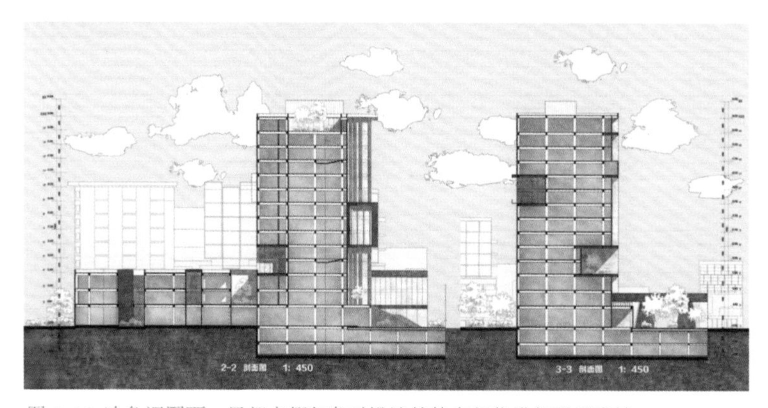

图 4-18 冷色调图面，局部点缀红色对设计的特定部位进行强调表达

2）暖色系

暖色系的绘制较冷色系来讲更为细致且多用于营造氛围，如图 4-19 所示的轴测效果，描绘出室内外公共空间场景和人们的行为活动。相比冷色系而言，暖色系因色调明快，在单图表现和图面排版应用方面也较难上手，但若使用得当，是用来表达设计理念与抒发内心情感的不二选择。

本页两个设计图面表达中的总平面、设计的思考与演变过程、鸟瞰透视表现图以及图纸区域的划分，都是大面积运用暖色调得以实现。部分图式（图 4-20 的总平面图）配以中灰色调的影像地图作为环境背景，更好地表达出设计地块的内容并烘托出氛围。

图 4-19 暖黄色调在不同图式中强调重要的空间设计

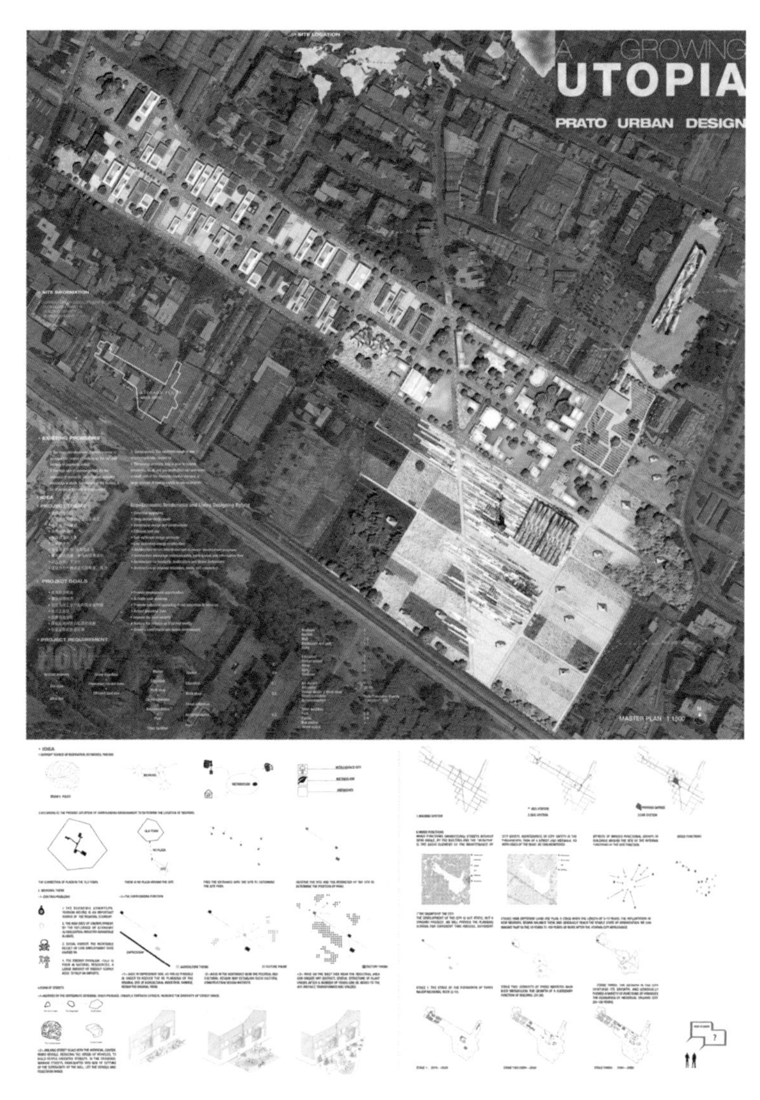

图 4-20 黄绿亮色彩表现场地设计总平面

3）单色系（黑白灰）

黑白灰的单色风格设定，是对彩色视觉明度关系的抽象与概括表达。受色彩类型所限（黑白灰三种色调），表达同样的设计信息，对设计的内容编排和图式绘制有着更高的要求。很多情况下，该色系的表达风格常与特定的建筑类型设计关联，如博物馆、图书馆、艺术馆、美术馆和历史街区的城市设计等文化类的设计表达，其平和沉静的色彩风格利于传达文化类建筑稳重、深邃、富有内涵的建筑特性。

在图式绘制和版面设定之前，设计者需要明确表达对象的核心内容，用尽量简洁的设计图形，通过黑色与留白的强烈对比以及不同明度灰色的组合运用，传递设计信息。尤其注意黑色与白色的运用，在浅色背景里适当加入黑色或于大面积的深色图面中巧妙运用白色，能够产生锐利、力度十足且耐人寻味的效果。

例如图 4-21 运用冷灰色调表达位于某历史街区中博物馆的总平面信息，色调较好地表现了中式建筑风格，并呼应了周边的环境，而且建筑及道路留白处理，使得设计对象得以强调。

图 4-22 的图面表现也是以冷灰色调为主，表现位于公园内的小型博物馆建筑设计，黑白灰色在表现建筑材质质感、光影及场所氛围方面别具风格，很好地表达了素雅静谧的建筑风格及场所氛围。

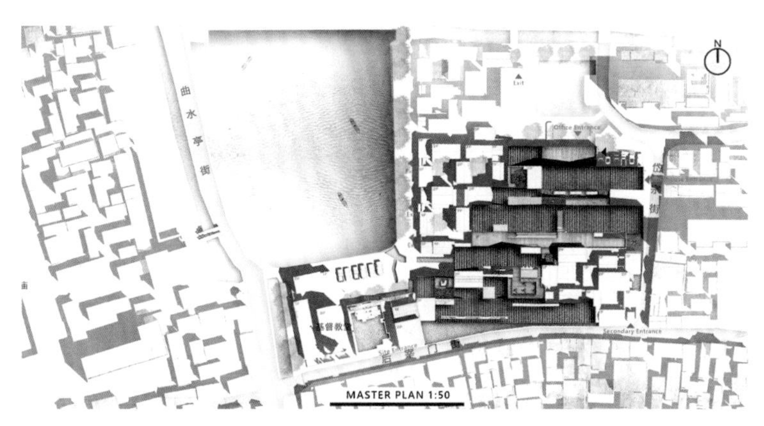

图 4-21 泉水博物馆设计中总平面的冷灰色调很好地呼应了传统中式建筑风格

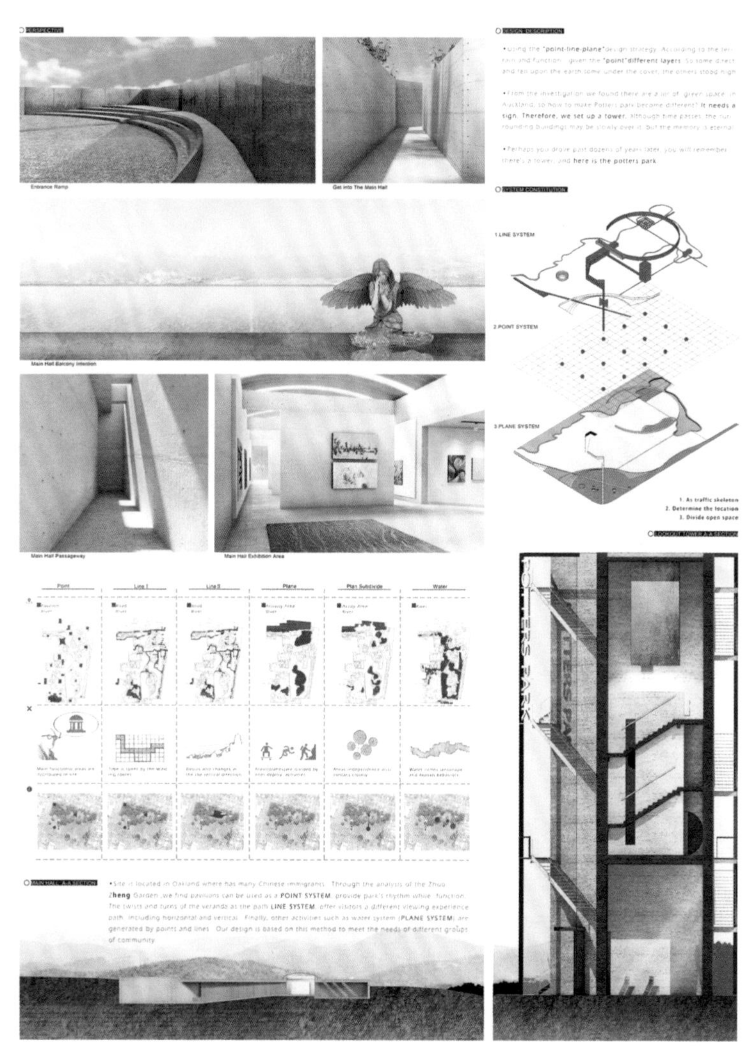

图 4-22 社区公园空间改造设计中运用灰色调表达素雅静谧的场所氛围

5 设计案例解读

如前文所述，对于建筑设计图式表达与分析的讲解，并非要求大家全力以赴绘出无比惊艳的分析图式，而是需要各位了解如何将各类风格迥异、特色鲜明的图式整合后，与理性的设计逻辑结合，并最终实现方案分析和设计过程的有机结合。操作图式的过程也是不断反思设计，继而持续思考、推动设计逐步深入的过程，这也是本书所重点强调的。

基于此，本章在综合前面各类设计表达类型及分析图式的基础上，选取 3 个同类型设计案例——“济钢工业遗产更新与活化设计”“北京台湖地区空间调研与设计”“新加坡科技设计大学一期工程规划设计”（Campus Singapore University Technical Design”），进一步解析分析图式在设计表达中的应用操作。案例中既有笔者亲自参与的，也有来源于知名设计事务所的实践项目。通过对案例中与设计流程、思考过程、分析流程紧密结合的表达图式进行解读和剖析，希望读者能对建筑设计的分析图式有一个更加全面整体的认知和感悟。

当然，由于案例数量所限，无法涵盖设计图式的所有类型，且分析对象和表达过程不尽相同，此处的图式表达展示和分析只能算是初步的尝试。希望本章所呈现的案例和其中涉及的图式类型分析能够引起各位读者的思考，能更有效地推动和完善对于设计构思、图式分析和表达的理解与研究。

5.1 “济钢2030计划”——工业遗产的更新与活化

本节以“工业遗产更新与改造”为主题的“济南钢铁厂更新”建筑学课程设计为例，在解析方案设计的逻辑构思的同时，详细介绍各类图式的表达特点和应用。

作为一个完整的设计课题，针对工业遗产保护与更新类项目的自身特点，本设计被划分为前期调研、案例研究、设计概念策略、方案成果分析4个主体部分。贯穿全过程的设计图式作为核心的表达载体，有效地推动了设计进程并提升了方案的整体表现效果，清晰地呈现了完整的设计过程和设计理念。在此，结合对于设计过程的解读，系统介绍不同设计阶段各类分析图式的应用及表达特点。

5.1.1 前期调研

1）地理区位

图5-1中的三张图，按尺度大小的顺序分别从国家、省、市三个范围层级的地图上，自上而下地表达出基地所处的位置信息。每张图都以弱化处理的地图作为底图，在其上以明度较高的色块、线条、点元素标示地块位置及周边环境要素。该类型的图式同样适用于区位分析、重要空间节点分析等其他图的表达。

2）气候条件

柱状图和雷达图是常用的表达基本环境状况的数据图式。图5-2通过简单明晰的图形元素配合文字，概括出济南的基本气候状况，并对后期的场地功能布局及水体设计等内容提供基础依据。

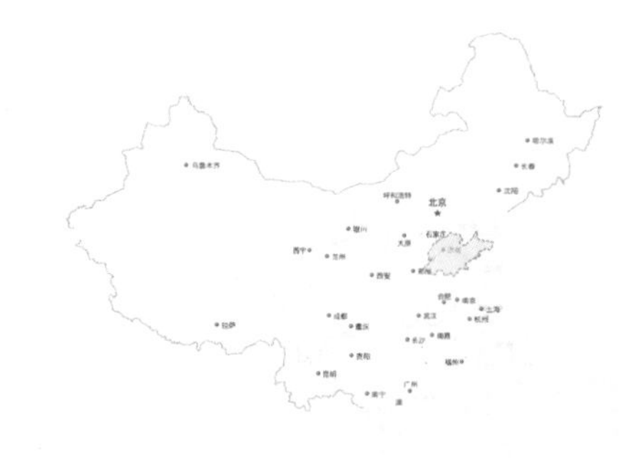

省

市

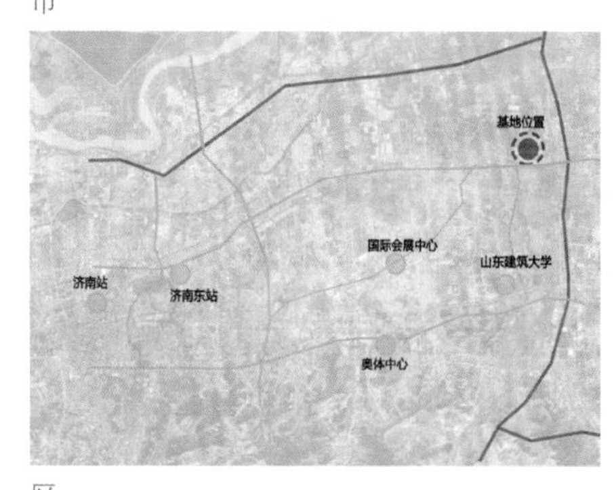

区

图 5-1 项目区位

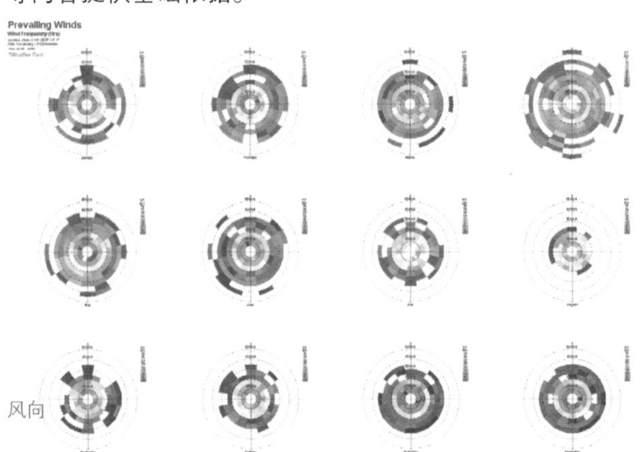

风向

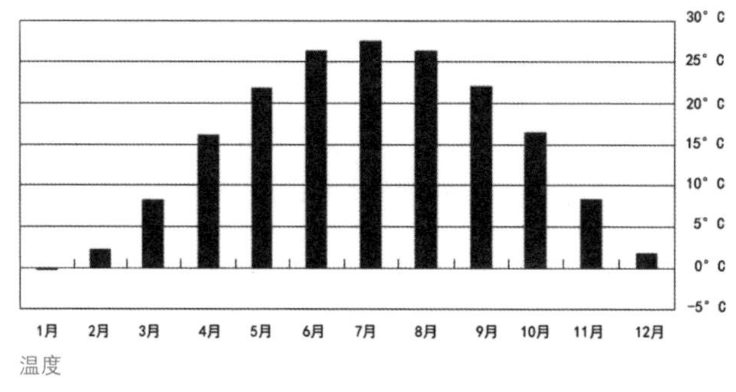

温度

图 5-2 气候条件因素

3）周边现状

基地北面与西面主要为工业片区，南面为居住小区，周边还有散布的几处居住村庄，功能分区较明显。周边的居住人群主要是钢铁厂职工与附近村民生活区。

该部分内容逐步深入至地块周边区域，运用肌理图的“图—底关系”分析方式，展示出基地周边的绿化状态（绿色肌理）及周边的建筑肌理（黑色及灰色肌理）分布状况（图5-3）。基地的轮廓及其所处位置以鲜亮的色彩进行强调，并与周边灰色建筑环境和场地产生显著区分。

在“环境肌理与人群主要聚集区分析”中，通过几个重要居民聚点（住宅区）与基地之间的最短连线交叉密集程度，确定人在步行或车行最短距离前提下人流汇聚量最大的区域，从而判断地块的主要进入方式方向。

自然环境

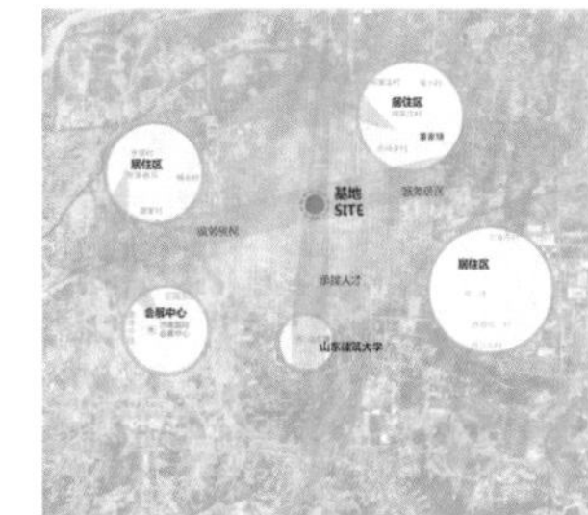

周边功能关系分析图

环境肌理与人群主要聚集区分析

图 5-3 周边现状分析

4）历史发展背景分析

时间轴图式5-4展示出济南钢铁厂的发展轨迹及重要历史节点。“历史沿革图”将时间作为竖向的线性演进轴串接所有信息，按照一定比例将历史节点的发展进程表达出来，照片结合精炼文字强调历史进程中的重要事件和节点，集中紧凑、重点突出，让人一目了然。

这里需要注意的是，处理时间轴图式相关的图形和文字信息需要尽量按照与时间刻度成正比的方式，沿着线性轴进行排列组合，而且图片与文字可以交叉出现，避免过于拥挤造成图面失衡。

图 5-4 历史发展背景分析

5）周边交通

通过对基地周边的道路、周围居民到基地的交通方式和时间进行调研，来了解基地周边的交通状况。图5-5基于地块周围5千米内的建筑肌理和交通路网，对其交通状况进行分析。灰色建筑肌理作为底图便于各类交通方式的分析比照，不同的交通流线以不同的颜色表示出来，同时结合图形符号以明确道路的使用方式。需要注意的是，对于交通信息的分析，要参考之前提到的“一图一事”“重点突出”的原则，将多个层级和类型的线性交通元素，有选择性地分配到同样尺度样式的背景底图中，且所要表达的交通要素信息用色和样式要与背景图式对比强烈、区分明显。

6）设计场地分析

前期分析由中观尺度的周边基地过渡到设计场地，这一部分侧重于场景的真实再现和客观描述。作为对设计地块现状条件的分析组图5-6，由SU模型直接生成的线框轴测图包含了相当多的场地和建筑细节，且不同的线性粗细很好地区分出空间层次。同时，依托于轴测图的交通及节点分析，配合现场照片，清晰地呈现出场地现状图景。

下节的“建筑和场地价值评估”部分，仍然依托线框轴测图和照片，整理成系统的表格图，对场地内的基础设施进行详细的梳理备案，就不再一一赘述。

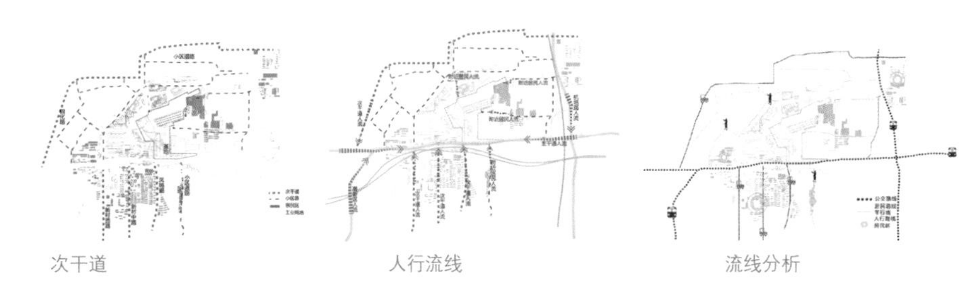

主干道　　次干道　　人行流线　　流线分析

图 5-5 地块周边交通状况分析

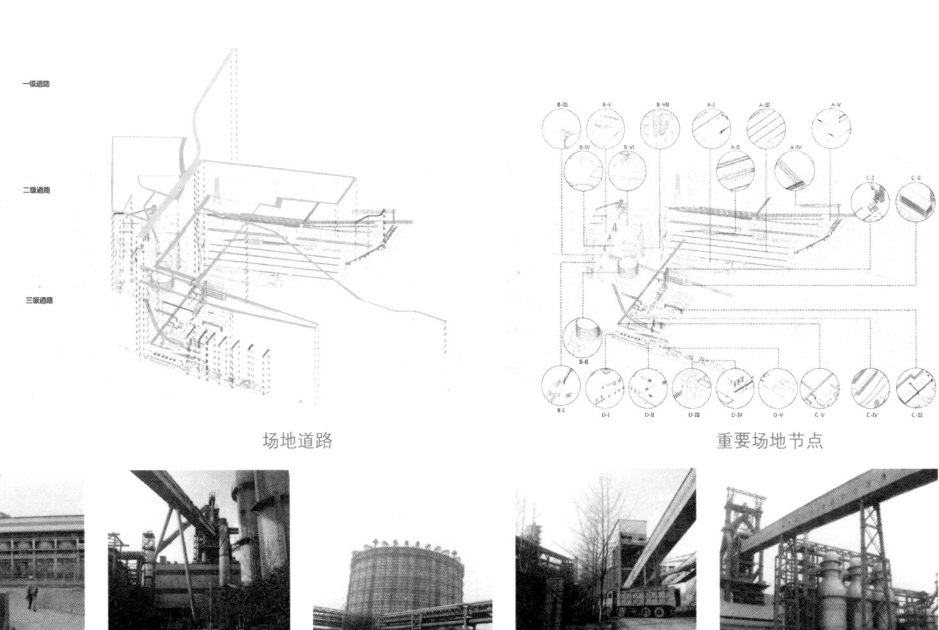

场地道路　　重要场地节点

图 5-6 设计地块现状分析

7）场地分区

基于现状场地的生产流程：原料厂→炼铁厂→炼钢厂，整个地块被分为四大功能分区，分别为——炼钢厂、炼铁厂、原料基地、水动力厂。因此，设计地块被拆分为A、B、C、D，4个相对独立的区块进行分区研究并实施不同的设计策略。

这一部分是设计前期分析（客观描述）与设计概念策略提出的衔接部分，需要结合周边环境和场地内部状况，运用一定的设计经验进行主观判断。这里的轴测分区图和平面地块划分即是运用综合思维的结果，推进设计进程，形成的较为合理的规划结构为下一步的深入设计提供依据和条件（图5-7）。

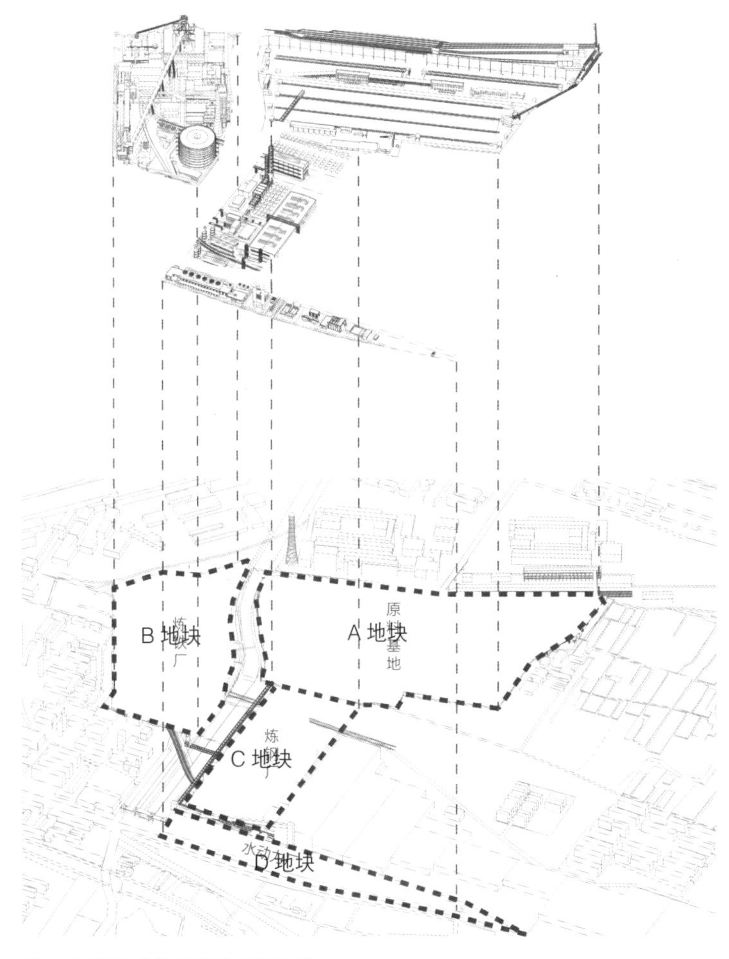

图 5-7 现状功能分区和设计分区

5.1.2 案例研究

“他山之石，可以攻玉”，案例研究部分是基于题目类型和地块特征，搜集相似案例，通过比对、借鉴甚至模仿的方式吸收对于设计本身有启发和指导意义的内容，是研究性设计的关键环节。一般而言，对于案例的研究也是从其设计背景、理念策略、设计手段和成果等方面,通过整理案例图片和描述文字的方式对其进行全面的解读理解，从中提取对下一步设计有帮助的理念和措施（图5-8）。

纽约高线公园

中山岐江公园

鲁尔区关悦同盟工业综合体

图 5-8 案例研究

5.1.3 设计概念和策略

在设计概念和策略部分，以B地块为例阐释其构思和推进过程。一般来说，对于概念部分的表达，更多的是从总体入手，结合前期场地交通、用地性质、现状环境等条件状况，有针对性地提出设计理念和应对策略，为后期具体设计方案的提出做好铺垫。因此，在图式的选择和表达方式上，概念类的内容一般都不需要在物质空间层面进行具体表现，其表达方式也较为灵活，且多以抽象的图式元素进行，也可以给读者一定的期待和想象空间。

1）设计概念

设计以炼铁厂的“空间缝合、逆向回归、生态植入”为概念，以铁路运输出口→ 高炉炼铁→ 斜桥→料仓的“逆流程”引导空间序列设计，由 “人工要素→自然要素”表达生态修复的理念。生态修复主要借助东侧河道并利用海绵城市的“渗、滞、蓄、净、用、排”六大建设要素，达到雨水就地消解，防止雨洪灾害，同时营造亲水景观的目的。

“缝合”与“植入”概念的表达如图 5-9，设计者采用了形象的“针线”及“空间网络”（参考图片），借意喻理式地表达了意向性的抽象概念。并且进一步借助色彩对比强烈的简图图案：红色曲线表示串联有价值的空间元素并连接传统工业遗产与现代生活，绿色表示植入设计后的新场景和功能场所。延续旧有场所记忆，创造新的时代元素，平衡新旧场景。

为进一步阐释抽象的设计理念，基于灰色地块卫星地图（图 5-10），通过色彩鲜艳的“点、线”元素在平面场地上展示设计构思。因为仅仅是理念的提出，还未在空间上涉及具体设计手段，因此图式中只需要借助图形表达大致的设计想法就可以，不需要精确控制每一个元素。图中的水体、空间节点等内容使用明亮的色彩，但在统一的暗灰色底图控制下，也不会显得过于凌乱。尽管表述内容有差别，但 4 张图式基于相同的地形底图，便于比较和定位。

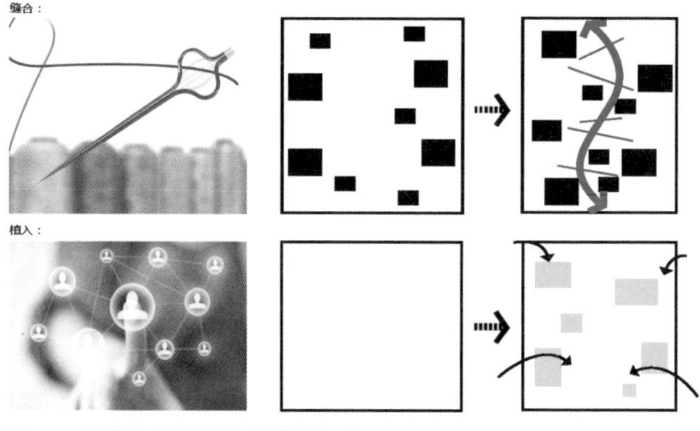

图 5-9 抽象符号简图表达设计概念

分析整个基地所承载的炼钢过程：原料厂→ 炼铁厂→ 炼钢厂
炼铁厂基本流程：料仓→ 斜桥运输→ 高炉炼铁 → 炼钢厂

炼铁厂东侧为服务于整个基地的河道，少雨时只有少量污水积存，有排水管直接通向河道，河道的生态修复和防洪功能亟待恢复，可以结合河道做炼铁厂修复的水景观设计。

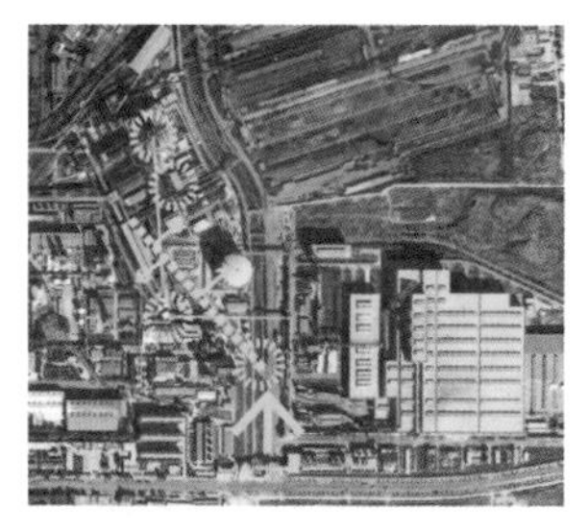

炼铁厂边界与基地主入口的位置关系：鱼雷罐车铁路运输出口（炼铁工艺最后一步）为第一“接触点”。铁路与基地主干道的角度关系及其线性特征使之形成强烈的引导性。

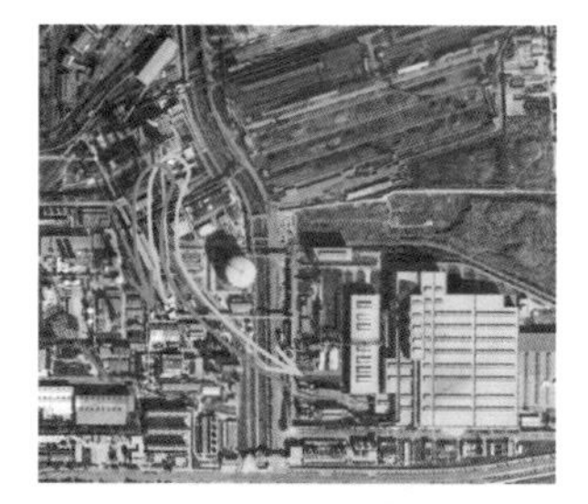

设计以炼铁厂的“逆向回归”为概念，以铁路运输出口→ 高炉炼铁→ 斜桥→料仓的“逆流程”引导空间序列设计，由“人工要素→自然要素”表达生态修复的理念。

图 5-10 基于影像地图表达设计概念与场地元素的对应关系

2）设计策略

图5-11所示，将各类理念想法汇聚。主要理念策略与次要概念通过深浅不同的绿色圆圈进行区分，利用图形“临近性”的原则，将相互关联的概念圆圈进行归类，使得整个泡泡图式在保持整体的前提下，又可以展示各个部分之间的相互联系。

最终，设计策略被划分为“城市触媒（Urban Catalyst）”“生态修复（Ecological Restoration）”“活水公园（Water Park）”“展览+运动乐园（Exhibition and Sport Park）”四部分。

这一部分的表达采用“照片+分析”的方式：将场地实景照片和意向参考图片进行去色处理，需要强调的元素通过明亮的绿色进行图案化标识，以提示后期的改造方式和措施。在之前的图式分类中提到过，图片类分析图式最大特点在于能够将设计的意图在真实的场景中以生动的方式传达，形象直观便于理解。

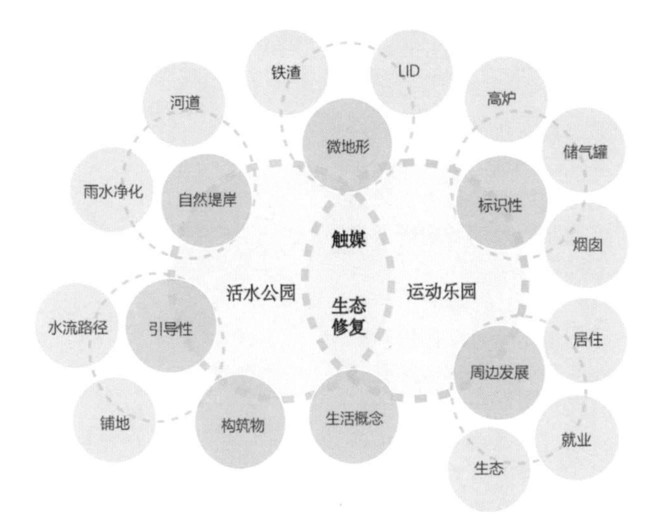

城市触媒
是指城市化学连锁反应，其中激发与维系城市发生化学反应的“触媒体”。城市触媒是由城市所塑造的元素，然后反过来塑造它本身的环境，目的是促使城市结构持续与渐进地发展。

生态修复
以活水公园的水循环系统和自然河道再生为主进行生态修复设计。利用自然生态的堤岸设计净化雨水并使之排入河道补充水景观或防洪；成为基地内生态修复的重点。

活水公园
炼铁过程生成的铁渣等原料再利用改造微地形，作为引导雨水径流的措施实现“海绵”场地。通过人工水景观和原有建筑设备或构筑物丰富水循环系统，形成活水公园。

展览＋运动乐园
储气罐和高炉等设备以及铁渣利用形成的微地形等地块的特殊性，B地块的主题功能初步设定为运动；因高炉等建筑的典型性和内部空间的完整性，将其作为展示工业时代历史的最佳场所。

图5-11 气泡图展示不同设计策略的相互关系

3）地块改造意向

在地块整体层面，基于调研部分的“价值评估”内容，对地块内“建筑、空间、道路、水体景观、绿地系统”等方面提出改造建议，并通过具有代表性的节点设计展示设计手段。这一部分是承接总体概念策略至具体空间设计措施的转换环节，因此图式的运用也由之前的抽象意向图，逐渐转换为基于场地实际尺度和空间场景进行的分析表达。

图5-12中的4个平行分析图表达了改造措施的引导性设计——利用并强化炼铁厂的空间特点，如铁轨交汇处三角形空间、斜桥下方线性灰空间等，营造具有特色的空间序列。所有的场景为真实尺度的线框轴测图，通过线性粗细对比突出被改造对象，各类绿色图元（箭头、虚实线、色块）结合文字说明阐释改造方式。整体图式用色清爽、层次分明，既能识别设计元素，又不会丢失背景环境。

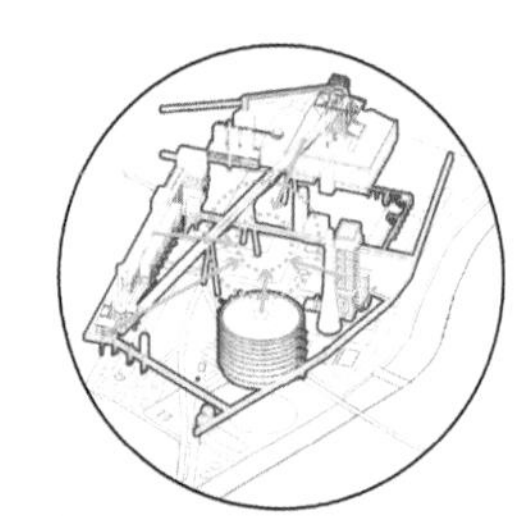

由价值评估可知炼铁厂需要保留的建筑设备，其分布在地块的周边位置，因此被包围的中心成为厂区修复的重点设计对象。

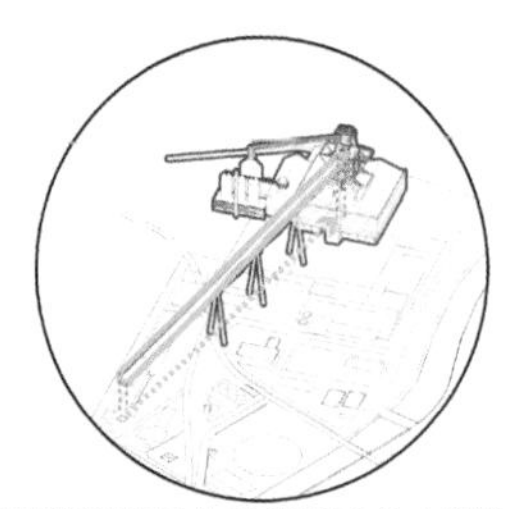

线性特征明显的斜桥及下方支撑物在地面共同围合的线性“灰空间”内，成为分割空间的重要组成部分。基于遗产保护和修复的理念，拟强化这种线性空间，营造强烈的序列感，引导人进入高炉。

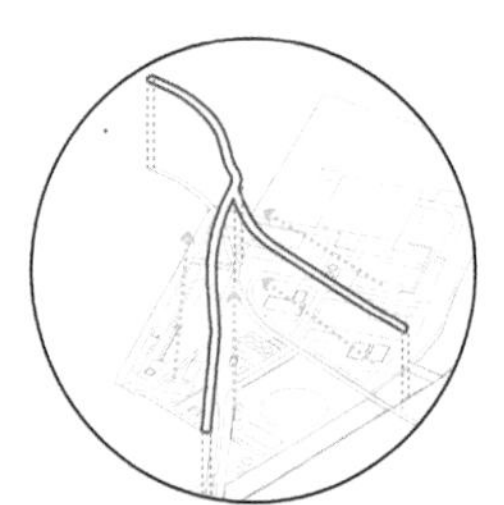

场地内有两条铁路分割整个厂区，因其运输功能而具有明显的标识性，两条铁路于厂区中心位置汇集形成一个“三角形区域”，拟强化这种线性感，突出铁路运输功能。

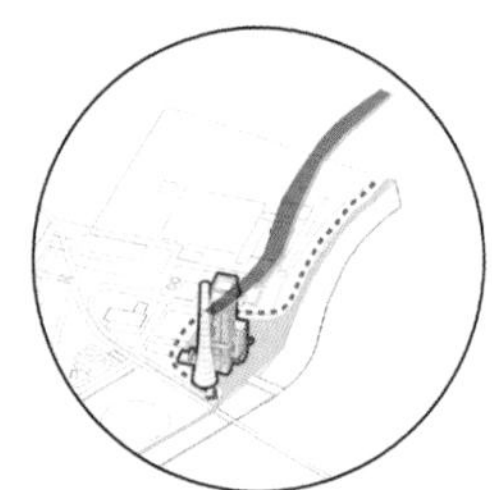

厂区东侧河岸空间狭长陡峭，不利于景观设计，现有沿岸道路较宽，不适合新功能下的尺度需求。拟在局部改变沿岸道路，扩大河岸空间，进行尺度合理的景观设计。

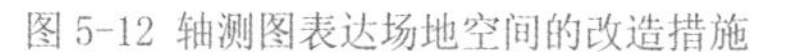

图 5-12 轴测图表达场地空间的改造措施

4）改造意向——系统因子改造

对于同一场地中不同因子的分析解读，设计者采取了“平面阵列图式”，使读者在理解各部分元素改造方式的同时，又可以了解各要素之间在场地中的相互叠加关系（图5-13）。图底采用统一的黑白灰肌理图，色相明亮的红蓝灯颜色较好地突显了表达要素。场地改造的前后状况采用了图式比对的方法，易于读出设计所产生的场地变化效果。

改造后的空间图底关系表达了亦开亦合、联系紧密、错落有致并与自然环境结合的效果。

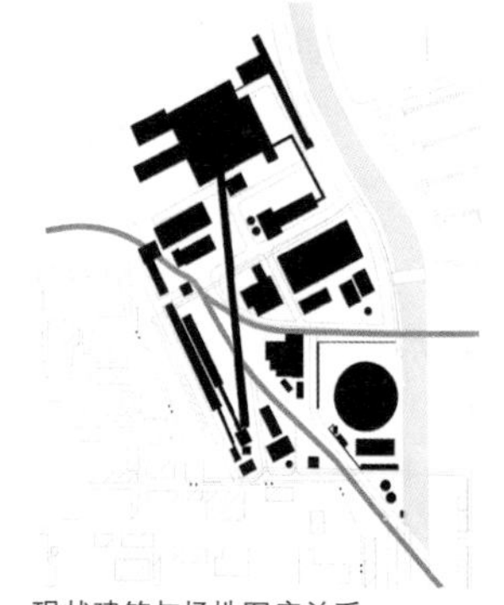

现状建筑与场地图底关系

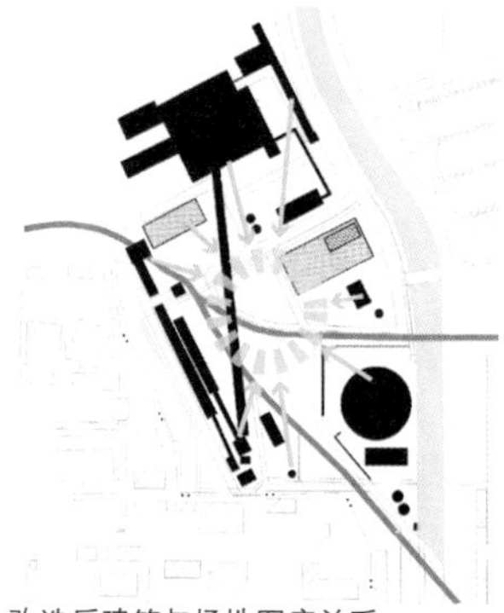

改造后建筑与场地图底关系

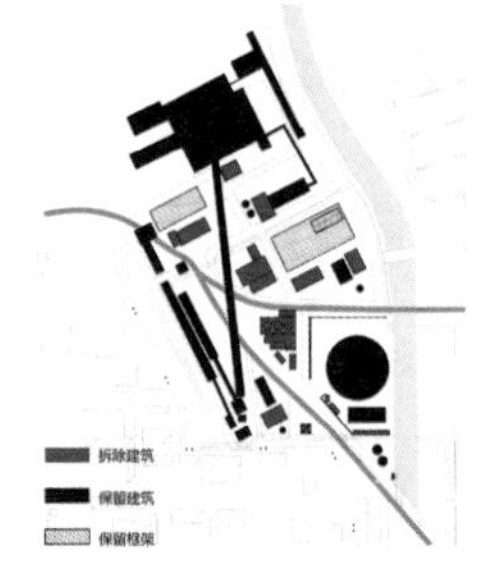

建筑改造
综合考究场地内部建筑的质量和价值，决定建筑保留、改造或拆除。

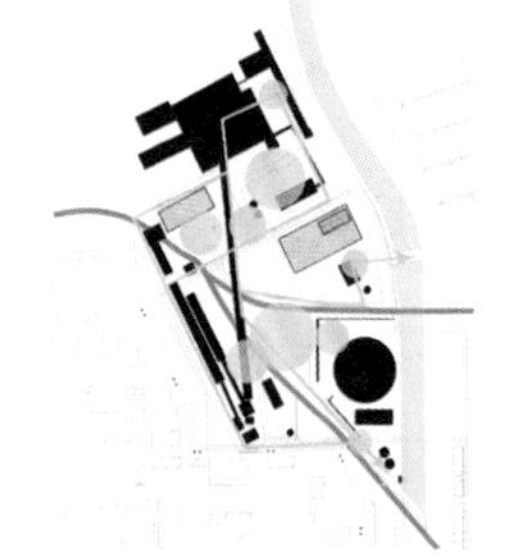

空间改造
由场地原有图底关系可知，高密度的炼铁厂空间单一，为增加空间丰富度，首先确定改造后空间的收放关系，对拆除后的场地进行“增补设计”。

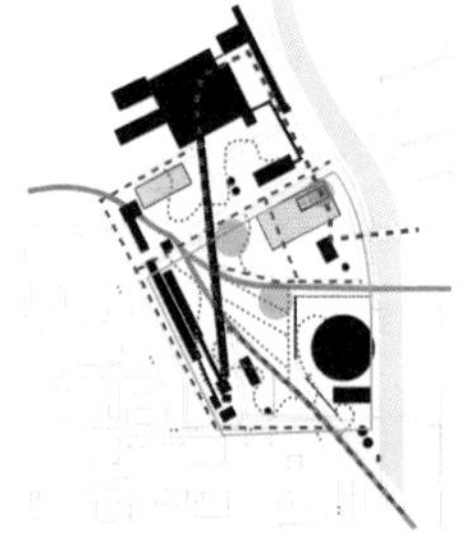

道路改造
根据景观功能确定各级道路宽度，在保留铁路基础上，结合空间收放关系设置一条景观主干道，强调斜桥下方线性空间，河岸道路局部西移，增大河岸局部景观空间。

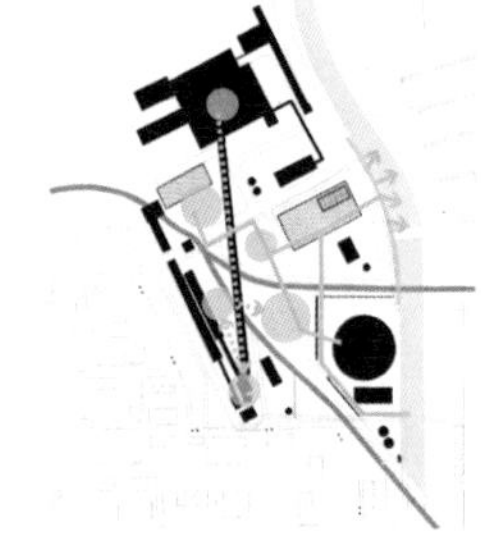

水景观系统改造
在主干道沿线合理设置不同规模的水景观系统，成为次要节点，与东部河道直接或间接连接，形成活水系统。

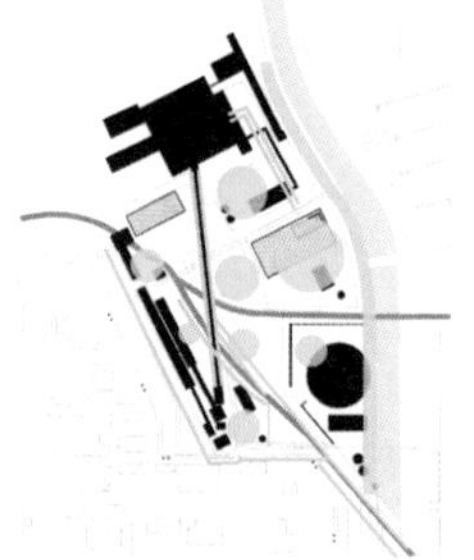

绿地系统改造
配合水景观系统，利用大面积的植被进行厂区的生态修复，营造自然的景观环境。

图 5-13 基于总平面肌理图展示整体空间系统的改造意向

5）改造意向——空间节点设计

在对地块内建筑及场地进行分析的基础上，选取地块内重要节点进行改造设计（图5-14）。这一部分对于场景设计的表达，采用“参考案例+线框轴测模型”的方式。线框轴测图中表示出改造的场地范围或特定的改造对象，参考案例图片作为场景效果表达的有效补充，能够反映模型中无法表达的很多设计细节信息。需要注意的是，设计者要在自己设定的主题下，结合空间特征、场地规模和典型设施，查找合适的案例作为参考意向表达，不能随意拼接。

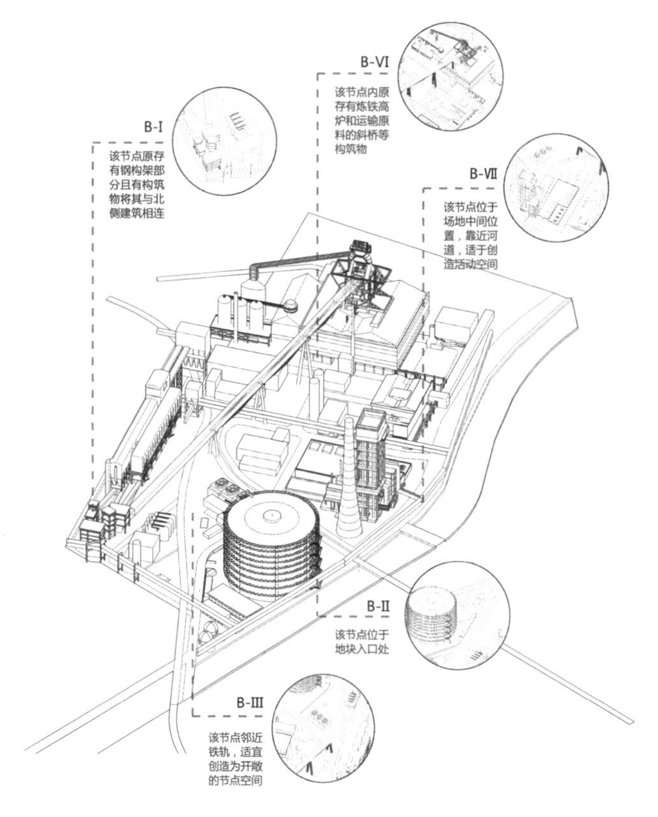

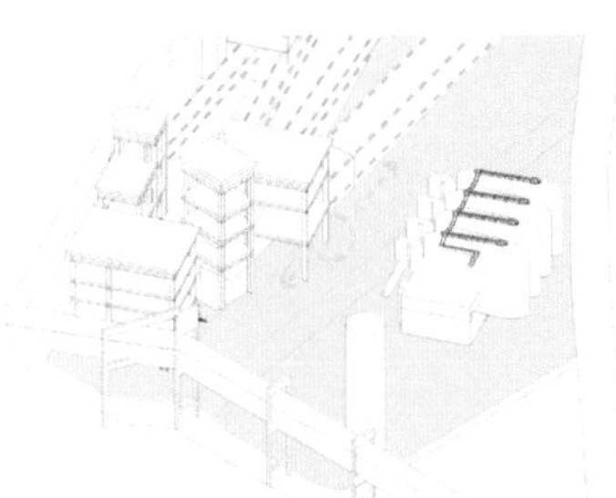

B-I 节点：钢构架周边景观设计改造策略

设计意向图

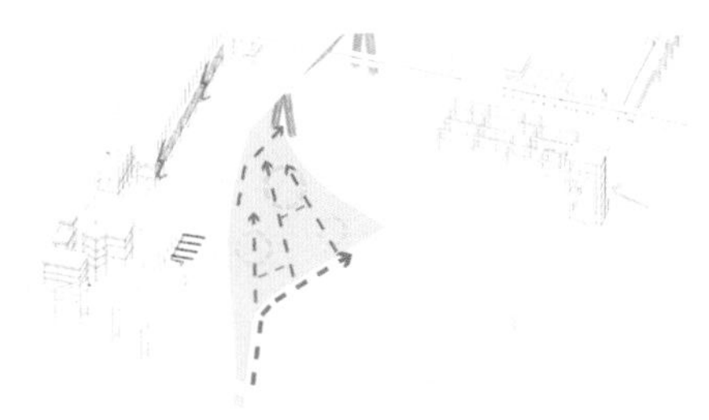

B-III 节点：线性景观设计改造策略

设计意向图

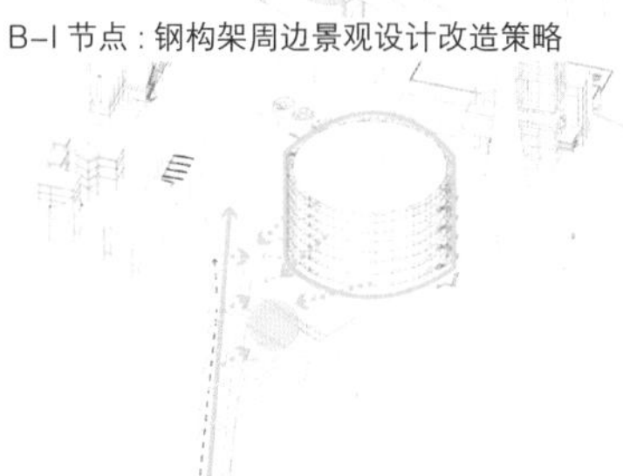

设计意向图

B-II 节点：煤气柜外表皮攀爬、管道标志性立体交通改造策略

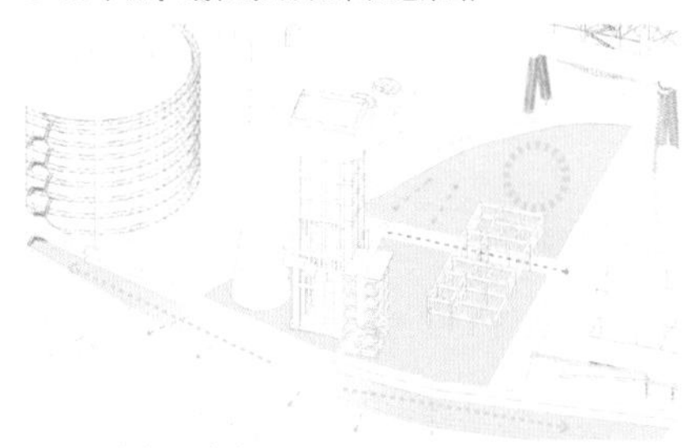

B-VII 节点设计改造策略

设计意向图

图 5-14 “轴测图＋照片”的方式表达重要场地节点的改造意向

作为对上述重要节点改造设计的深化补充，图5-15中的4张图表达了改造后人视角度的空间场景，更加真实地表现了设计对于空间的影响。统一的黑白线框加阴影风格的透视图作为底图，并用透明的色块将改造后的部分填充标识，底图与标识部分对比鲜明，突出强调变动部分，弱化其他背景内容，表达简练明确。在处理这一类图式时，要明晰变化的内容和需要强调的对象，避免面面俱到地表现所有场景信息。此类图式表达方式也常常用于表达建筑位置、建筑功能类的分析图。

5.1.4 方案成果分析

区别于调研及设计概念策略部分，方案成果分析侧重于在已经完成的设计成果之上，在场地空间、交通系统、景观系统、重要节点、技术整合等方面表现设计成果（图5-16、图5-17、图5-18）。因此这一部分是“表达+表现”的过程，综合运用透视图、分层轴测图、平立剖面图等多种成果表达类图式，除表述合理清晰之外，对表达效果也有较高的要求。

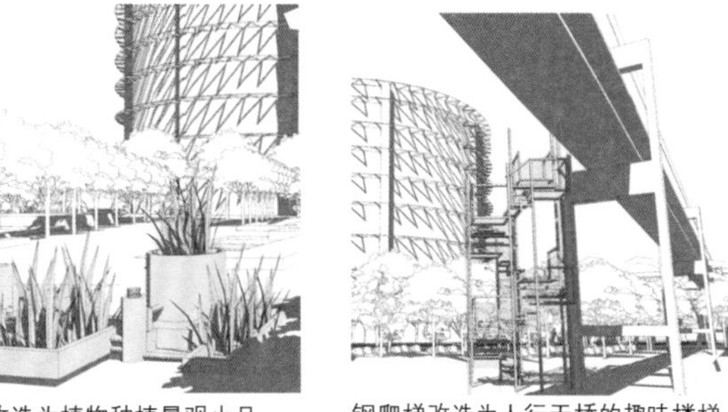

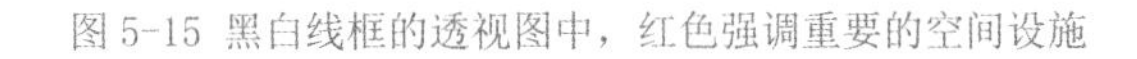

钢构架改造为沙坑滑梯和雨水收集装置 钢构架改造为植物种植景观小品

钢爬梯改造为人行天桥的趣味楼梯

储油罐改造为雨水收集的趣味装置

图 5-15 黑白线框的透视图中，红色强调重要的空间设施

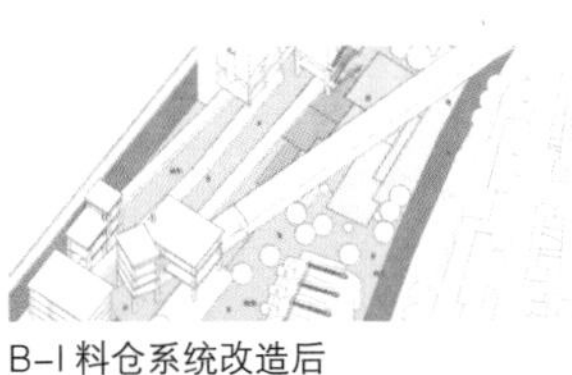

B-I 料仓系统改造后

B-II 厂区入口改造后

B-III 铁轨交汇处改造后

B-V 斜桥下场地改造后

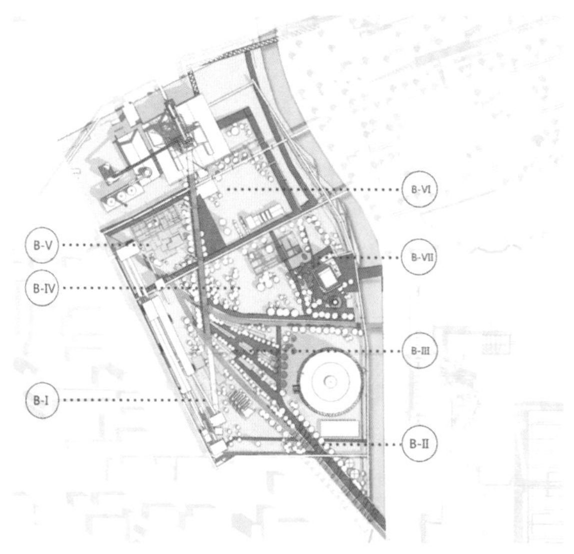

图 5-16 地块改造总平面

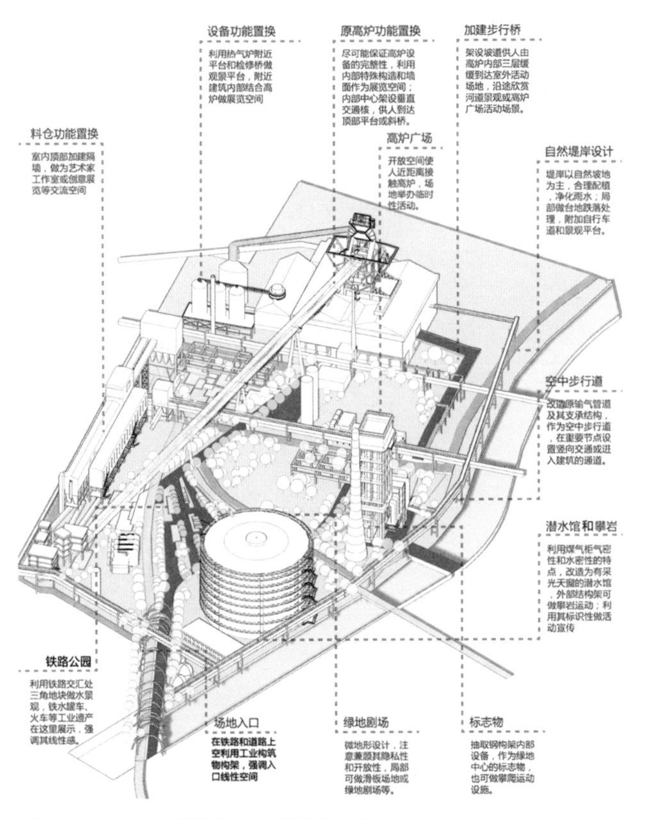

图 5-17 地块轴测图表现各类设计元素

水景观系统
沿主要环线及周边设置四处水景观作为中心节点或次节点，水体之间由地上线性水体和地下管道两种方式连接，形成活水循环系统。
丰水期与缺水期可形成不同的景观效果。

绿植景观系统
通过绿植完成生态修复。绿地占据厂区的最大面积，植被沿道路两侧呈行列式，绿地中间呈组团布置。借助绿植营造序列感或围合空间。
根据生态修复原则合理选取绿植种类完成生态修复。

道路及广场系统
设置主干环线引导节点空间设计，景观节点局部设置硬质铺地聚集人群。合理设置不同级别的道路尺度与铺地材料。
环形道路保证消防安全。

铁路系统
保留厂区原有铁路，利用景观及植被强化线性感，三角区域作为主干环线上的中心节点，以此强化厂区特点，传承遗产文化。

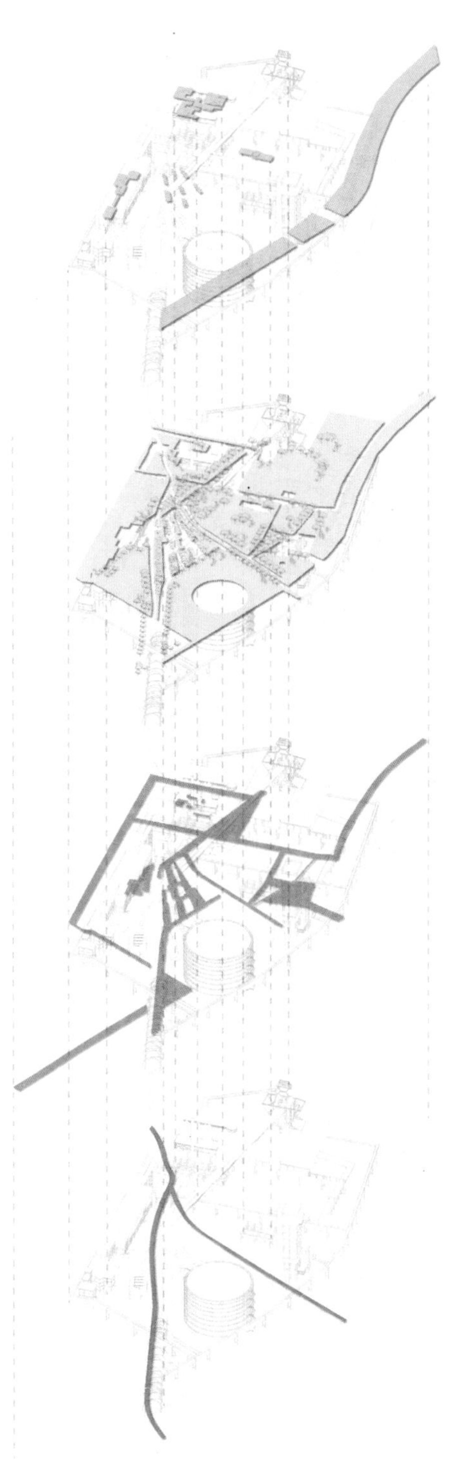

图 5-18 叠层图表达各类因子的相互关系

1）路系统设计分析

结合地块内现状设施——如地面的道路和架空的管道等，采用生态措施，将道路系统改造为一、二级人行路网及空中人行步道和自行车道。图5-19的分层轴测图很好地表达了道路系统的层级关系和位置关系，抽象的剖面简图中，所叠加的真实树木表达了生态交通基础设施的理念，人体简图与尺寸标注则准确地表现了改造后的路网尺度。

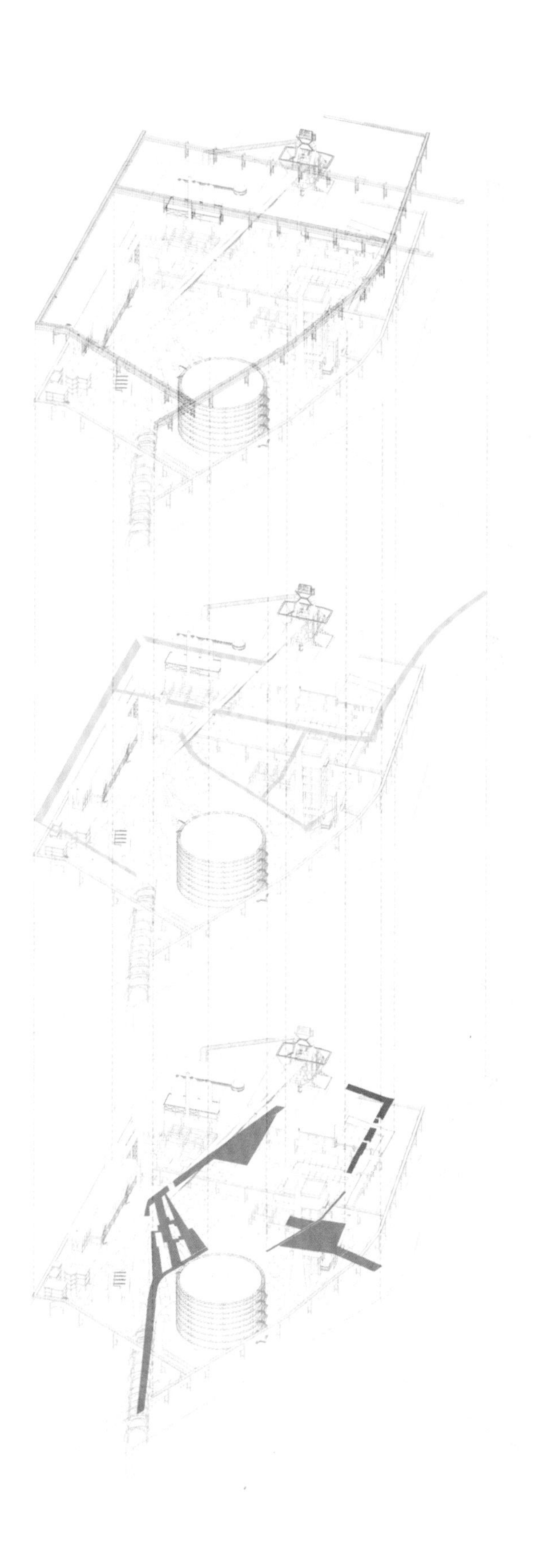

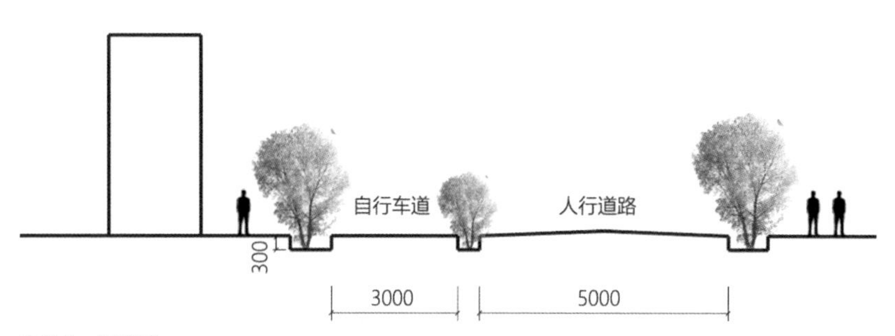

场地内一级道路

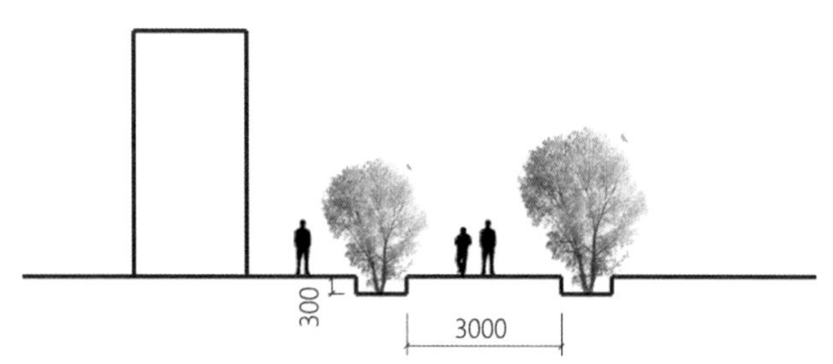

场地内二级道路

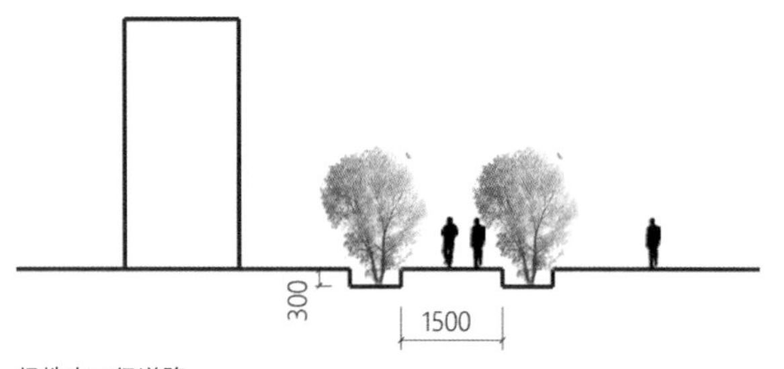

场地内三级道路

图 5-19 “剖面简图 + 叠层图”表达道路系统

2）景观系统及节点设计

通过价值评估，拆除炼铁厂内价值较低的建筑设施出现空间节点，结合河道的生态设计策略，设计并连接各水体景观节点，实现水循环系统的同时，完成生态修复。

因为每一个设计主题都包含若干不同位置的设计节点，因此，轴测图常作为设计节点的位置示意图，起到了总体指引和定位的作用，便于读者对号入座地深入阅读细节设计（图5-20）。对于重要景观节点设计的表达，由于设计者对所表达的内容范围和重点相当清晰，因此仅把设计范围内的场景以真实的材质和配景予以表现，而周围环境则为黑白线框图底，整体主次分明，重点突出，风格简洁清爽。随后的剖面图也将重点放在对场地绿植和水体景观的表现中，弱化背景建筑设施的展示。运用不同真实图片拼贴风格的效果表现图，相比一般的模型渲染图，营造出真实的场景氛围，有很强的既视感，进一步强化了前面设计策略的合理性（图5-21）。

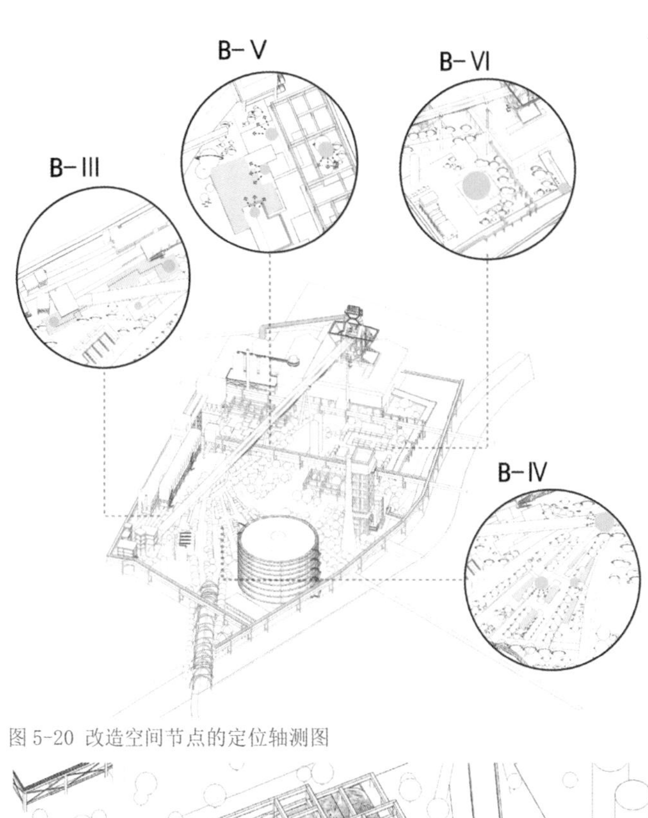

图 5-20 改造空间节点的定位轴测图

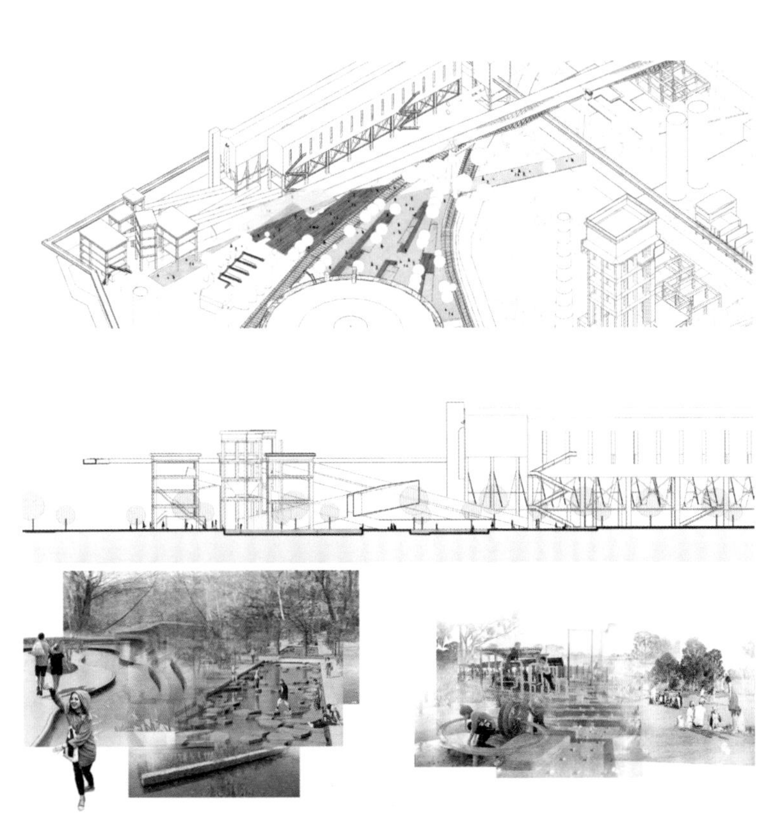

B-Ⅲ 和 B-Ⅳ 节点景观意向及空间效果图

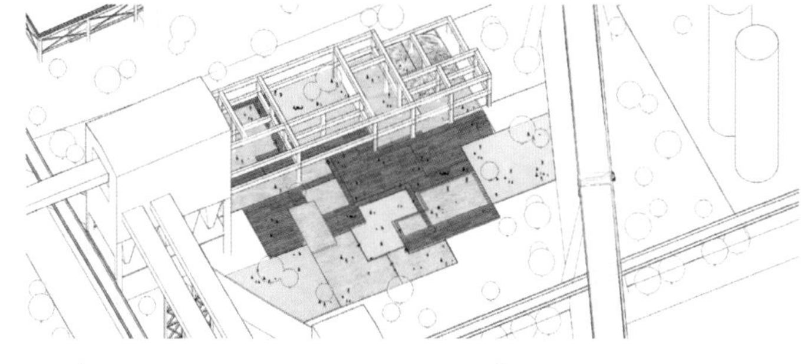

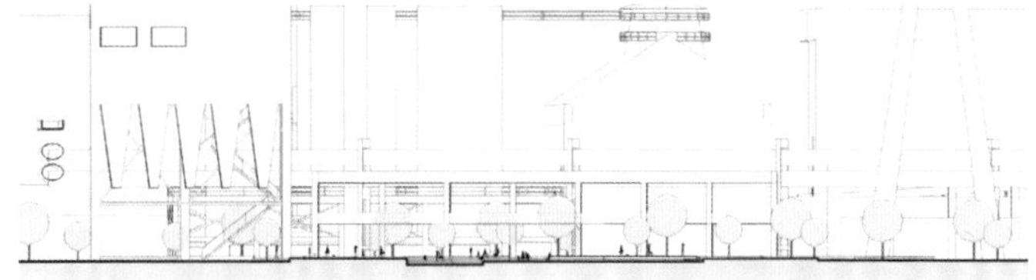

B-Ⅴ 节点景观意向及空间效果图

图 5-21 改造后的空间愿景——拼贴图、轴测图、剖面简图

（1）水岸设计

利用具备水体净化作用的植被软化现有的硬质界面，形成可供人使用的台阶式自然堤岸，并可以在正常期与丰水期形成不同的水体景观效果。

改造后的河道剖面图，在属性层面准确地表达了水体变动对于人群活动方式的影响效果（图5-22）。尤其是剖透视图，不仅表现出水岸的改造设计细节，更生动直观地诠释出水面涨落所形成的不同景观层次界面，静态图式营造出动态图景。

（2）设施利用

设计的最后部分是对于建筑设施改造的解析，已经在一个微观细节层面对有代表性的建筑设施进行详细的空间场地更新设计。因此，设计者采用爆炸图式，对场地内高炉、热气炉、料仓等标志性工业景观的主体结构构件及元素进行分离，在轴测图的视角下，全方位展示其功能及空间更新方式（图5-23）。红、黄、蓝、绿等鲜亮色彩的使用，清晰地强调出设施内何种场地空间得到更新和置换，结合外部人视角透视图，由内而外渲染出新场景的氛围。

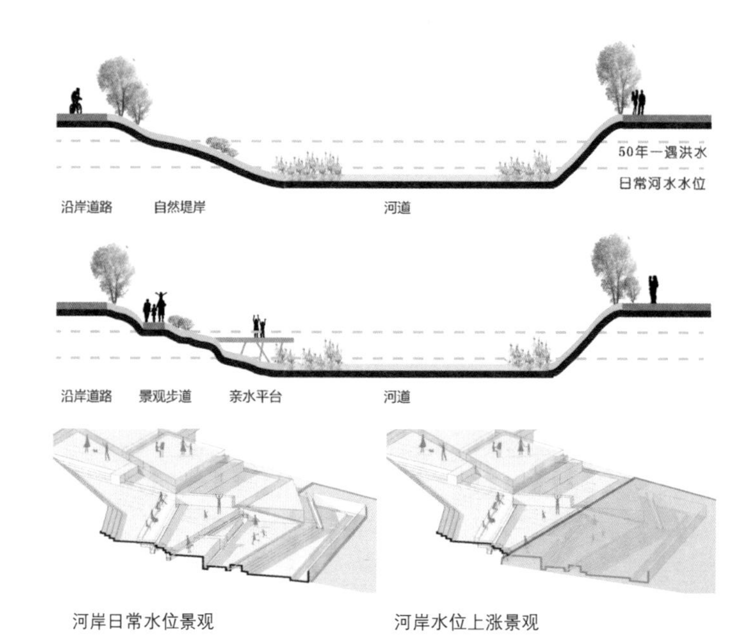

图5-22 2D及3D剖面图表现场地的竖向设计效果

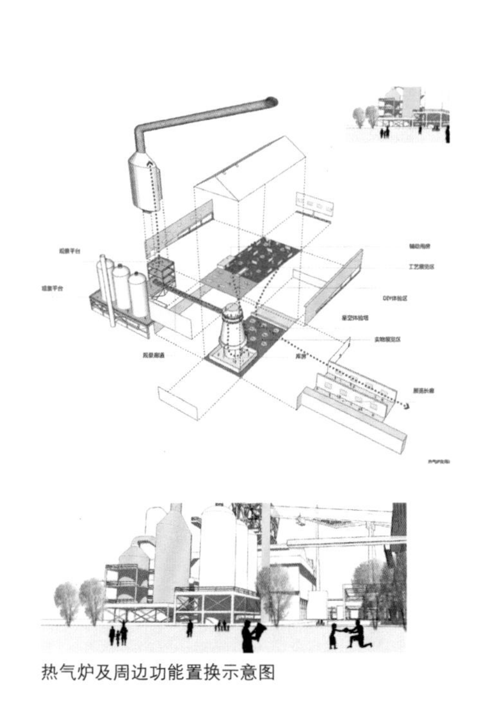

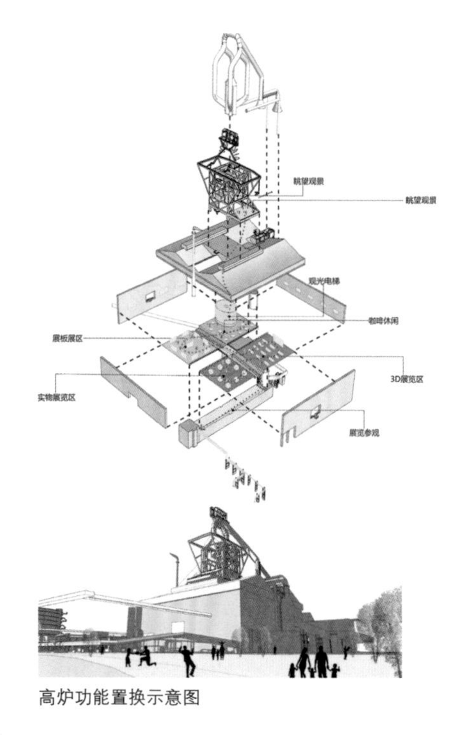

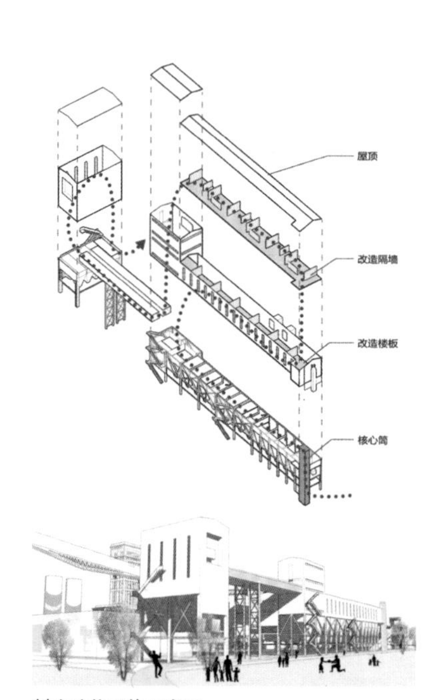

图5-23 爆炸图对场地工业设施设备改造设计的表现

按图索骥，场景拼贴效果图作为想象的设计愿景，结合场地轴测图上的位置示意，再一次全面地展示了改造后的场地空间所呈现出的未来美好场景（图5-24）。因为重点表达的是场地环境营造，所以实体建筑物被弱化。

（3）生态技术分析

生态水体景观系统：借鉴海绵城市的原理，利用建筑设施屋顶、地面景观水池、地面植被层等空间，采用中水处理设备和植物生态净化技术，在基地内形成完整的水体收集和循环系统。

整体生态技术措施的改造应用，是通过场地的剖轴测图进行表达（图5-25）。借助三维的轴测图式，既能了解地面之上各空间要素在水平层面的角色作用，又可以从剖面读出生态水体景观系统在垂直层面的运行机制，将枯燥的技术流程生动地表现出来。作为表达信息丰富、综合程度较高的场地整体技术图式，综合了轴测图和剖面图的透视图是不错的选择。

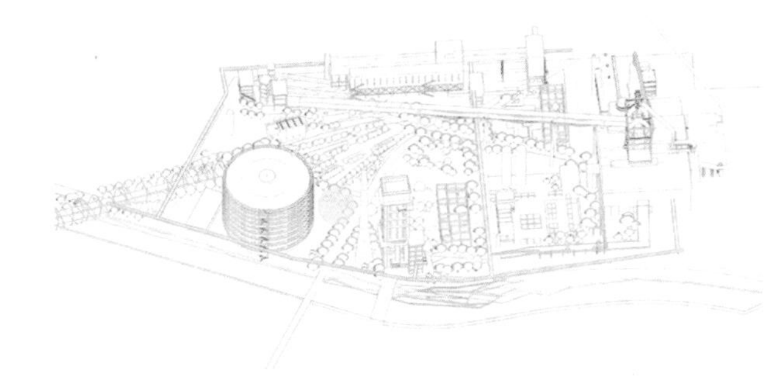

B-II 节点改造后情景示意图

B-I 节点改造后情景示意图

入口节点改造后情景示意图

B-VI 节点改造后情景示意图

图 5-24 空间愿景表现图

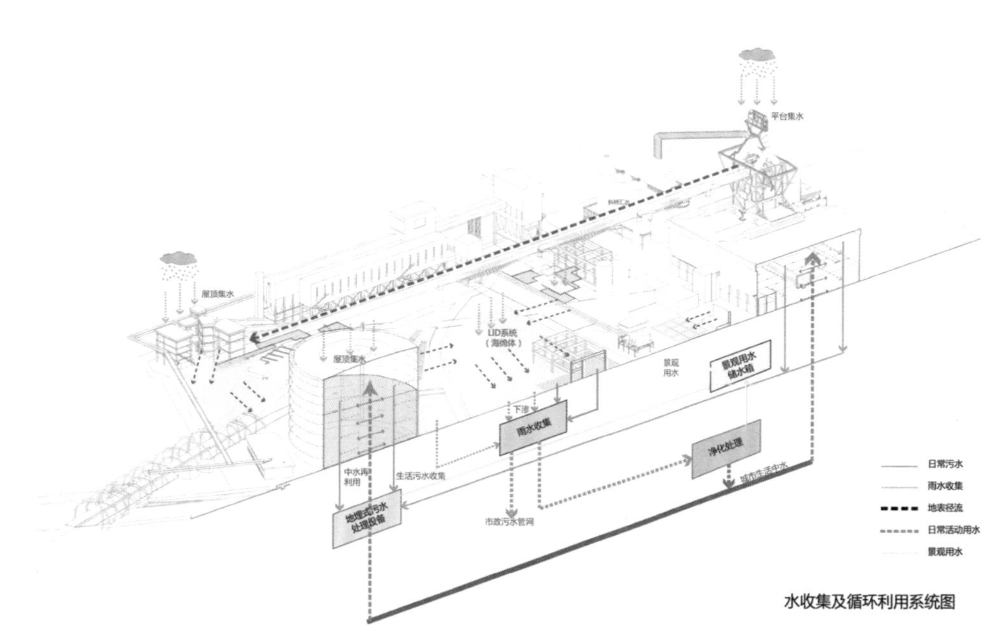

图 5-25 场地剖轴测图表现的生态技术措施的应用

5.2 城乡一体化建设中的反思——北京台湖片区设计

本节以笔者曾经参与的北京台湖地区城市与空间设计为例，介绍设计中所运用的分析图式及其使用特点。

设计分为现状调研、问题思考、设计构想和策略项目设计四大部分，其中策略性项目设计分为4个设计方向——场地景观、村落空间、水体基础设施及生态绿植空间。这里选取村落空间设计方向中具有代表性的设计图式对其构思过程和表达特点进行解析。

5.2.1 现状调研

该方案设计中所要解决的核心问题是：如何处理好传统村落空间及建筑形态与高速城市化、耕地、自然环境水系之间的关系。因此叠加了地形图、交通网络图等信息的地块区位图，通过对色彩和线型的控制，建立了一条多层次的视觉线索，传达了这样几方面的信息（图5-26）。首先，处于绿色区域的橙色项目地块，表明所处的环境为以农田及自然植被为主的地域。其次，加粗的环形显示出北京和天津两座城市的位置范围，同时指出设计地块处在二者之间，且位于北京最外围的六环线上。最后，3张实景照片反映了地块内的典型环境空间状况：大量村落和农田，有相对丰富的水资源，而大量的莲藕种植造成了水体污染，连排的住宅楼作为农村拆迁后的安置用房。

5.2.2 问题思考

图5-27所运用的信息量巨大的拼贴图式，是汲取拼贴画的创作方式，将描述物质空间、人文历史信息及实地调研获取的现场图景结合后，形成的一种综合拼贴图式。这类拼贴图式多出现于设计前期，结合调研所见而生成了问题导向式图式，通常会叠加表现空间状况的地图、展示人文信息的图片、表述历史文化等信息图形元素等，表达设计者对于基地认知的初步印象和思考。

这里，设计者通过调研后，发现处于城市边缘区的台湖地区，其原本的村落空间与农田肌理正日益受到急速城市化的威胁，水体污染、耕地遭侵占、村落被拆迁、本地人群没有安全感和归属感等。于是在解析地图中，可以看到将代表性的人物照片、反映空间矛盾的村落拆迁废墟、受污染的河水等图像信息按照其发生的地点，与地块的平面肌理图进行叠加，再结合某些艺术化处理，生成了颇具写实感的、引发思考和共鸣的拼贴图式。

这类图式的综合性较强，需要设计者将调研的信息梳理后，选择最具代表性的素材，按照一定的叙事逻辑（比如本图中按照事件发生的地点在背景地图中标示）进行拼贴化处理。不同类型的具象素材的拼贴往往可以传达抽象的，引发想象的信息。

白发渔樵江渚上，惯看秋月春风。一壶浊酒喜相逢，古今多少事，都付笑谈中。

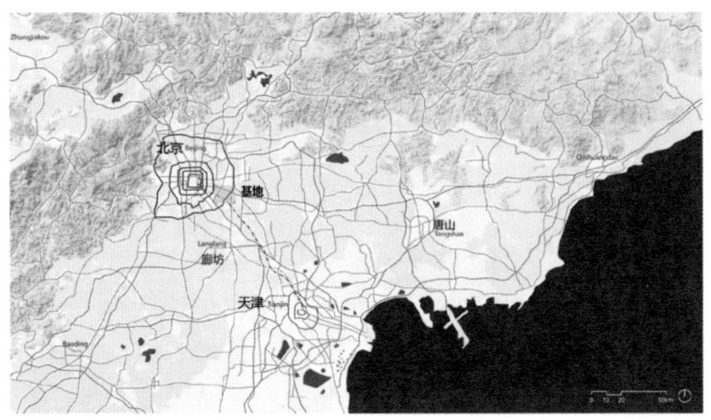

图 5-26 场地现状调研

游动景观：面对快速的城市化发展进程，如何能为台湖地区流动的乡村移民（打工者）提供新的村落空间形态及住宅类型?

两极化图景：反差巨大的两极化图景（河流域的水体污染，崭新的住宅与背后产生的大量建筑垃圾）如何被转化为空间的发展优势?

生活方式：当乡村景观处于不断变动之中时，如何在保证现状环境可持续发展的条件下，保持现状生活方式的持续循环和再生?

图 5-27 基于照片素材的拼贴图式，表现出急速城市化过程中所产生的各种乡村空间环境问题及人文意识冲突

5.2.3 设计构想和策略

图5-28是对于台湖地区未来的空间、景观及建筑图景的发展设想的表达，巧妙地运用了“拼贴+拓扑图”的表现方式，从整体地形图中所剥离的村落轮廓和交通设施肌理与大片的开放农业景观被分解为两个相对独立的图形，表达出设计者想在密集的村落空间与开放农业景观之中寻求新的发展和设计方向。由村落空间照片填充的村落轮廓肌理图和由农田土地等自然图片填充的农业景观图，以拼贴的方式分别表达出二者各自的空间特征。这里所运用的拼贴图式，其特点便是最大化地运用真实图像资料去反映空间状态，通过叠加村落肌理底图，抽象地表达出设计对象。

针对调研所了解到的各种问题，在场地，建筑，水体基础设施，绿植景观4个方面有针对性地提出4个策略性设计项目（图5-29）。这一块内容通过“符号图式”提出，形象的图形符号代表不同属性的问题和设计策略。这种符号化的图式类型，简约不简单，个性鲜明直观，且容易理解。

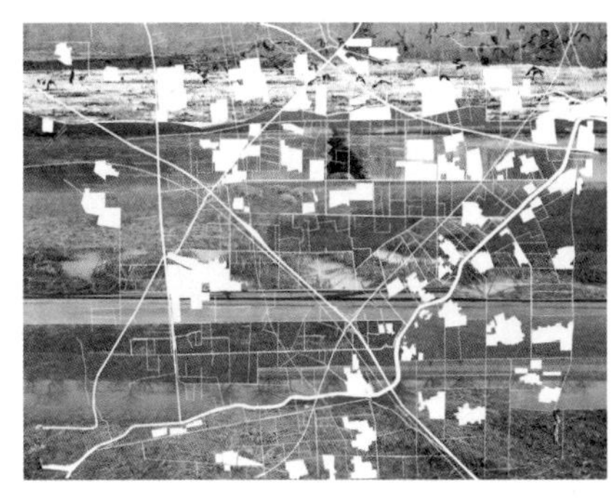

图 5-28 基地实景照片叠加平面肌理图，表达高密度都市肌理与开放乡村图景之间的发展矛盾

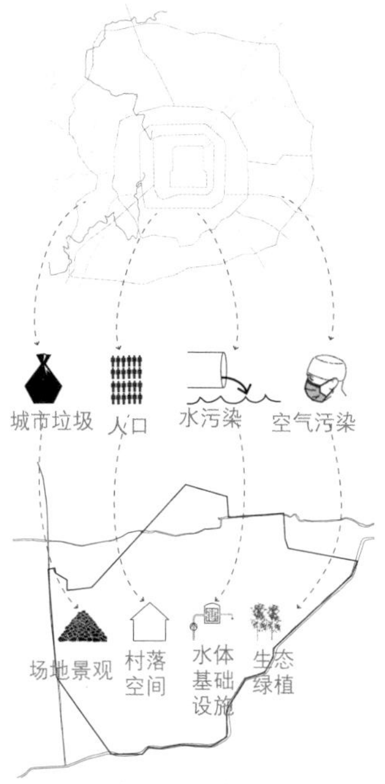

图 5-29 空间设计的策略图式

5.2.4 典型案例设计表达解析——窑上村村落空间设计

在前期总体调研分析和设计策略定位的基础上，选取窑上村作为“村落空间设计”的典型案例，对设计图式作进一步分析解读。在设计推进过程中，基于窑上村周边不同村庄空间要素的调研分析，提取其在业态布局，交通等方面的共性元素作为主要设计工具。依托并延续传统村落和建筑空间布局特色，将共性元素重构并运用于新型村落居住空间及形态组织上，是实现成果的最重要操作手段。

设计过程依然是传统的“由总体至局部”模式，基于“一图一事”原则所绘制的矢量轴测矩阵图式，以及展示建筑更新所使用的分层轴测图式在表现设计构思和成果上收到了较好的效果。整体设计表达呈现较为素雅的“黑白灰底图+红色元素”强调的特点风格，尤其是运用不同灰度色彩表达复杂的逻辑构思元素，是该方案设计表达的重要特点。

1）现状区域村落空间分析

选取区域内较为典型的窑上村，对其内部的空间元素进行拆分解析。首先统一为线框图底，并用深灰、中灰、浅灰的填充以区分水体、绿植及农田边界等自然元素。随后再将图中元素分类，如图5-30所示，在统一的图形范围内分别显示填充后的村落建筑肌理、利用线型粗细区分的交通路网等级、不同灰度的自然要素3个图式，表达村落基本的空间特征及组织结构。

对于包含较多图形内容的地形图或肌理图进行表达的时候，需要根据不同类型元素的数量及图形复杂程度决定其图式表达形式，以统一效果、区分层次。例如本组图形，对于数量较多、边界多样的建筑肌理，采用细线边框的方式；交通路网亦采用线图表示，但粗于建筑肌理，便于区分；而对于面积较大但数量较少的农田，浅灰色填充则是简洁易读的方式。这类图式表达手法既能表现整体空间特征，又不丢失对要素细节的描绘。

窑上村

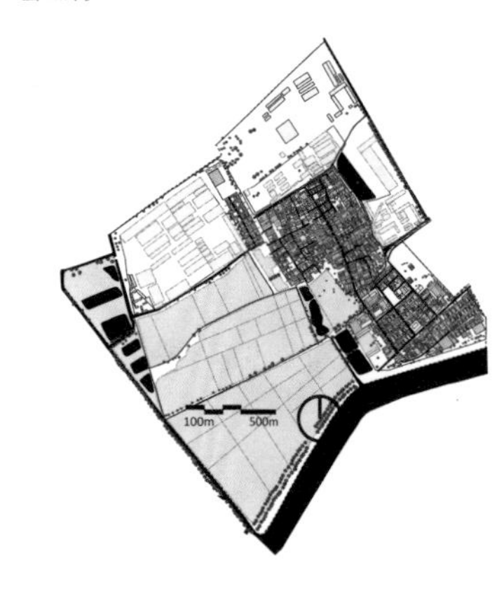

聚落空间
台湖东西片区

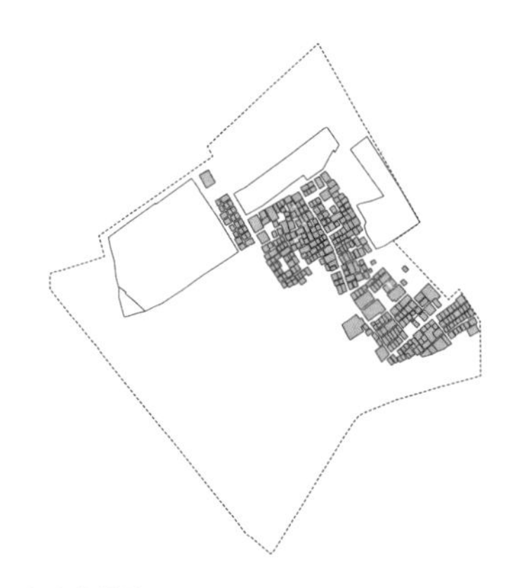

混合功能地块
东南朝向

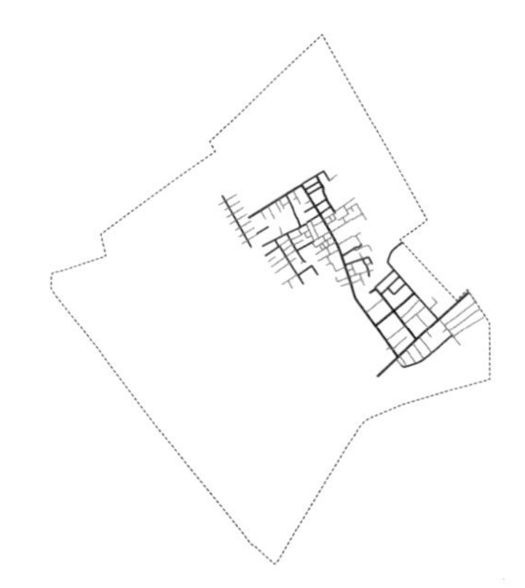

道路层级
主要道路通向河流

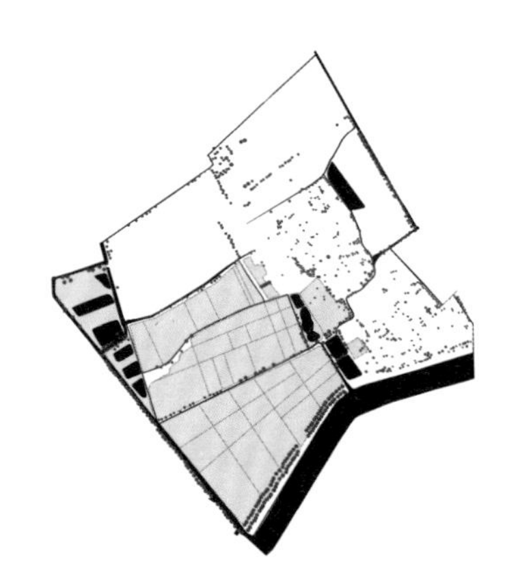

自然要素
水渠划分地块并合围湖面

图5-30 选取典型村落（窑上村）的空间特征分析

2）设计策略

在上一步选定的村落案例中，对构成其村落空间的重要元素进行提取分析，研究其建筑形态、基础设施及院落空间的使用特征，进而在总结其内在空间模式的基础上，依照新的生成逻辑生成新的建筑及公共空间类型。

图5-31中，分层线框轴测图分别展示了村落边缘沿灌溉河道的典型农田空间及村落内部的典型邻里居住空间。每个典型空间的重要构成元素，如灌溉沟渠、农田、现状院落住宅的形态，通过不同线型（粗细线和点画线）及灰色黑色填充予以表现，而分层轴测图式又可以在垂直层面上清晰表现出各个要素的空间布局关系。

对于新生成的建筑空间形态，如图5-32，介入院落的新功能体块以鲜明的红色标示，从整体黑白灰色调中突显，强调出形态变化的位置，形式及与原有空间的相互关系。因此，对于想要动态表达变化结果的图式，可在原有体块基础上，叠加有明显色彩区分度的新功能体，统一中求差别，使整体图式分析过程有较好的延续感和节奏感。

组团内的场地空间设计策略及建筑布局原则

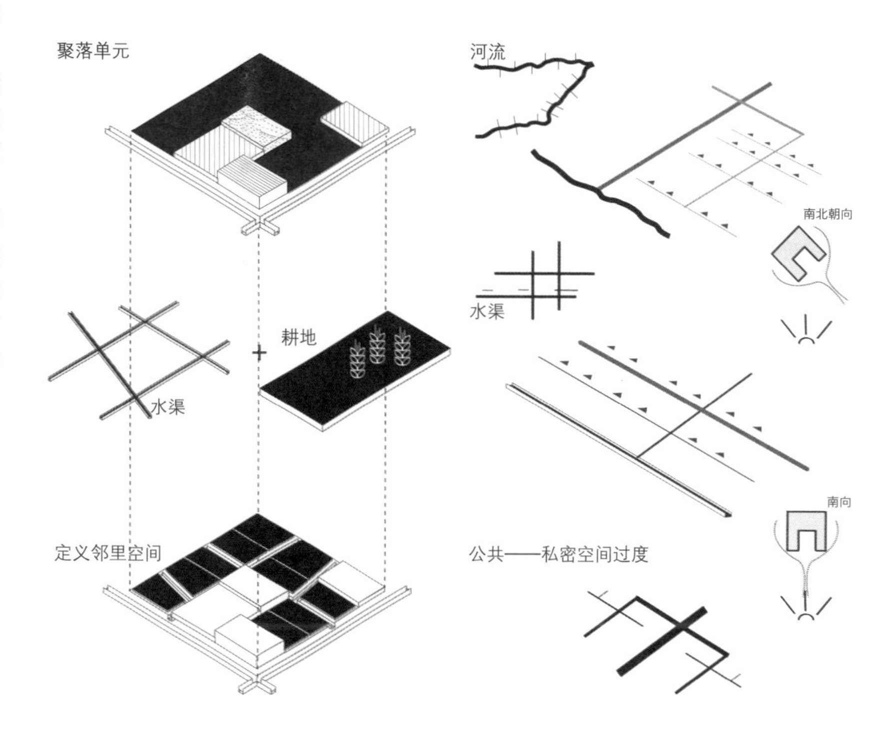

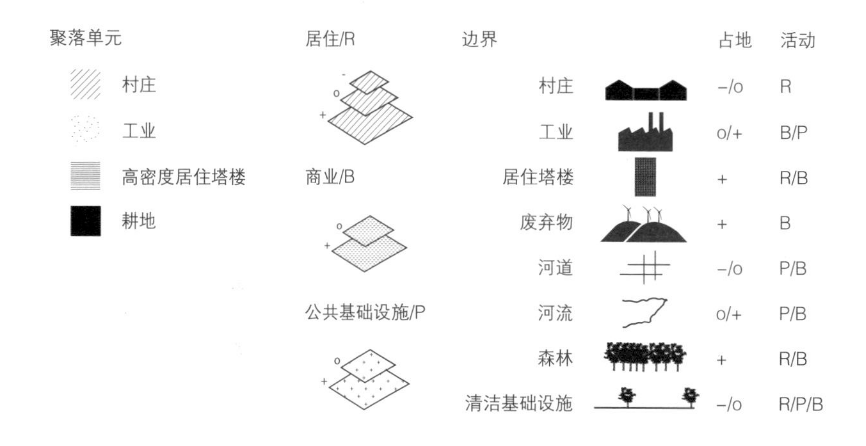

图 5-31 轴测叠层图表达空间布局原则与场地设计策略

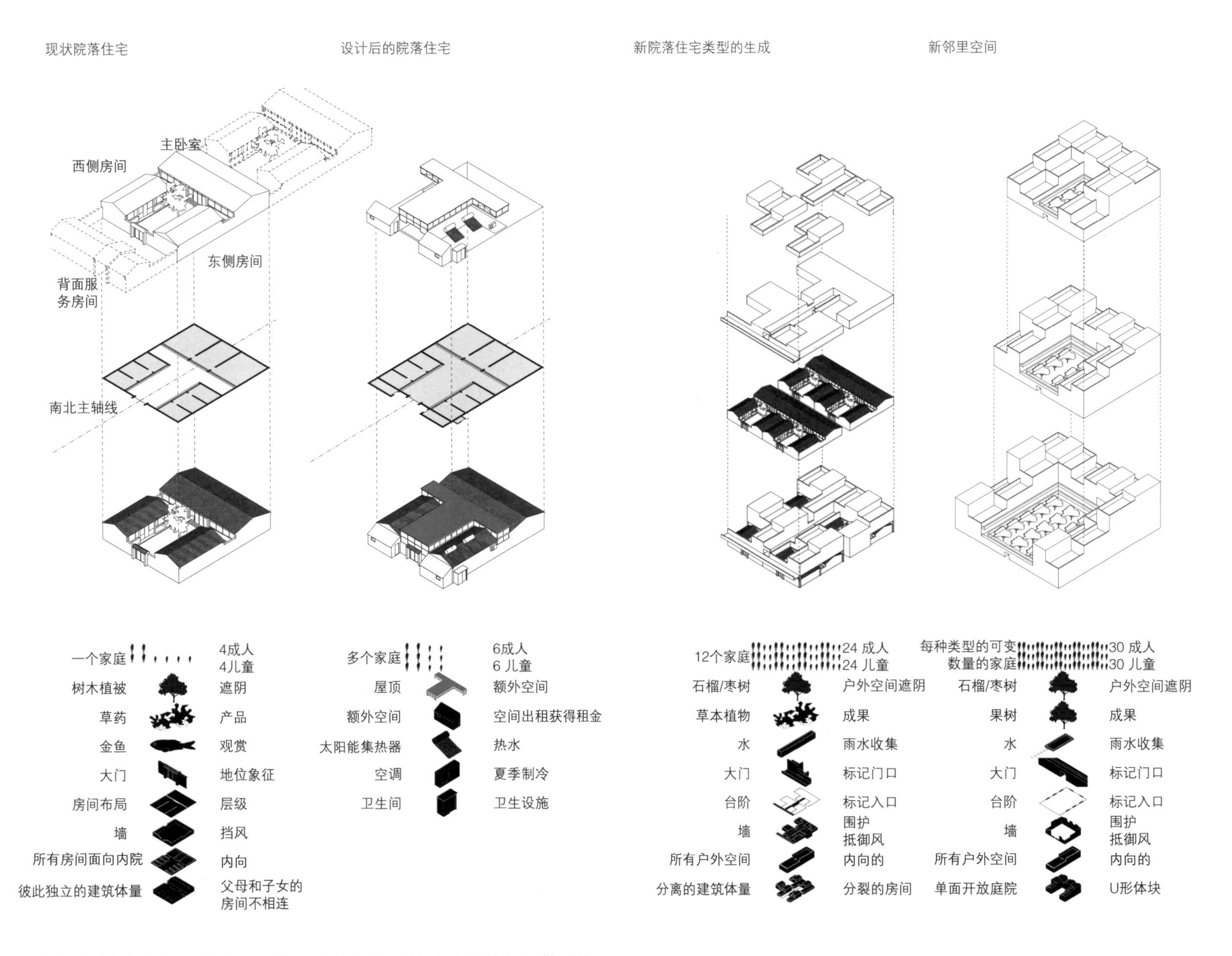

图 5-32 类型学分析法表达院落建筑空间更新与改造设计策略（叠层图 + 轴测图）

3）成果表达

对于最终设计成果的表现，主要是通过总平面图、剖面图及透视图对总体设计结构及重要空间节点——邻里公共空间及滨水公共空间——进行展示（图5-33至图5-35）。

无论是总平面图还是剖面图，风格都是偏中性的灰色格调，通过不同线型和色相的灰色表达建筑、道路等元素，配合简要的关键词，整体具有平和素雅的感觉。平面图中对于水体元素的表达，以黑色取代熟悉的蓝色，在保持整体图面和谐统一的前提下，也突出强调了水体元素对于空间肌理重要影响这一理念。

效果图的表现也颇具特点，并非是对于空间图景的真实再现，而是配合“塑造公共空间，营造新的景观系统，构建新的人群行为方式”，将效果图中的绿植、人群及行为等内容使用真实而丰富的色彩材质，而将与主题关系较远的建筑形态等元素弱化后作为灰白色背景。使得整体表现效果清新雅致，重点突出，丰富而不杂乱。

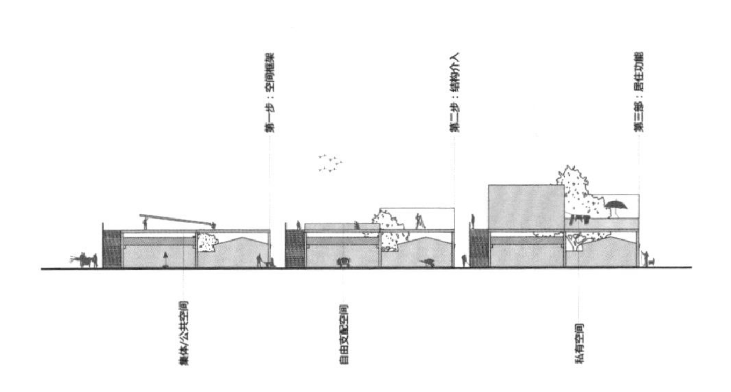

新型村落空间演变

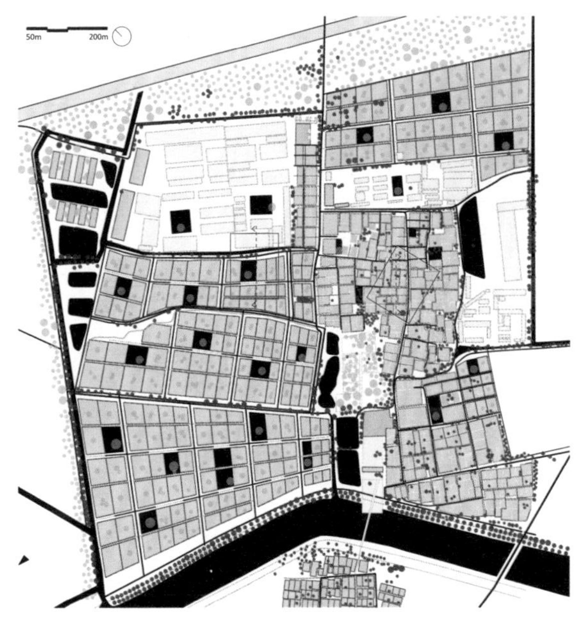

图 5-33 黑白灰色调的空间总平面图表达

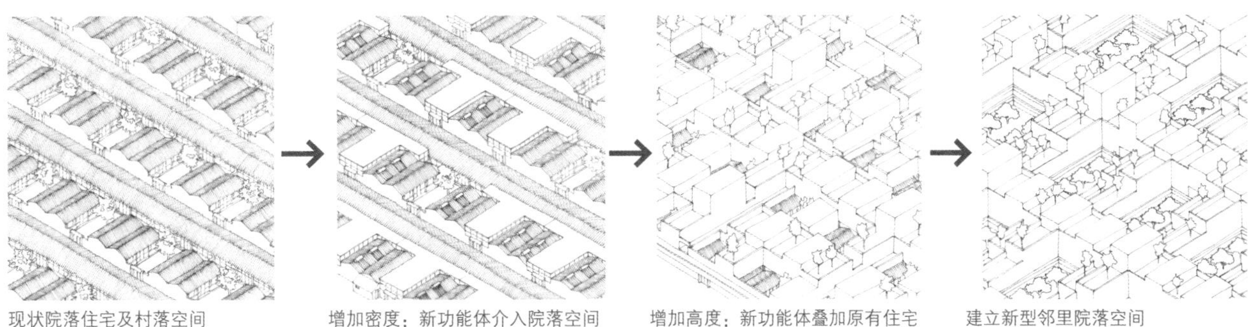

图 5-34 村落建筑空间演变发展

雨水花园

5m 20m

荷花

塔/水塔

银杏叶

芦苇

枣树

雨水收集

天沟

次要解决

UV 处理

优先解决

首先处理的池塘

灰水

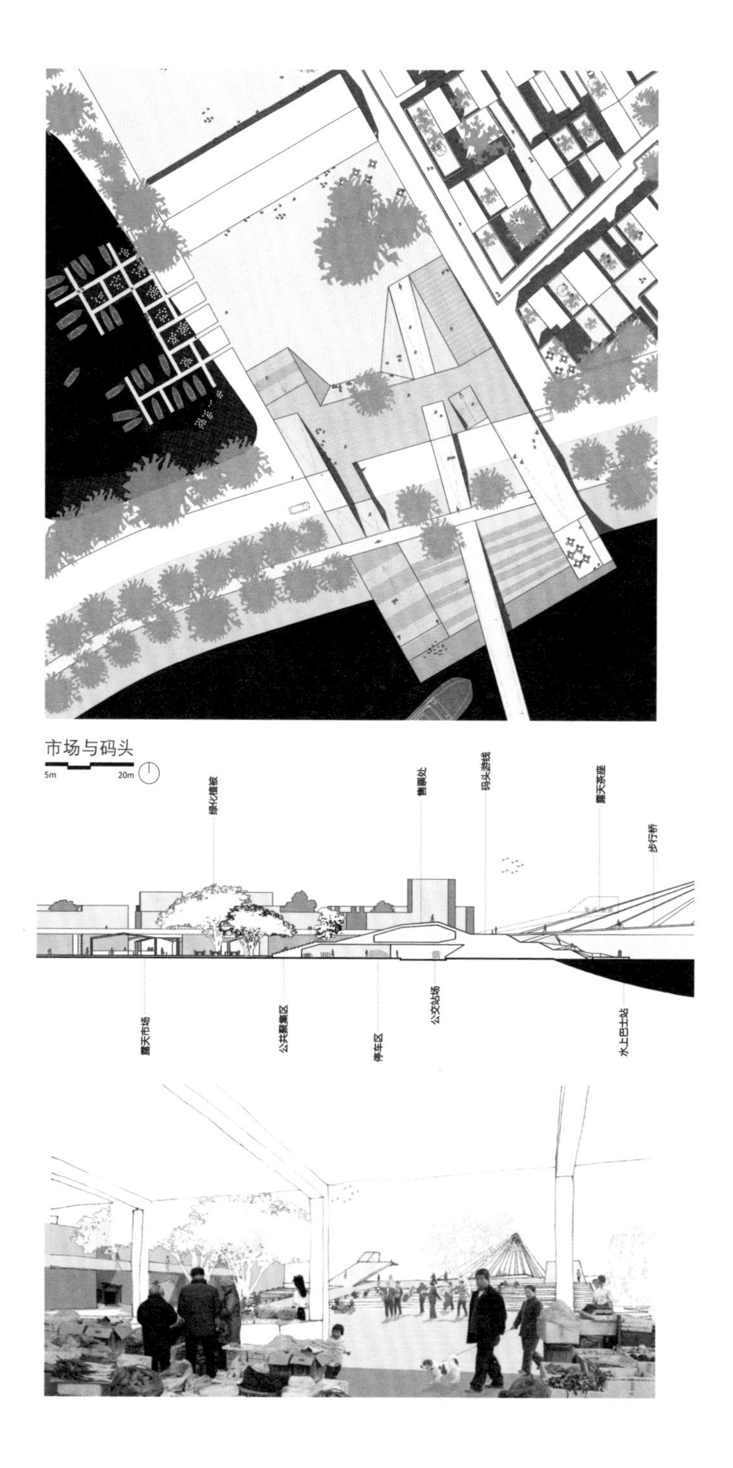

图 5-35 重要空间节点及空间愿景拼贴

5.3 新加坡科技设计大学校园设计

UNStudio设计的新加坡科技设计大学，基于对现今教育机构面对不断改变的需求的理解，将连接度、协调性、共同创造、创新及社交性作为新校园的设计核心要素。Unstudio综合运用多种数据图式和三维图式，以简明的绘图风格，将抽象的设计理念和设计数据清晰地呈现。

5.3.1 设计理念和策略

1）循环发展分析

设计理念强调循环发展、开放协作的功能意愿，以及由此生发形成的校园内外各类物质空间的模糊边界，自由穿行游走的空间理念。

图5-36将校园紧凑的交通空间要素抽取，以鸟瞰轴测图的形式表达校园水平及垂直层面的联系路径及穿行方向。该图利用校园建筑中心局部平台透视图作背景，简化了无用背景，叠加以分析线和文字标注，明确了表达内容。从学院、平台到地面三个层次的循环分析线颜色由黑到浅灰依次渐变，有效强化了学院层面，突出重点，以相对抽象的方式明晰地展示了不同层面的循环关系及发展方向，简单易读。

2）功能核心的空间影响

设计策略强调各功能核心间的联系互动，校园中心如同智能心脏，通过生活和学习这两个重要元素所形成的空间中心点将各个角落连接起来。

借助泡泡图表达校园各中心分布高度联系的理念（图5-37），该图将校园空间功能布局按照其实际位置关系，抽象为玫红色、中灰色和浅灰色点状图形，点状图形大小即为功能的面积比例，信息表达简明易懂。各功能体通过灰色虚线连接，以较为直观的方式充分展现了传统校园服务中心、新型配套服务中心及交流合作中心空间三者的位置分布、功能所占比重及相互联系。

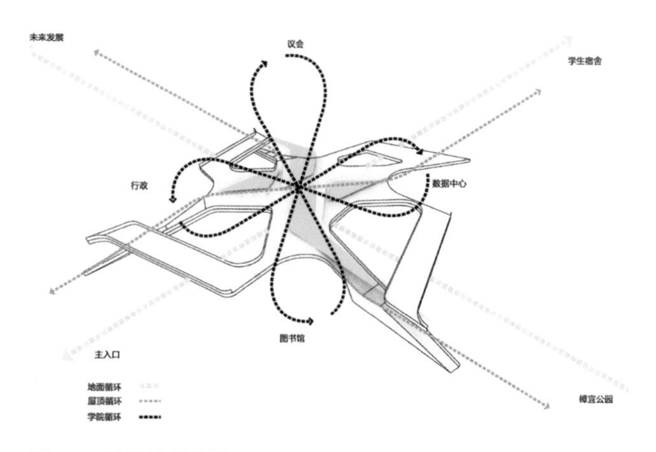

图 5-36 校园流线分析

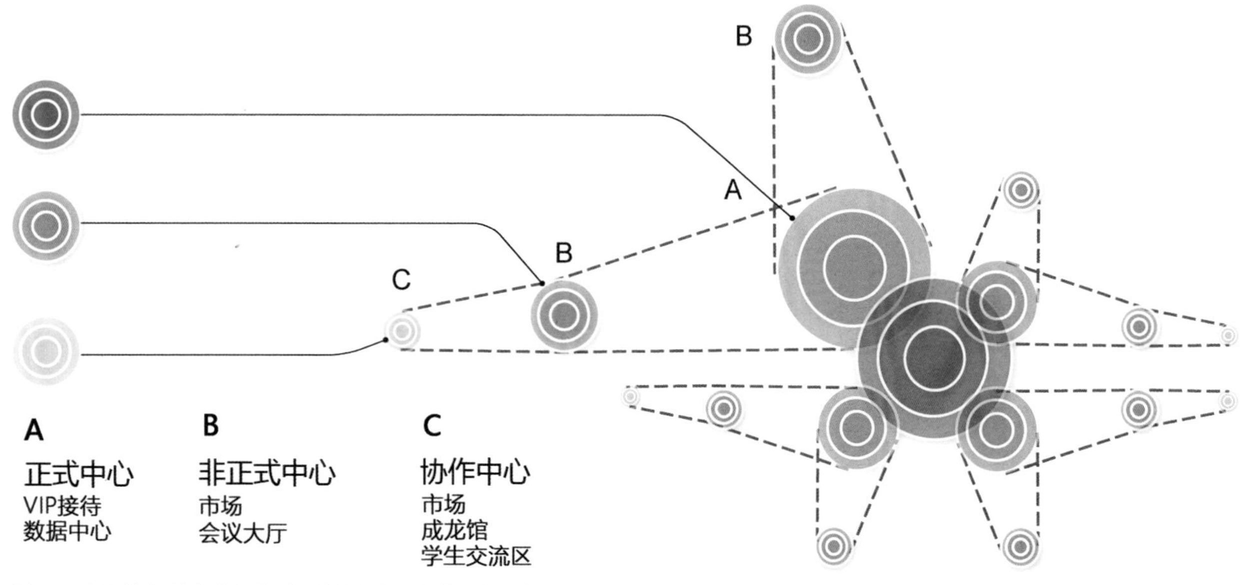

图 5-37 校园空间抽象为气泡图，表达空间服务核心的辐射效应

3）各功能区域的使用状况分析

环状饼图被用来表达公共空间、教学、附属办公、学生服务4大功能区域在一天中不同时间段的使用情况（图5-38）。不同功能分区由色彩反差强烈的颜色区分，功能分区内部的细分功能由同一色调的渐变色表示，由内而外地进行排列，在等分的时间圆环内表现各功能部分的使用频率。

4）主体建筑与中心区域位置关系分析

表达校园便捷的空间连接方式提升核心开放场所的人流密度，渐变色的线图展示了各学术园区的平面关系，结合简单的说明文字表达了人流步行的可达性（图5-39）。针对不同的节点空间匹配了实景效果图，将具象效果与抽象平面关系结合在一起，使得抽象的图式更具现场感，具有较强的可读性。

5）垂直绿化理念

图5-40表达垂直绿化的设计理念，通过立面简图叠加绿化植被图案的抽象方式，对建筑内部空间的垂直绿化设计构想进行表达，简明清晰。

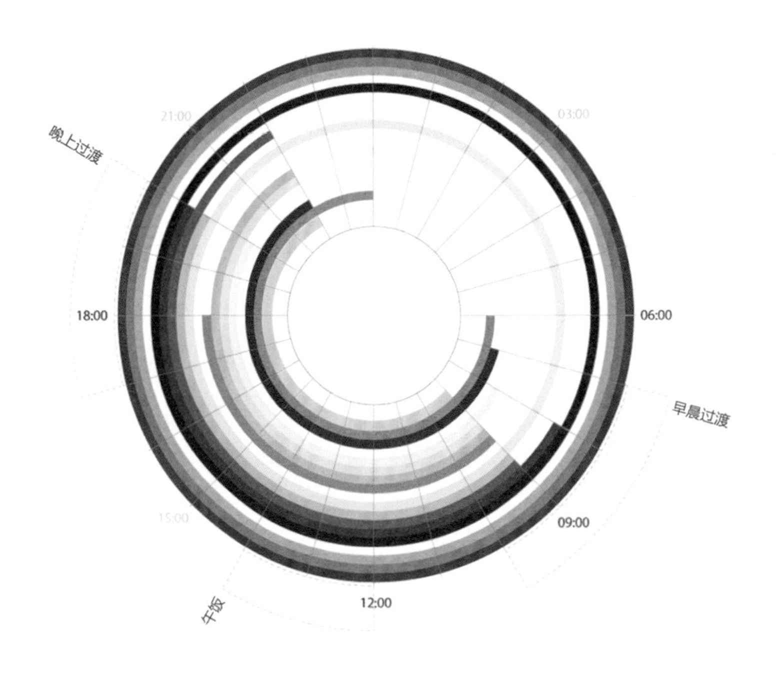

图5-38 环状饼图分析校园功能空间的使用时间与强度

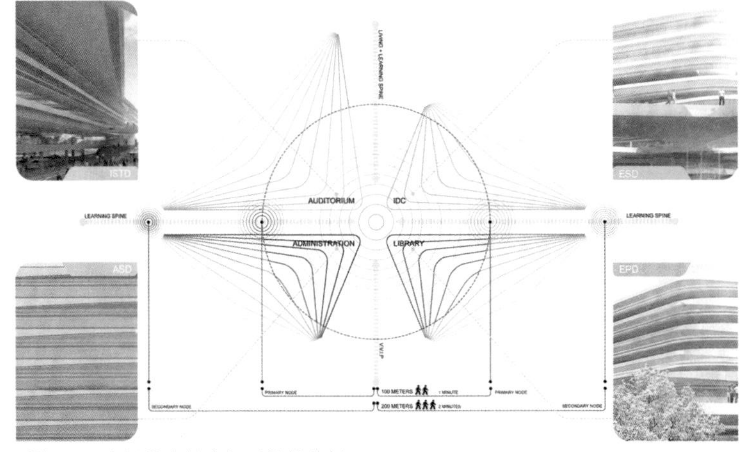

图5-39 空间节点的步行可达性分析

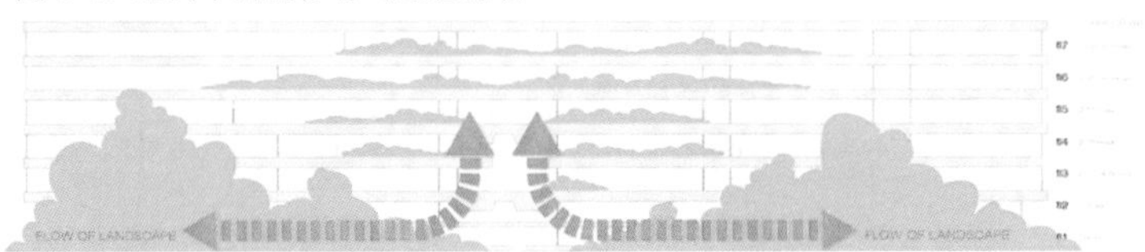

图5-40 室内空间垂直绿化理念

5.3.2 设计分析——校园空间

1）校园空间结构分析

利用轴测图式，综合运用点元素和线元素表达校园的主体空间结构、核心功能轴线及重要节点区域等内容（图5-41）。

中性浅灰色的校园平面剖切轴测图作为图底，素雅的背景色调，能够保证色调鲜亮的主要空间轴线及点状图形突出而不突兀。同时图面顶部的辅助性说明文字，与主体图式信息层次分明，强调出校园各个区域位置距离及空间的相互关系。

2）建筑内外流线及可达性

图5-42所示的轴测叠图，表达水平及垂直层面的各类功能流线及入口位置。作为背景图底的分层轴测图式为浅灰色调，较好地突出了各类分析图形，且表达不同等级流线的分析线颜色为同色系的渐变色，保证了整体图面的色彩协调度和节奏感。

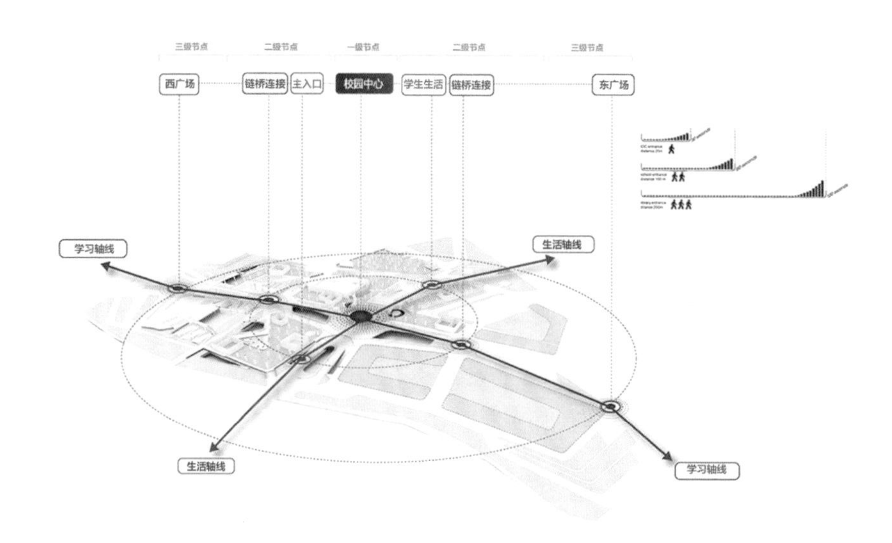

图 5-41 空间结构分析

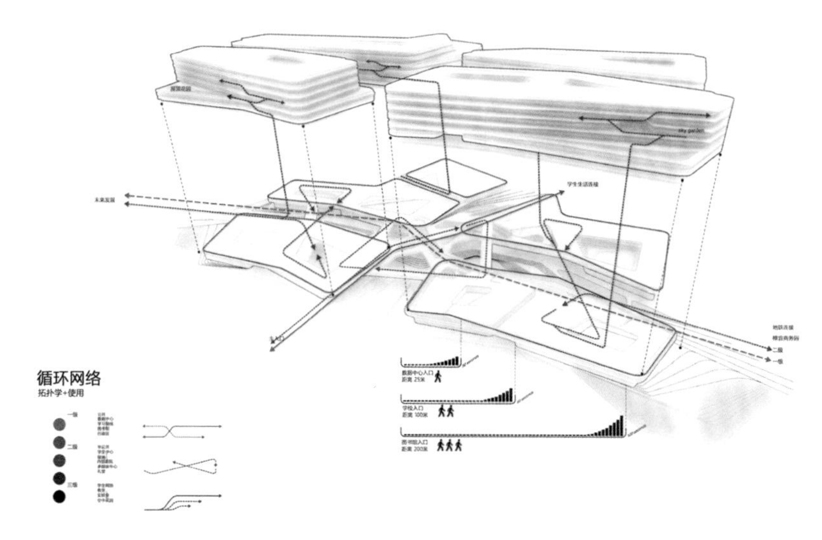

图 5-42 建筑空间内外流线及可达性分析

3）热点区域连接性分析

利用透明的平面图作为背景图底，叠加饱和度较高的分析线及色块（图5-43）。该图分别以“紫色点+发散箭头”“紫色点+循环箭头”表达循环点、目的点，以透明黄色块表达互联区域，鲜明的标示从整体的透明背景中突显，在准确的尺度体系内，以相对抽象的方式明晰地表达了循环点、目的点、互联区域三部分之间的关联。

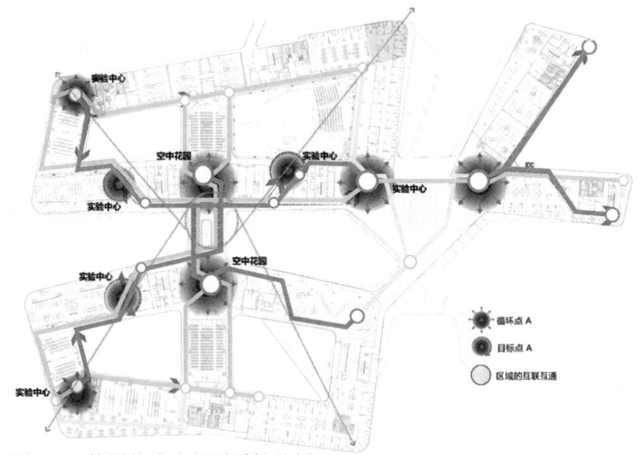

图 5-43 校园热点空间联系性分析

4）功能组团关联性分析

基于总平面图的校园功能布局分析，各个功能建筑的色彩搭配柔和，黑色的线元素及圆环图形与平面图式叠加，表达出不同功能区块的重要节点在总平面中的空间联系（图5-44）。

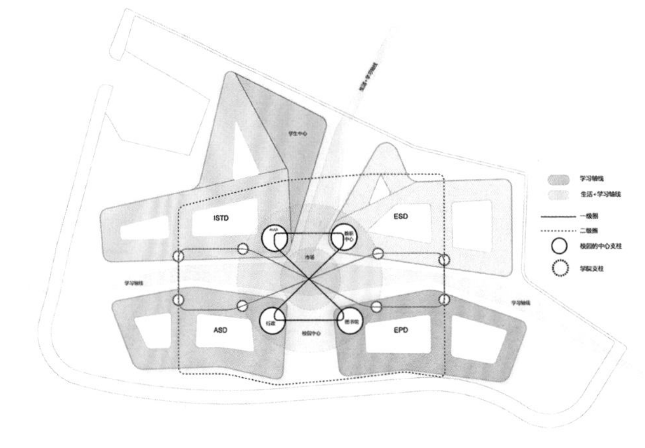

图 5-44 功能区色块示意图

5）校园建筑功能空间设施分析

图5-45所示为校园中心与教育设施的功能解析，即更加详细地展现其细部功能。设计者采用爆炸图式，对建筑的各部分功能体块进行拆解，全方位展示空间及功能。该图使用建筑透视的线框图配浅灰色背景，不同功能空间采用不同亮色区分并配以相同色彩的文字作为注释。红、黄、蓝、紫等鲜亮色彩的使用，清晰地强调出校园中心与教育设施各个功能区的空间形态，层次分明，文字精练紧凑，重点突出。

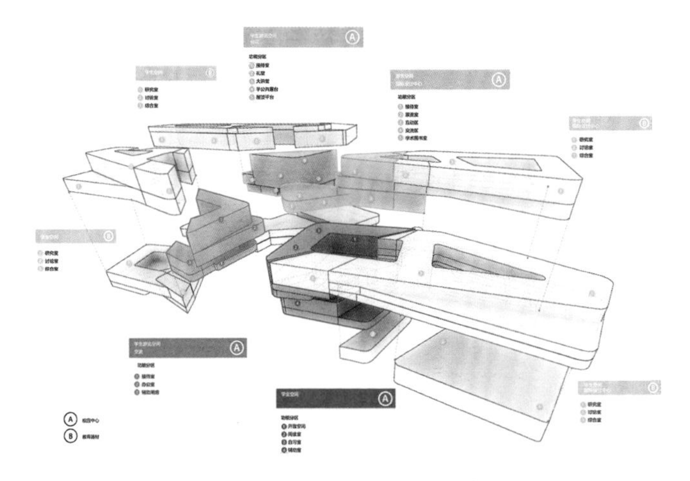
图 5-45 爆炸图揭示核心建筑功能体块的布局关系

5.3.3 设计分析——生态设计策略

1）校园生态系统分析

建筑生态系统分析，采用浅灰色中性分层轴测图叠加亮色调分析图形的方式，选取的蓝色和绿色较好地配合了“生态”的分析主题（图5-46）。首先，选择不同层次轴测线框作为涉及的校园中心与教育设施部分、学习中心、景观部分的图底背景，并用灰、浅灰、蓝、绿填充的色块及线条以区分可持续程度不同的建筑网络、清水网络、绿化网络等体现可持续性的层次。其次，通过不同的色块配文字百分比明晰地表达了各部分网络所在的位置以及整体达到的指标，从而明确体现了校园中心与教育设施部分、学习中心、景观部分各层次的可持续程度。此外，第一部分（校园中心与教育设施）另选紫色系渐变填充的方式对此部分设施进行独立分析，通过颜色的渐变凸显该部分各功能区的层级,表达信息丰富、综合程度较高。

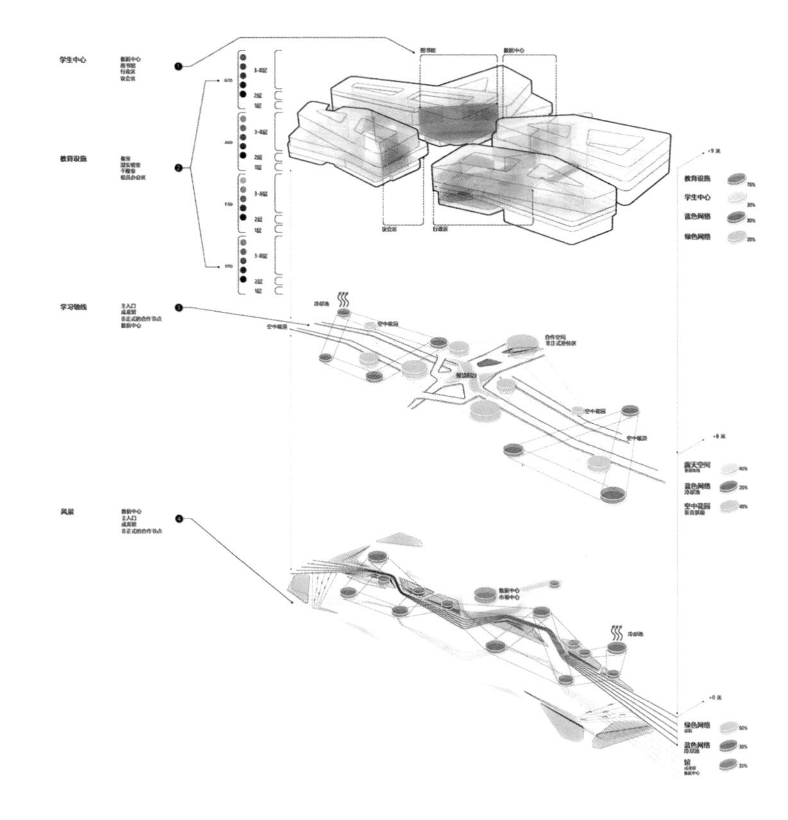

图 5-46 叠层图展示校园空间的生态设计策略

2）建筑通风及水循环图

设计师借助剖面图式表达建筑节能可持续的理念，这种图式利用透明简洁的剖面作为背景，分析线、抽象图形的饱和度较高，用色和样式与背景图式对比强烈、区分明显，较好地突显了表达要素，直观地展现了建筑周边冷热风的流动状况以及水资源的收集、使用、排放及再循环过程（图5-47）。

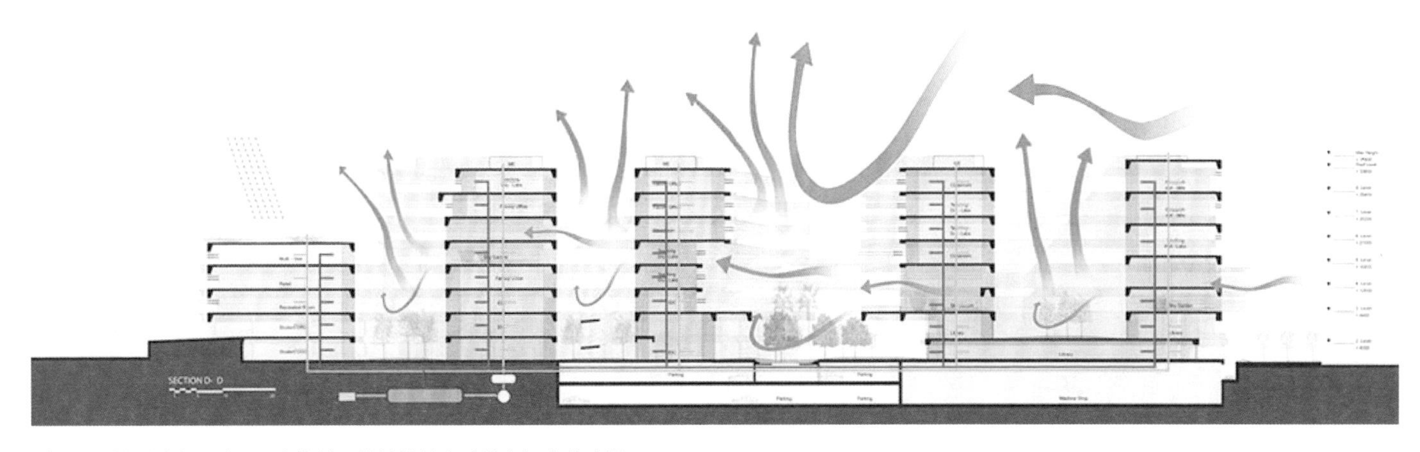

图 5-47 剖面图表现通风及水体循环设计措施在建筑空间中的应用

3）生态设计的细节展示

三维轴测剖切模型、局部剖面和立面图式的组合运用（图5-48），结合形象的符号图式说明，清晰地表现了特殊的立面造型及剖面做法，产生雨水收集和自然光利用的效果。

此外，中灰色剖面图与立面图相结合的图式，色调鲜亮的线性分析元素，用以表达造型细节及立面“微型花园”对建筑遮阳和通风散热的被动生态技术的应用。

4）生态设计的模拟与评估

借助计算机模拟分析软件并结合当地的气候特征，生成风、光、热等多种环境模拟可视化图式（图5-49）。利用软件的模拟功能全面分析建筑热环境、光环境、声环境，以及气象数据等重要建筑环境，真实地反映了该建筑形体自身与外部场地的环境状况，并通过二维和三维图式形象地展示生态效果。此类基于生态软件的分析图式，对建筑的生态性能起到有效评估作用，使建筑师和设计师可以在设计流程中及早了解建筑的性能，创造更具可持续性的设计方案。

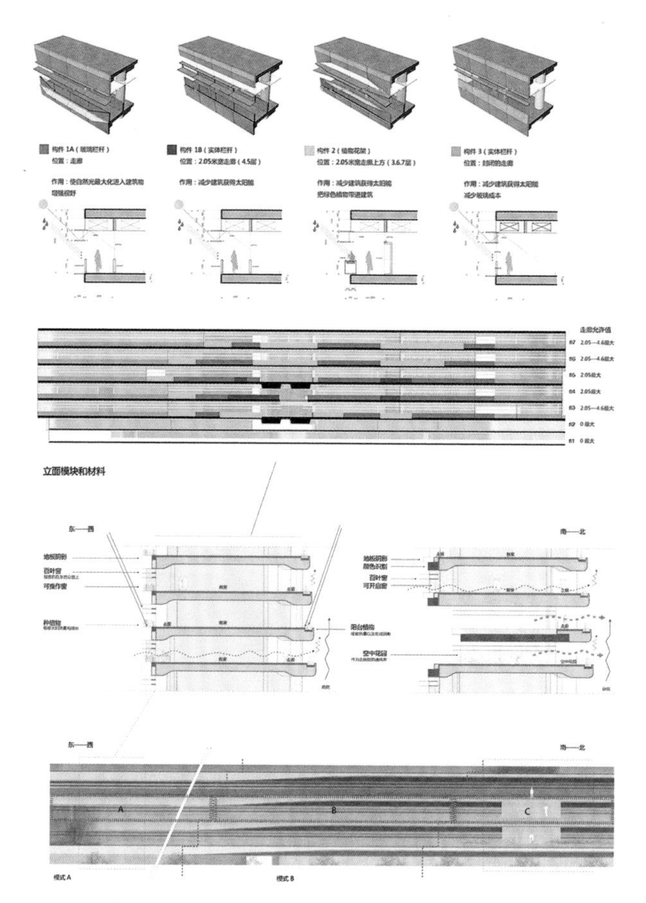

图 5-48 利用剖轴测和局部立面图表达了建筑细节的生态设计措施

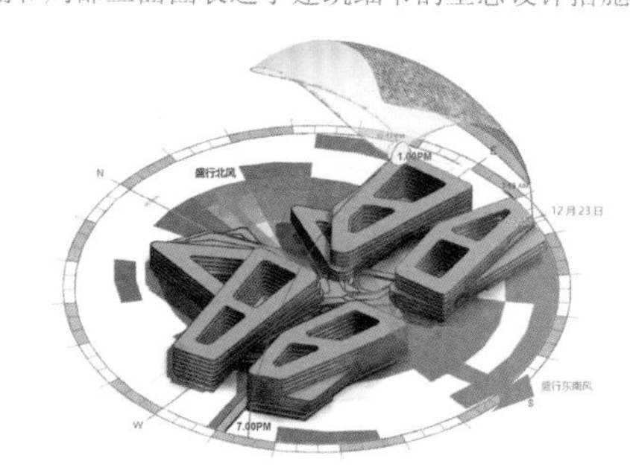

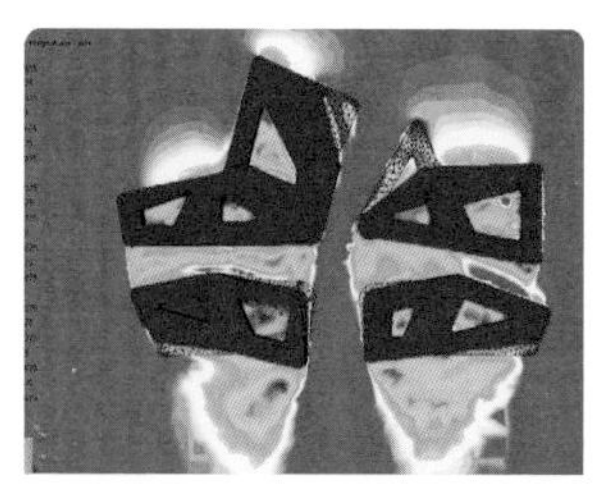
自然通风

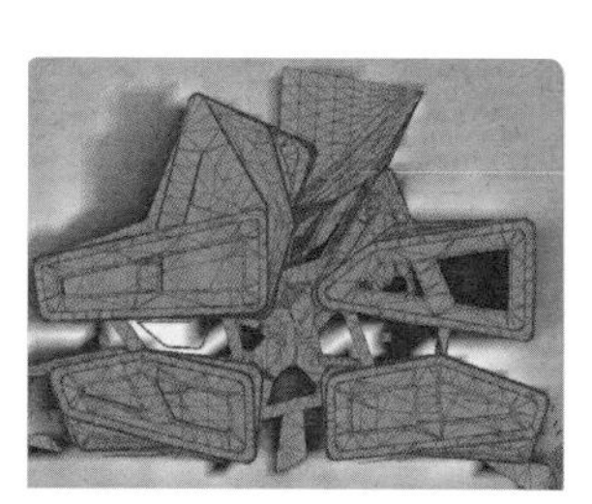
室外光照

太阳辐射

阴影遮挡

图 5-49 软件对建筑空间环境的生态表现模拟分析

如何找好的设计图式

平心而论，外文的网络资源和渠道足够丰富，保证满足绝大多数人的胃口。笔者经常光顾的网站是Pinterest（拼趣），ISSUU，Archdaily，再就是借助谷歌的强大搜索能力去查找(图5-50)。因为是英文网站，所以大家在使用这些资源的时候尽量在明确、简化搜索目标关键词的同时，用英文去搜索，资源是海量的。

Pinterest可以直接根据关键词，搜索并定位分析图，搜索结果较为精确，且很多时候能链接到源文件，在深度上进一步拓展搜索内容。而且可以建立个人账号，设定关键词分类并收藏自己感兴趣的分析图资源。网站系统也卓越，会识别你的分类内容，及时进行智能化筛选并向你推送相关图式信息。逐渐你会发现，自己收集得越多、分类越详细，网站越容易帮到你。

ISSUU有所不同，并不是用于搜索碎片式的分析图，而是可以系统地提供和分享设计作品集或不错的电子版设计书籍。作为想获取完整成套的设计案例或成体系的分析图，ISSUU无疑是最佳选择。

另外，建筑类网站，如Archdaily（传播世界建筑），拥有大量的建筑设计及城市设计案例，而且很多都包含完整翔实的设计过程分析图和表现图，并配有文字解析，既可以作为分析图表达的参考范例，也可以作为设计案例进行研读。

在这样一个无时无刻离不开互联网的时代，充分利用在线资源，信息素材唾手可得，而更多的渠道和获取途径可以慢慢发掘。

最后，话题再次回到了本书的创作起点——设计图式的绘制最终还是来源并依托于优秀的设计概念和构思逻辑。美观的设计表达图式不等于好的设计。无论看了多少优秀的图式或者掌握多少绘图排版技巧，作为思考的智者，终归还是要回归设计本体，多考虑使用者的行为和感受，并理性推敲空间环境，借助适宜的技术，会让你的空间变化丰富，在绘图表达时也会游刃有余。所以，各位杰出的设计师们，请多思考、多实践、多联系，优秀的表达自然得以展现。无论何种设计图式，作为分析图，无非是通过分析设计概念和思考过程中的各类想法而表达。

很高兴能够将笔者关于建筑设计图式的体会和经验与诸位读者分享，希望各位读者在繁忙之中翻阅此书后能有所想、所得，并最终用于设计训练和实践之中。

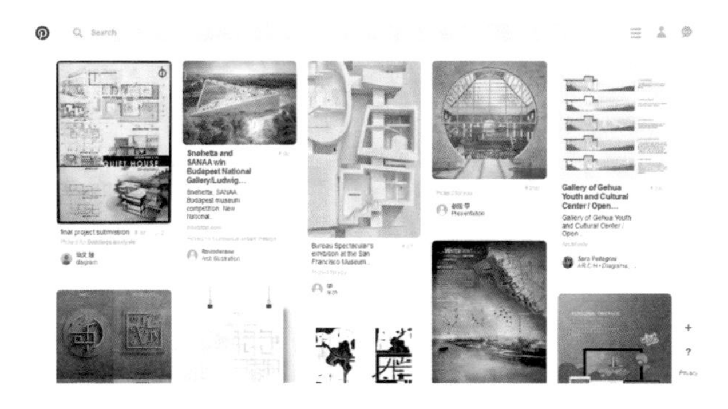

图 5-50 网络资源

参考文献

REFERENCES

[1] 牛津大学出版社 . 牛津高阶英汉双解词典 [M]. 8 版 . 霍恩比 , 李北达，译 . 北京：商务印书馆，2016.
[2] 刘克明 . 中国建筑图学文化源流 [M]. 武汉：湖北教育出版社 , 2006.
[3]KRUM R. 可视化沟通——用信息图表设计让信息说话 [M]. 唐沁，周优游，张璐露，译 . 北京：电子工业出版社 ,2016.
[4] 彭建东，刘凌波，张光辉 . 城市设计思维与表达 [M]. 北京：中国建筑工业出版社，2016.
[5] 保罗・拉索 . 图解思考——建筑表现技法 [M]. 3 版 . 北京：中国建筑工业出版社 ,2013.
[6] 高力强，高峰，朱江涛 . 现代建筑的动态设计方法 [M]. 北京：中国建筑工业出版社，2016.
[7] 詹姆斯・斯蒂尔 . 当代建筑与计算机——数字设计革命中的互动 [M]. 徐怡涛，唐春燕，译 . 北京：中国水利水电出版社 ,2004.
[8] 赵榕 . 当代西方建筑形式策略研究 [D]. 南京：东南大学，2005.
[9] 李光前 . 图解，图解建筑和图解建筑师 [D]. 上海：同济大学 ,2008.
[10] 童雯雯 . 图解法在现代建筑设计中的典型运用方法解析 [D]. 上海：上海交通大学，2009.
[11] 潘天 . 体验 + 图解——基于现象学的设计过程研究 [D]. 武汉：华中科技大学 ,2011.
[12] 白林，胡绍学 . 建筑计划方法学的探讨——建筑设计的科学方法论研究（一）[J]. 世界建筑 ,2000（08）:68-70.
[13] 彼得罗 . 设计思考 [M]. 金秋野，张宇，译 . 天津 : 天津大学出版社 ,2008.
[14] 詹姆斯・斯蒂尔 . 当代建筑与计算机——数字设计革命中的互动 [M]. 徐怡涛，唐春燕，译 . 北京：中国水利水电出版社 ,2004.
[15] 张永和 . 非常建筑 [M]. 上海：同济大学出版社 ,2014.
[16] 冯香梅 . 建筑师图解思考研究； 2012-2013 建筑学研究生论文概要集 [M]. 北京：中国建筑工业出版社 ,2013.
[17] 杨建军 . 科学研究方法概论 [M]. 北京：国防工业出版社 ,2006.
[18] 柯林・罗，罗伯特・斯拉茨基 . 透明性 [M]. 金秋野，王又佳，译 . 北京：中国建筑工业出版社 ,2007.
[19] 董卫，王建国 . 可持续发展的城市与建筑设计 [M]. 北京：科学出版社 ,2004.
[20] 袁佳麟 . The Retail Design Evolution of UNStudio——UNStudio 的商业设计进化论 [J]. 城市・环境・设计 ,2011（08）： 56-61.
[21] 格鲁特，王 . 建筑学研究方法 [M]. 王晓梅，译 . 北京：机械工业出版社 ,2005.
[22] 张钦楠 . 建筑设计方法学 [M].2 版 . 北京：清华大学出版社 ,2007.
[23] 张丹淑 . OPEN FORM——“开放形式”理论及其城市空间实践研究 [D]. 武汉：华中科技大学，2010.
[24] 凤凰空间・北京 . 创意分析——图解建筑 [M]. 南京：江苏人民出版社，2012.
[25] 凤凰空间・北京 . MVRDV 世界著名建筑设计事务所 [M]. 南京：江苏人民出版社，2013.
[26] 沈克宁 . 当代建筑设计理论——有关意义的探索 [M]. 北京：中国水利水电出版社社 ,2009.
[27] 詹姆斯・斯蒂尔 . 当代建筑与计算机——数字设计革命中的互动 [M]. 徐怡涛，唐春燕，译 . 北京：中国水利水电出版社 ,2004.
[28] 肯尼斯・弗兰姆普敦，现代建筑：一部批判的历史 [M]. 张钦楠，译 . 北京：三联书店，2004.
[29] 本・范・博克尔 . 终结图像 [M]. 武汉：华中科技大学出版社 ,2007.
[30] 建筑资料研究社 . 建筑图解词典 [M]. 朱首明，译. 北京：中国建筑工业出版社，1997.
[31] 吴葱 . 在投影之外：文化视野下的建筑图学研究 [M]. 天津：天津大学出版社，2004.
[32] 李准 . 信息可视化与数据可视化 [J]. 现代制造技术与装备，2014（5）:69-70.
[33] 谢然 . 大数据可视化之美 [J]. 互联网周刊 , 2014(11):31-33.
[34] 邴纪全 . 基于民生改善的农村新型社区建设研究 [D]. 天津：天津商业大学 , 2014.
[35] 王腊平 . 感悟多元的建筑哲学思想——解读扎哈・哈迪德和杨廷宝的建筑思想 [J]. 皖西学院学报 , 2007(2):119-120.
[36] 陶艺军 . 数据可视化 : 让统计更“好看”[J]. 中国统计 , 2011(4):15-16.
[37] 刘克明，许永年 . 蒙日图学思想及其现代意义——纪念蒙日画法几何学发表 200 周年 [J]. 自然辩证法研究 , 1996(3):43-48.
[38] 虞刚 . 跨越风格的建筑——MVRDV 作品解读 [J]. 新建筑，2002(1):63-65.
[39] 马琳 . 现代建筑的设计理念与方法分析 [J]. 产业与科技论坛，2014(1):75-76.
[40] 杨彦波，刘滨，祁明月 . 信息可视化研究综述 [J]. 河北科技大学学报，2014，35（1）：91-102.
[41] 戴国忠，陈为，洪文学，等. 信息可视化和可视分析：挑战与机遇 [J]. 中国科学，2013，43(1)：178-184.
[42] 胡友培，丁沃沃 . 彼德・艾森曼图式理论解读——建筑学图式概念的基本内涵 [J]. 建筑师，2010，146(4)：21-29.

[43] 胡友培，丁沃沃 . 安东尼·维德勒图式理论解读——当代城市语境中的建筑学图式 [J]. 建筑师，2010，147(5)：5-13.
[44] 张伶伶 . 建筑创作思维的过程与表达 [M]. 北京 : 中国建筑工业出版社，2001.
[45] 布莱恩·劳森 . 设计思维 - 建筑设计过程解析 [M]. 范文兵，译 . 北京：知识产权专利文献出版社 , 2007.
[46] 保罗·拉索 . 图解思考 [M]. 邱贤丰 , 刘宇光，译 . 北京 : 中国建筑工业出版社 ,1998.
[47] 埃森曼 . 图解日志 [M]. 北京：中国建筑工业出版社，2005.
[48] 刘向峰，沈灭行 . 当代科技影响下的建筑设计方法沦之特征 [J]. 建筑学报 .2006（01）;
[49] 田利 . 建筑设计基本过程研究 [J]. 时代建筑 .2005（03）.
[50] 徐从淮 . 建筑设计过程——英国建筑心理学界探求中的课题 [J]. 时代建筑 .1995（04）.
[51] 王云才 . 传统文化景观空间的图式语言研究进展与展望 [J]. 同济大学学报（社会科学版），2013(2): 33-41.
[52] 王云才 . 传统地域文化景观的图式语言及其传承 [J]. 中国园林，20019（10）：73-76.
[53] 王云才 . 景观生态化设计的图式语言 [J]. 风景园林，2011(1)：148-151.
[54] 蒙小英 . 基于图示的景观图式语言表达 [J]. 中国园林，2016(2)：18-24.
[55] 戴代新，袁满 . C·亚历山大图式语言对风景园林学科的借鉴与启示 [J]. 风景园林，2015(2)：58-65.
[56] 刘先觉 . 图式思维的概念与作用 [J]. 建筑学报，1986（11）：46-54.
[57] 王宇洁 . 纸面上的世界——建筑设计过程的图示表达 [J]. 华中建筑，2005，23(5)：57-60.
[58] 田利 . 设计思维的表达与演进——评介《草图·方案·建筑 : 世界优秀建筑师展示如何进行设计》[J]. 华中建筑，2006,24(7):15-20.
[59] 安托万·皮孔，周鸣浩 . 建筑图解 , 从抽象化到物质性 [J]. 时代建筑，2016(5):14-21.
[60] 朱文一 . 空间·符号·城市：一种城市设计理论 [M]. 北京：中国建筑工业出版社，2010.
[61] 赵亮 . 城市规划设计分析的方法与表达技巧 [M]. 南京：江苏人民出版社，2013.
[62]Anthony Vidler. Diagrams of Diagrams: Architectural Abstraction and Modern Representation[J]. Representations，No.72，2000：1-20.
[63]Andrew Vande Moere，Helen Purchas. On the role of design in information visualization[J]. Information Visualization - Special issue on State of the Field and New Research Directions, Volume 10, Issue 4, 2011(10):356-371.
[64]Martin J. Eppler，Sebastian Kernbach. Dynagrams: Enhancing Design Thinking Through Dynamic Diagrams[J]. Design Studies, Volume 47, 2016：91-117.
[65]Vitaly Friedman. Data Visualization and Infographics [J]. Graphics, 2008(01).
[66]Aureli, P. V. Architecture after the Diagram [J]. Lotus International. 2006(127)：95-105.
[62]Anthony Vidler. Diagrams of Diagrams: Architectural Abstraction and Modern Representation[J]. Representations，No.72，2000：1-20.
[63]Andrew Vande Moere，Helen Purchas. On the role of design in information visualization[J]. Information Visualization - Special issue on State of the Field and New Research Directions, Volume 10, Issue 4, 2011(10):356-371.
[64]Martin J. Eppler，Sebastian Kernbach. Dynagrams: Enhancing Design Thinking Through Dynamic Diagrams[J]. Design Studies, Volume 47, 2016：91-117.
[65]Vitaly Friedman. Data Visualization and Infographics [J]. Graphics, 2008(01).
[66]Aureli, P. V. Architecture after the Diagram [J]. Lotus International. 2006(127)：95-105.
[67]Robertson G，Card S K，Mackinlay J D. The cognitive coprocessor architecture for interactive user interfaces[A]. Proceedings of the 2nd Annual ACM SIGGRAPH Symposium on User interface Software and Technology[C]. New York：ACM，1989：10-18.
[68]Poulin Richard. Graphic Design in the Built Environment: A 20th Century History[M]. 2012.
[69]Karen Lewis. Graphic Design for Architects: A Manual for Visual Communication[M]. 2015.
[70]Lucy Kimbell. Beyond design thinking: Design-as-practice and designs-in-practice[D]. Paper presented at the CRESC Conference, Manchester, 2009（9）.

PICTURE SOURCE 图片来源

1 概述——建筑设计的图式分析与表达

图 1-2 维特鲁威《建筑十书》
图 1-3 迪朗《建筑简明教程》中的建筑类型图式
图 1-4 毕加索的拼贴画《吉他》（Pablo Picasso，1913）
图 1-5 网络图片 http://testcopy.net/canon-irc-5870-6870-service-repair-manual.html
图 1-6 CCTV 主楼功能体块分析（大都会建筑事务所 OMA）
图 1-7 网络图片 http://www.ftchinese.com/story/001070946#adchannelID=1300
图 1-9 柯布西耶，多米诺住宅体系图解（Le Corbusier, Le Corbusier: Oeuvre Compl è te, Vol. 1）
图 1-10 柯布西耶的“比例人”图形（建筑形式美法则）
图 1-11 保罗・拉索《图解思考》
图 1-12 埃森曼对建筑师特拉尼作品的分析（沈克宁，《建筑类型学与城市形态学》，中国建筑工业出版社，2010）
图 1-13 屈米的巴黎拉维莱特公园设计分析图（网络图片 http://blog.sina.com.cn/s/blog_c4388fb60102v4mg.html）
图 1-14 横滨城市总体设计（大都会建筑事务所 OMA）
图 1-15 斯坦 . 艾伦的空间场域图解（Stan Allen: Diagrams of Field Conditions, 1996）
图 1-16 扎哈 . 哈迪德对设计形态的抽象化图解（ Zaha Hadid Studio）
图 1-17 妹岛和世的图解建筑（图片来源 https://www.zhihu.com/question/19720881）

2 表达图式分类

图 2-2 典型信息图式及表现形式举例（作者根据网络资料改绘）
图 2-5 人口流动状况调研（北京首钢片区城市设计调研，李泊衡等）
图 2-6 北京首钢片区人口性别结构（北京首钢片区城市设计调研，李泊衡等）
图 2-7 设计理念循环图（作者改绘）
图 2-8 巴基斯坦不同年龄段男女比例旋风图（作者改绘）
图 2-11 地块功能业态分配（济南商埠区城市设计，丛晓祎）
图 2-13 城市建设量与劳动力变化关系（作者改绘）
图 2-14 纽约 - 新泽西地区人口增长与湿地面积及土地盐度变化关系图式（作者改绘）
图 2-15 伦敦不同月份风环境雷达图（作者改绘）
图 2-16 罗马英国中心的功能空间在不同时间段的使用强度（作者改绘）
图 2-18 某建筑空间的功能关系图（作者改绘）
图 2-19 某文化建筑功能气泡图（作者改绘）
图 2-20 大连图书馆设计方案的功能时间关系图（作者改绘）
图 2-22 不同国家及地区的碳足迹比较（作者改绘）
图 2-24 建筑设计操作流程示意（David Basulto. "Low2No Competition: Helsinki's sustainable future"）
图 2-26 生态要素的物质循环模型图（作者改绘）
图 2-27、图 2-28 图 2-53、图 2-117、图 2-131、图 2-161 岳滋村绿色泉水村落研究型设计（穆广坤、周玉婵等绘制）
图 2-29 校园功能空间的使用者及其使用方式图式（作者改绘）
图 2-30 美国路易斯安那州海岸 2050 计划（作者改绘）
图 2-31 生物间病毒交叉影响关系示意（作者改绘）
图 2-34 基于剖面绘制并表达功能类型的文字云（意大利普拉托城市设计，韩昆衡等）
图 2-35 作者根据 B ü ro Ole Scheeren 图片改绘
图 2-36 基于卫星影像地图的区位及场地轴测分析（意大利普拉托城市设计，韩昆衡等）
图 2-37、图 2-131、图 2-154 澳大利亚布里斯班 West End 片区城市设计（朱忠亮、王前等绘制）
图 2-38 基于地图表达空间分布、区位联系、要素分配等关系的图式（作者基于网络图片改绘）
图 2-41 迈阿密中心城区空间肌理随时间演变图（作者改绘）
图 2-43 城市街区肌理对比（作者改绘）
图 2-44 城市建筑空间肌理对比（作者改绘）
图 2-45 诺利地图影像地图（UC Berkeley Library - University of California, Berkeley）
图 2-46、图 2-143、图 2-144、图 2-151、图 2-169 北方四校联合设计——济南商埠区城市更新设计（付瑜等绘制）
图 2-47 布里斯班城市滨水空间肌理形态分析（孙雨彤，李莹等绘制）
图 2-48 北京首钢工业区更新发展地段城市设计（作者根据内蒙古工业大学工作成果改绘）
图 2-49 济南商埠区城市设计调研（作者改绘）
图 2-50 符号图式举例（作者改绘）
图 2-51 BIG 事务所设计项目列表（作者改绘）
图 2-55 交通工具占用道路空间资源对比图式（作者改绘）
图 2-56 基于都市农业的城市旧社区更新研究与设计（王尧婧绘制）
图 2-57 基于街道场景照片的交通设施及空间尺度分析（作者改绘）
图 2-58、图 2-84、图 2-170 CCTV 央视主楼设计（OMA: CCTV-Headquarters）

图 2-59 济南商埠区城市更新保护与设计（赵玉轩绘制）
图 2-60、图 2-70、图 2-82、图 2-188 济南啤酒厂园区更新改造设计（孙雨桐、李莹等绘制）
图 2-61 肢体语言表达设计理念图式（作者根据网络图片改绘）
图 2-62 符号生态设计理念图式（作者改绘）
图 2-63 西雅图大学圣伊纳哥教堂设计概念水彩图（Steven Holl）
图 2-64 澳大利亚布里斯班城市综合体设计（王前、朱忠亮绘制）
图 2-65 比利时根特港口空间更新设计（大都会事务所 OMA）
图 2-67 意大利普拉托城市设计（刘丹笛、林晓宇等绘制）
图 2-68 建筑与场所空间使用类型比较（作者改绘）
图 2-69 澳大利亚布里斯班城市综合体设计（朱轩毅、贾慧等绘制）
图 2-71 山东医学科学院附属医院改扩建设计（唐凯绘制）
图 2-72 2016 海青节木构搭建设计竞赛（朱忠亮、王前绘制）
图 2-73 环境及人流制约下的建筑形态生成过程图（作者改绘）
图 2-74 立体种植系统介入的场地补偿设计策略图（作者改绘）
图 2-75 环境制约下的建筑形态生成图（作者改绘）
图 2-76 健康护理中心及区域政府办公楼设计（作者根据 BAT + ARQUITECNICA 事务所图式改绘）
图 2-77 视线影响建筑形态生成图式（作者改绘）
图 2-78、图 2-138、图 2-109 生产性社区研究与设计（黎晓东等绘制）
图 2-79 巴黎公寓设计（作者根据 Hamonic + Masson & Associ é s, Comte & Vollenweider Architectes 建筑事务所图式改绘）
图 2-80 济南天桥南三角地块高层建筑设计（曲悦、李晓菲绘制）
图 2-83 Halc ó n 公寓设计（作者根据 TEC – Taller EC 事务所图式改绘）
图 2-85 鹿特丹 H2obitat——Floating Community Park 设计（The Berlage Institute Research Report, No.24, 2009）
图 2-86 意大利普拉托城市设计（刘丹笛、林晓宇等绘制）
图 2-87 济南商埠区城市设计调研（丛晓祎绘制）
图 2-88 大学生活动中心设计（杜鹏绘制）
图 2-89 赫尔辛基中央图书馆设计（ We Architecture + Jaja Architects Visualizer Studio）
图 2-90 山本耀司品牌旗舰店设计（张希绘制）
图 2-91 社区微中心设计（孙宁晗绘制）
图 2-92 济南商埠区城市更新设计（曲悦、田雪绘制）
图 2-93 城市边缘区社区活动中心设计（马小川绘制）
图 2-94 济南泉水博物馆设计（胡博绘制）
图 2-95 济南商埠区城市设计 （唐凯、王继飞等绘制）
图 2-96 城市边缘区社区活动中心设计（马小川绘制）
图 2-97 体块模型进行多方案比选（ATKINS）
图 2-98、图 2-99、图 2-124、图 2-172 潍坊翰声国际学校设计（田雪、宋翠绘制）
图 2-100 山东省医学科学院附属医院就地改扩建设计（王继飞绘制）
图 2-101 联想总部基地设计（ATKINS）
图 2-102 林堡博物馆设计（作者改绘）
图 2-103 波士顿大区市政厅设计（ Hacin + Associates）
图 2-104 山东省医学科学院附属医院就地改扩建设计（王继飞绘制）
图 2-105 澳大利亚布里斯班 West End 片区城市更新设计（孙雨彤、李莹等绘制）
图 2-106、图 2-126、图 2-127、图 2-137 重庆城市空间形态研究设计（周天璐、秦睿绘制）
图 2-107 鹿特丹 H2obitat——Floating Community Park 设计（The Berlage Institute Research Report, No.24, 2009）
图 2-109 济南泉水博物馆设计（王天元绘制）
图 2-110 澳大利亚布里斯班高层综合体设计（王丽婧 杨晓 王安宁绘制）
图 2-111 南京大学文艺馆设计（杨侃、曾舒怀绘制）
图 2-112 空间限定训练（山东建筑大学建筑学基础课程训练）
图 2-113 2013 微公寓设计竞赛（Studio de Arquitectura）
图 2-115 城乡一体化建设中的反思——北京台湖片区设计（秦瑞、周天璐等绘制）
图 2-116 生态循环住宅设计（作者根据 Lendager Architect 设计图式改绘）
图 2-118 剖面简图阐释建筑形态生成过程（作者改绘）
图 2-119、图 2-170 联想总部基地设计（ATKINS）
图 2-120 Eilkhaneh 公寓设计（Process Practice）
图 2-121 威海刘公岛养老中心方案设计（骆逸，孙宁晗绘制）
图 2-122 济南水族市场设计（孔德硕绘制）
图 2-123 济南丁家庄社区微中心设计（孙宁晗绘制）
图 2-125 山东医学科学院附属医院改扩建设 （唐凯绘制）
图 2-128 建筑师工作室设计（张宝方绘制）
图 2-130 澳大利亚布里斯班城市综合体设计（马小川、李莹等绘制）
图 2-133 “Living Cities”设计竞赛（作者根据 Metropolis Magazine 图片改绘）
图 2-134 北京首钢工业区更新发展地段城市设计（内蒙古工业大学）
图 2-135 济南泉水博物馆设计（李景奇绘制）
图 2-136 山本耀司品牌旗舰店设计（张希绘制）

3 图式绘制的原则与技巧

4 设计表达的版式与构图

图 4-19 共享乡村——2016UA 设计竞赛（马小川、李莹、蒋一民绘制）
图 4-20 意大利普拉托城市设计（刘丹笛、林晓宇等绘制）
图 4-22 社区公园场地改造设计（张新月，孔智勇绘制）

5 设计案例解读

图 5-1~ 图 5-24 “济钢 2030 计划——工业遗产的更新与活化”设计（山东建筑大学于露、景诗超等绘制）
图 5-25~ 图 5-33 城乡一体化建设中的反思——北京台湖片区设计（比利时鲁汶大学城市研究与设计课程，秦瑞、周天璐等绘制）
图 5-34~ 图 5-47 新加坡科技设计大学校园设计（UNstudio）
图 5-48 作者根据网络图片改绘

注：书中引用图片仅供内容表达所需，已经与图片所有者联系并得到使用授权，部分图片由于特殊原因未能找到原始出处，请图片拥有者与作者及时联系，其余未注明出处的图片，均为作者自绘或拍摄。

后记

POSTSCRIPT

笔者对建筑设计的分析表达及图式图解研究关注已久，自学生时代整日与图为伴，到如今在行课和业务实践过程中，频繁与学生及同行以图交流，潜移默化之中，逐渐产生了将与建筑学分析表达相关各类图式进行系统梳理并集结成册的愿望。希望将个人对设计图式的感性体验，结合系统的分析方法，转化为对设计实践和教学具有一定指导意义的资料工具箱。除去建筑学图式的外在表现形式和绘制技巧，设计表达图式的实质根植于设计的逻辑构建问题，以合理的思维方法和分析手段作为支撑。建筑学的表达图式数量浩如烟海，在此先将笔者的所见、所想、所用拿出与诸位分享，但限于笔力，书中内容多有纰漏之处，希望听取不同的声音和善意的反馈，鞭策自己为后续的思考和编写持续助力。

本书的出版，离不开凤凰出版传媒集团曹蕾女士及其团队的精心编辑和校订，为本书付出了大量时间和心血。还要感谢山东建筑大学的刘长安、慕启鹏、毛晓天、韩赟聪、宋开鹏、许欣悦、孙继开、季巷彤及深圳市城市规划设计研究院的秦瑞、周天璐等诸多友人及相关设计机构，在本书编写过程中所给予的协助和支持，不再一一罗列，在此一并致谢。

周忠凯

2017 年 10 月 5 日